可持续设计

数字·多元·安全

胡 晓 ◎ 编著

清华大学出版社
北京

内 容 简 介

本书是国际体验设计大会的演讲案例的论文集，汇聚了当下具有影响力的数位国内外知名企业的设计师、商业领袖、专家的大量实践案例与前沿学术观点，分享并解决了新兴领域所面临的新问题，为企业人员提供丰富的设计手段、方法与策略，以便他们学习全新的思维方式和工作方式，掌握不断外延的新兴领域的技术、方法与策略。

本书适合用户体验、交互设计的从业者阅读，也适合管理者、创业者以及即将投身于这个领域的爱好者、相关专业的学生阅读。

图书在版编目 (CIP) 数据

可持续设计：数字·多元·安全 / 胡晓编著 . —北京：清华大学出版社，2023.7
ISBN 978-7-302-64074-5

Ⅰ．①可… Ⅱ．①胡… Ⅲ．①人 - 机系统－系统设计－文集 Ⅳ．① TP11-53

中国国家版本馆 CIP 数据核字 (2023) 第 119309 号

责任编辑：杜 杨
封面设计：杨玉兰
版式设计：方加青
责任校对：徐俊伟
责任印制：沈 露

出版发行：清华大学出版社
　　　网　　　址：http://www.tup.com.cn，http://www.wqbook.com
　　　地　　　址：北京清华大学学研大厦 A 座　　　　邮　　编：100084
　　　社 总 机：010-83470000　　　　　　　　　　邮　　购：010-62786544
　　　投稿与读者服务：010-62776969，c-service@tup.tsinghua.edu.cn
　　　质 量 反 馈：010-62772015，zhiliang@tup.tsinghua.edu.cn
印 装 者：北京博海升彩色印刷有限公司
经　　　销：全国新华书店
开　　本：188mm×260mm　　　印　　张：19.75　　　字　　数：458 千字
版　　次：2023 年 8 月第 1 版　　　印　　次：2023 年 8 月第 1 次印刷
定　　价：119.00 元

产品编号：102433-01

可持续设计

在过去的几千年里，东西方的关系并没有想象中那么和谐：从亚历山大大帝的军事东征到马可波罗的东方游历，再到英国的鸦片贸易，再联系到今天的货币政策、知识产权保护等，方方面面都引发了紧张局势。在这种不安的背景下，有一个明显的亮点：设计专业人士一直不断设法越过急湍，营造出良好的全球伙伴关系，以解决大众普遍关注的问题。一年一度的国际体验设计大会（IXDC）就是一个很好的例子。

十多年来，IXDC一直持续致力于围绕我们这个时代最重要的话题开展全球讨论：智能城市、普惠金融、医疗、教育的未来，以及涵盖所有这些问题的可持续发展，创建了一个全球性的讨论平台。

2022年，IXDC提出了"可持续：数字、多元、安全"的主题，并邀请来自世界各地的从业者在线上为这一紧迫的、多学科的、多行业的对话贡献他们的创造力。本书收集的文章就表达了他们贡献的想法。

在第1章"理念与趋势"中，读者将了解AI在医疗创新中的作用，出行即服务（MaaS）的最新趋势，以及以用户为中心的建筑师、游戏设计师和计算机科学家的实践等。第2章"研究与探索"中的文章展望了未来，并展示了金融科技、机器人和字体设计等各个领域正发生的工作。在第3章"方法与实践"中，重点转移到专业人士的经验教训，这些专业人士致力于将元宇宙从游戏带到现实世界的产业应用，探索清洁能源行业中技术和美学的融合，并结合心理测量和社会测量数据来创建下一代以人为本的产品、服务和体验。

基于创作者们独特的演讲和展示，本书既有深度又有广度，将为每个行业和世界各地的设计专业人士带来丰富知识和激励启发。

Barry Katz

加州艺术学院、斯坦福大学教授，IDEO首位研究员

习近平总书记在党的十八届五中全会上提出创新、协调、绿色、开放、共享的新发展理念，一场关系中国发展全局的深刻变革由此开启。多领域行业的科技与新型力量的发展，推动着人们生活方式的巨大改变，使社会更加多元化，世界更加智能化。这是一个数字世界与物理世界虚实共生的多元时代，数字世界并非乌托邦，发展离不开物理世界的健康存续。如何以更智能、更安全、更绿色的方式向善设计？如何以设计回应科技、人口健康、资源环境、公共安全等领域的迫切需求？如何才能促进社会发展与生态环境的正向链接？

我们希望全球的设计创变者们用革新思考与破圈创造，为人类谋福祉，推动健康、平等、安稳、绿色的可持续发展。

数字

在当今瞬息万变的社会发展下，不变的是数字化转型的势头，数字化不断深入人们的生活。而疫情的到来更是加剧了这种现状，万物皆可互联。万物互联、智能生态必将成为新时代的土壤。设计将人际、人机、物物间的交互重新用科技方式串联，连接现实与虚拟，渗透生活的方方面面，不仅为人们带来体验的升级和认知的升维，还有望推动更多新物种、新产业、新经济的涌现，以应对未来更多的可能。

多元

尊重差异和个性是推动可持续发展的包容性需求。全球设计趋势已经使人类的生活方式发生了变化，设计环境受到多种文化与国家的影响，设计向多文化融合的阶段发展。在物理世界与数字世界日趋紧密关联的情境下，生活数字化、数字生活化、虚实互融对体验提出了更高的要求。多元的设计满足了个性化需求，提升了虚实无缝衔接的体验，同时也能够更好地释放包容性，为不同身世和背景的人们创造更有意义的体验。

安全

数字化、人工智能的快速发展带来了机会也潜藏着问题，生活在快速变化且不安的环境中，人们需要寻求更多的社会安全感。人们会更注重健康与社交安全。除了身心安全，对于数字安全的需求将越来越大，同时对于服务能力和产品能力的要求也越来越高，这关系到人们在使用产品或服务时的体验程度。我们要用有温度的设计，带来更具秩序、更安全、更高效的体验，提升每个人独特的安全感。

本书特色

本书汇集了国际体验设计大会的精华篇章，记录了国际最具影响力的知名企业、院校的设计创变者的案例集萃，剖析了这些领跑者的大量成功案例、前沿学术观点、实用的设计方法论与设计团队管理策略。希望每位设计从业者、创新实践者，都能通过阅读本书，从容应对未来挑战，把握住机遇与风口，在不同的领域共同推动产业的"数字""多元""安全"三大属性，为社会创造更多的价值，回馈社会，创造更美好的未来！

致谢

我衷心地感谢为本书提供优质内容的每一位作者，他们分别是Albert Leung、Apurva Shah、Barry Katz、Jeroen Raijmakers、Leonardo Mariani、Thomas Garvey、操顺鑫、陈明、杜乐、冯韵、高明、高雪、郭洋、胡倩、黄胜山、黄霞君、兰世勇、李恺若、廖乐雯、林鹏飞、林智、刘美怡、刘宇光、芦裔、邵韦平、宋佳慧、田斌、王琛、王亮、王婷婷、魏丽梅、吴敏、吴霄、吴雨涵、吴志远、夏凯、项宇、肖菁、肖宁、徐雨舒、徐子昭、余思佳、詹明明、张伊岚、张志刚、赵杨、郑茜米、郑雅馨、周游天、朱圣斌、曾嵘、邹裕波。感谢对本书编撰提供全力支持的张运彬、苏菁、杜杨等。

胡晓

2023年6月

目
录
▼

第3章
方法与实践　169

第1章
理念与趋势

设计犹如创造一个更美好的世界

© Thomas Garvey

现如今，可持续意味着很多事情。它是个复杂且多元化的概念。我们需要赋予它语境，让它发挥作用，本届大会通过有趣的视角洞见了这一主题——可持续：数字化、多样化、安全化。我对多样化这一维度尤其感兴趣，所以今天我主要想讲一讲想法多样化和群体多样化的意义。

我们先从自身讲起吧！人类，本身具有多样性。现代社会来自不同背景、生活方式和不同文化的人。无论我们的差异性有多大，但每天都在相互交流。我们总有一个共同之处，那就是每个个体都想将其经验、理解和特殊的才干通过某种方式奉献给自己的群体设计师，通过设计达到这个目标，设计的宗旨是描绘一个更好的世界。我们通过危机、挑战和机遇寻找创新发展的方向和步伐，发现新科技、新产品、新服务和新经验。与此同时，人类的创新经验，已经成为了重要的考虑因素。我们应当在以下两个领域充分考量：首先，在我们设计新世界的过程中，体会新世界与接受新世界之间的时间跨度很大，尤其是在不同群体中的差异尤甚，唯有更好地互相理解，拥抱并且融合多样性，我们才能接受不同的新想法；其次，我们只有通过与地球建立亲密的联系，才能更好地将开创新世界的想法融合于实践。

在20世纪60年代，我们认识到我们正在进入一个全新的世纪，设计将为人类进化面服务。人类第一次离开地球，飞向了月球。当我们往回看时，美丽的地球就在那里漂浮着。当时有一位诗人这样写道："地球啊，你在天上做什么，告诉我啊！沉默的地球，你在做什么！"

那是有史以来人类第一次真心感受到我们已知的事实。首先，我们向地球证明了自己可以离开它的能力，同时通过创新科技的发展探索了宇宙的奥秘；其次，我们认识到了地球生命的脆弱性，如果不及时保护她，我们就会面临着毁灭性的灾害，甚至将地球生命都置于危险之中。或许大家知道，下图这张照片是史上复制次数最多的照片，这是唯一一张一次性展现地球全貌的照片，它是在1971年最后一次阿波罗任务的返程中拍摄的。

有很多人说，地球是人类的摇篮，但没有人能在摇篮中待一辈子。15年前，我是一名即将完成研究生学业的设计专业学生，当时恰逢盛世，崭新的航天飞机问世，国际空间站还是个未来的概念。有一本书叫作《心灵的飞船》，在当时这本书提出了很多先进的想法，提到了太空开发和人类登月甚至还有探索火星等。当时，普林斯顿大学太空研究所的科学家们提出了一个方案，建议开发一个月球基地，他们正在为实现提案进行初步计算。

我参观了太空研究所，很快就确定了硕士论文的主题，我要设计一个展览，向公众展示他们的提案。当时是1986年，我们预计大概要10年来实现这个计划，所以我的论文题目叫作《登上月球1999》，然而现在我们仍然没有去到那里。

《登上月球1999》：设计空间展览的方法

我们很快意识到，并不是每个人都对这些想法有同样的热情。我们还了解到，能够以一种与人们的生活价值观相平衡的方式解释新思想是很重要的。

人们有两个非常好的问题：我们为什么要花这么多钱以及为什么我们不关心地球上的问题。

让宇航员进行月球旅行并平安返回，以1973年的美元价值计算，花费了大约250亿美元，按照2021年的美元价值计算大约是1650亿美元。这些资金用于科学研究、工程和医学进步。2021年，在同一个国家，将近500亿美元花在了化妆品上，1360亿美元花在了碳酸软饮上。大家想一下，这个国家一年内消费的化妆品和软饮相对成本及其重要性，再想想阿波罗计划，它可是从根本上改变了地球上所有人的认知啊！大家还觉得我们花的钱多吗？我认为我们需要尝试在背景和比较中辩证地看待事物，而不是将它们视为毫不相干。第二个问题是，为什么我们不关心地球上的问题？事实上，大家可能不了解我们为保护地球做了多少工作，节约水资源、防止环境恶化、检测天气状况，这些都是依托太空发展和太空科学平台的优势完成的。我们需要探索太空，才能更好地认识地球并与地球上的科学家进行更密切的合作。那么，为什么我们不能更好地保护地球呢？我认为我们正在努力，只不过没有完全成功。还是我强调的那一点，要在背景中辩证地看事物。

我想和大家分享一个非常重要的共识，我们梦想的速度快于我们建造的速度，我们建造的速度快于我们能接受的速度。这是什么意思呢？前面我说过，设计师通过设计为社会做贡献，我们是为更美好的世界而设计，但梦想仅是第一步，我们要让梦想照进现实并在世界上建造它们，让所有人都能体验到。正是在这个传统的世界里，人们最终可能会接受或拒绝我们想象的新世界。有两个相关的挑战，第一个挑战是在产品和服务领域中，甚至在广泛的社会创新中。首先你要有梦想，有想法。在你建立它或使它成为现实之前，需要一些时间。对于那些可以改变我们社会的伟大想法，我们可能需要几年甚至几十年的时间才能完全实现，但是整个社会还需要时间去适应和接受我们建造的东西。第二个挑战则是每个人、每个社会群体接受不同新事物的适应时间存在较大差异，这种变化每天都在发生，这就是我们的多样性可以成为优势的地方。我们应该尽可能将人类放在心中，这样将更快地创造新机会。

今天我只举了一个关于人类太空发展早期想法的例子，同样的原则也适用于任何大规模、跨学科复杂问题。我相信各位还能想到很多例子，如能源系统、交通网络、医疗创新等。

这些都是复杂的挑战，需要广泛的专门知识投入。我们可以设想一下大量使用家用电动汽车已经有多久了，仅仅开发合适的技术就要花费很长时间，建造它们则需要更久，现如今我们真正接受它们了吗？未来的技术还会遇到何种挑战呢？比如虚拟现实、增强现实或混合现实沉浸式环境等，这些非常真实的例子仍与今天会议更大的主题有关。我们越来越需要更深入地了解人类并通过新想法了解他们的经历，我们所有人都是协作的、全面的、复杂且紧密联系的，我们的未来取决于更加紧密的合作。

Thomas Garvey

专门从事极端环境和最小环境的产品开发和设计。他对小型居住空间的兴趣来自于他在纽约空间站的室内工作，以及他在东京大学（University of Tokyo）对住房和城市密度的博士研究。近十年来，他记录了为何如今我们仍可以在一系列当代生活方式设计、生活环境和为日常体验带来意义的产品中看到历史上极简主义设计哲学的图像和数据。

在加入全球大学医疗保健建筑项目（GUPHA）后，Thomas Garvey开始参与医院病房的设计。这个国际组织着眼于如何通过设计教育，解决人口增长和人口老龄化给世界各地医院带来的日益复杂的变化。

Thomas Garvey和他的团队获得了许多奖项，他们的技术原型在世界各地的会议和展览中展出，连接了设计和医疗领域。他还参与了一系列设计教育课程开发项目，包括与大学内部以及外部组织的合作。最近，他受邀作为专家出席2014年孟买国际设计中心（ICSID Interdesign Mumbai），并在住房和避难所领域发表演讲。在孟买韦林卡管理发展研究所的赞助下，这项工作促成了加拿大的一个试点项目，实现了将设计思维整合到设计和商业合作中。

Thomas Garvey拥有卡尔顿大学工业设计学士学位、纽约普拉特学院通信设计硕士学位、东京大学建筑规划博士学位，同时他还获得了迈克尔·卡里勒基金会的资助。

设计思维下的数字、多元与安全

© Barry Katz

02

我想就主题——数字、多元、安全，提供一些宏观的观点。从数字化开始，众所周知，当今世界经历了三次根本性的转变。在18世纪末，从英国开始，我们开始从逐个生产的手工制造过渡到了由蒸汽技术驱动的大规模生产。一个世纪后，蒸汽动力大多被电力取代。我们进入了20世纪，用起了电灯、电梯、电影放映机、X光机、收音机和家电。第二次世界大战后的几十年里，计算机开始普及，起初它还只是巨大的、昂贵的、用途单一的计算引擎，但很快就以台式机、笔记本电脑、移动设备和可穿戴设备的形式出现，使人们几乎无所不能。

数字体验现在无处不在，相当普遍，但它的发展还远未结束。事实上，它才刚刚开始。在这三次技术革命中，设计师们面临的挑战不仅仅是创造新产品，还要帮助定义一个全新文明阶段的特征。我们现在正处于所谓第四次工业革命的早期阶段，如今的设计师面临的挑战是帮助我们设想并引领一个由物理、数字和生物的融合所定义的世界，这让我想到了多样性。

在加州硅谷的总部，我听到了很多有关生态系统的观点——创新生态系统、技术生态系统、创业生态系统。人们常常忘记，生态系统从根本上说是一个生物学概念。生物学家研究沙漠的生态系统，他们研究湿地生态系统、雨林生态系统和海洋生态系统的动态，这些自然环境的共同点是生物多样性，即许多物种相互依赖，共同生存和繁荣。人类的干预破坏了许多生物生态系统，因为这样的破坏往往有利可图，至少在短期内似乎的确如此。人们过度依赖单一作物、矿产资源或能源供应，过去一个世纪，产自马来西亚的橡胶和西印度群岛的蔗糖是如此，如今澳大利亚的锂和中国台湾的半导体也是如此。但如果说我们从生物生态系统的崩溃中学到了什么，那就是单一产业是脆弱的且蕴藏的风险极大，容易受到入侵物种、主要天敌或供应链中断的影响。

过去几年，人们对多样性有着异乎寻常的关注，如工作场所中的性别多样性、高等教育中的社会经济多样性、政治中的种族多样性。但我从生物学中得到的教训是，多样性不仅仅是一个趋之若鹜的社会目标，也不仅仅是一种有利可图的商业策略，而是我们赖以生存的条件。

最后是安全。诚然，世界是危险的，每个社会都应该扪心自问：我们愿意用多少自由来换取多少安全，我不认为这个问题的正确答案是唯一的。我们的生活已经呈现为数据，这些数据可以被用于控制我们，也可以被公司利用，向我们出售我们不想要、不需要也买不起的东西。这对设计和设计师而言意味着什么？在设计思维的旗帜下，过去十年的大部分时间里，我们都认为没有什么设计问题是不能解决的。在过去一个世纪，设计工具和方法已经得到了改进，设计师已经学会从大处着眼我们以人为中心的质性方法，可以在重要的方面补充大数据、大企业和大政府。只要不超出限度，设计师们能做到很多事情，让我们的城市、街道和银行账户更加安全。当然，设计师仍然需要设计让生活更加美好、舒适且高效的产品，但他们也应该迎接挑战，打造一个更加安全更有保障的世界。

因此，我送给设计师的话很简单：目光要放远，鼠目寸光的代价我们负担不起。

 Barry Katz

Barry是第一个IDEO研究员，他是一个积极进取的人际交往者。在IDEO之外，Barry是旧金山加州艺术学院工业与交互设计教授、斯坦福大学机械工程系设计组顾问教授。他是六本书的作者，其中包括（与蒂姆·布朗合著）《通过设计改变》（*Change By Design*），以及最近出版的《创新：硅谷设计史》（*Make it New: The History of Silicon Valley Design*）。

Barry将他在历史和设计理论方面的专业知识用于他与IDEO项目团队的工作，在那里，他从事从MRI成像到信用卡再到药品等项目的前端研究。他的"叙事原型"通常是为设计团队提供简报，为客户做演示，他还协助各种形式的写作和编辑。他认为，无论是技术性的还是未来主义的，没有一个项目不能从历史和文化的角度来丰富它的内涵。

基于AI的医疗保健创新用户体验设计

◎ Jeroen Raijmakers

我想谈谈以医疗保健领域为代表的AI用户体验，以及创造以人为中心的AI设计师应该如何承担责任。我会用一些案例来说明我们以人为中心的AI项目，涵盖了放射学、肿瘤学、介入程序等领域的创新项目，同时还包括针对治疗依从性和改变生活行为的数字指导，这些都能从智能技术中获益。

在重症监护病房或在家中持续监测植物醇体征以及术后病人的早期监测或恶化也是重要课题。这些项目由设计师和AI开发人员组成的多学科团队进行开发，并与临床合作伙伴密切合作。在这些项目中，我们看到了同样的挑战，我们如何在临床实践中使AI解决方案的采纳更有意义。要做到这一点，关键在于了解我们应该在工作中怎样以及何时将AI的结论呈现给用户，以及这样的解决方案需要向临床医生进行多大程度的解释。另一个重要的问题是对AI的信任，我们需要支持临床用户，在过度信任和不信任AI建议之间找到平衡点。这段话解释了为病人和临床医生解决深层情感问题的重要性。在美国，超过一半的医生患有职业倦怠症，超过四分之一的年轻医生患有抑郁症。职业倦怠会导致医疗差错，这时就需要AI发挥作用。我们不应只关注改善医疗体系的机制，如提高医务人员的效率和生产率，而应该重点关注如何让AI找回这一过程中失去的人类价值。例如，一项针对6万例急性期后家庭健康访问的研究表明，所有影响再入院风险的因素中，实际陪伴病人的时间比大多数因素都重要。这为以人类为中心的AI提供了一个有趣的起点，也许我们应该在研究中嵌入更多与经验相关的测量。我们确实相信，AI能够成为医疗专业人员的得力助手，在他们和他们的患者真正重要的时刻，提供正确的信息，这些重要的时刻可能是支持医生或执行至关重要的任务，或是管理层面的任务，也可以是提供健康效果更佳的临床决策支持。最终，AI有望使临床医生更具影响力，使他们能够更好地做出决定，以及扩大医疗规模。

在过去的几十年里，数字化已经从根本上改变了医疗保健，并随之给人类在工作流程方面带来了意想不到的挑战。临床决策往往会忽视一些信息，而且决策时间有限，可能是在一场多学科小组会议上，做出的足以左右患者余生的癌症治疗决定，也可以是每分每秒都很重要的急性护理情况。迄今为止，已经开发出许多具有AI的解决方案，以支持医生和其他医疗保健专业人员在患者护理路径中做出临床决策。尽管具有优越的性能和研究实验室，但AI解决方案却往往难以成功应用于放射学临床实践，一个公认的原因就是缺乏以人为中心的AI。我们想要理解其中原因并且为设计者提供实用的指导方针，以帮助形成医生真正需要的AI解决方案，这些解决方案与他们的工作流程无缝衔接，并且支持与AI能力相匹配的适当信任。医生和AI的系统协作在这里是必不可少的。虽然AI在某些特定工作中的表现可能胜过医生，但两者都有独特的优势和局限性。结合人类和AI的优势，将推动AI在医疗领域的应用和影响。医疗保健真的可以从以人为本的AI方法中受益，这种方法不是由技术上的可能性驱动的，而是由做出临床决策的人和其患者的需求和愿望驱动的。通过在设计过程中嵌入数据和AI，设计师可以将数据作为创造性的材料，不是使用它来验证早期的方案，而是将其作为寻找新解决方案的出发点。

AI还可以创造创新的用户体验，通过设计研究，也可以为公正且道德的AI提供见解。现在让我们走近放射学，在临床决策支持领域，AI取得了巨大的进展。例如，智能系统现在可以通过X射线探测到所有可能的124种放射性物质，与放射科医生一样精确。一般来说，还是有一些低级别的医院，医生和AI可以为研讨会建言献策。

AI作为放射科医生或技术人员技能的补充，协助转诊医生创建结构化和可操作的请求，包括从其他系统自动生成的相关患者信息。AI可以分析这些信息，将图像直接传给扫描仪，随时分享任何紧急可行的结果。基于这些发现，放射科医生会收到类似病例和相关医学刊物的资料，传统的报告将被互动协作的文件所取代，从而促进放射科医生和转诊医生之间的实时和同步沟通。让我来介绍一下我的同事Michelle Zhang，她是上海Phillips体验设计工作室的负责人。她的团队与荷兰的数据设计师合作开发了一个工具，用于分析类似的前列腺癌患者。在中国，我们与临床伙伴、科学家以及我们的一些大学等创新机构，共同研发探索了我们的整容大数据智能平台。它先进的算法与人机交互，可以帮助促进循证医学和共同决策。这样的话，可以帮助我们医生与患者更好地共同决策，增进彼此之间的信任和交流，同时也可以不断推动我们医学的发展。我们的临床合作伙伴——台北荣民总医院，是世界上十大医疗中心之一，有着非常多的癌症病例相关数据。我们又开发了相似患者模型的数据，符合国际临床指南和标准，并且将结构化的数据广泛应用在台湾癌症数据库。在这个共创的智能数据模型上，中国设计师反复探索灵活的交互模式，方便临床医生操作推算，拿到自己想要的结果。同时，在肿瘤数据可视化上也是与荷兰设计师联手开发组建，方便科学家不断地训练模型，最后的原形获得了用户的高度评价。这样既可以让医生清晰地看到相似患者的治疗路径，帮助当前患者的决策，让年轻医生减少学习曲线，也可以让患者更好地理解治疗方案，共同决策。我们为价值医疗、循证医学的推广做了积极的探索。

这个案例确实体现了AI在癌症患者治疗决策方面的潜力，用易于理解的交互式工具呈现出大量数据意义重大。在癌症领域，我们最近在欧洲的医院对创新用户界面概念进行了测试，设计师已经开发出用于支气管癌手术规划的AI用户界面雏形。支气管癌的生存率非常低，因此，有必要在早期阶段和手术计划中对肿瘤的三维结构有一个清晰的了解，以判断能否进行手术。设计师将会与外科医生和放射科医生一起开发工作流程，集成用户交互概念。

我们比较了不同的选择，包括肿瘤和周围组织的3D打印模型、虚拟现实可视化以及自动记录。虽然外科医生更多地相信3D打印将是最好的解决方案，但设计师则更倾向于虚拟现实。用户测试表明，全息显示器更适合工作流程，因为它便于与同事进行协商，以及与3D图像或传统CT图像直接联系。这在决策过程中至关重要，有了这份界面雏形，过度信任计算机生成的可视化的风险被确定为有待持续用户测试的一大问题。胰腺癌是我们所知最致命的癌症之一，通常发现时已经到了晚期。诊疗需要专业知识且外科治疗技术要求极高，在一个由临床医生、AI开发人员和设计师组成的多学科团队中，与学术和临床合作伙伴一起解决这些挑战。我们共同创建了一个AI解决方案，帮助放射科医生和外科医生即时解剖了解肿瘤及其与周围血管的关系，从而顺利切除肿瘤。我们最初的实验表明，全息显示器中包含的AI生成的解剖模型，提供的深度知觉比2D显示器更加真实，而工作流程和用户体验也更胜3D打印和虚拟现实一筹。我们的最终解决方案是在CT图像上增加了三层信息，这是目前评估手术切除能力的标准。首先，AI检测和分割肿瘤及其周围的血管和器官，它将这些分段转换成三维模型，并根据专家外科医生普遍接受的切除能力，标准量化肿瘤血管接触的数量，智能临床观点能够快速和综合导航医疗图像和三维解剖，允许外科医生校准信任的三维模型与CT数据。我们的概念主要关注手术计划，但我们认为它也可以用于对患者整个护理路径的讨论和磋商，用于跨学科合作肿瘤委员会的讨论，以及手术和外科手术的执行。全息显示提供了真实的深度知觉，并降低了从二维图像信息中理解三维解剖学所需的脑力劳动。

我们从这些案例研究中了解到，以人为中心的AI在医疗保健领域的发展正在为临床专业人员和患者带来更多价值，而围绕数据管理和互操作性的问题，经常被视为采用人工智能的主要瓶颈。这背后有充分的理由，但是在医疗专业人员日复一日的忙碌和压力中，还有其他因素在起作用，如人类经验因素，临床医生通常工作时间紧张且依赖多年工作经验等。如果AI不适合他们的工作流程，甚至更糟，如果AI使工作愈加复杂，那么临床医生将很难接受它。什么时候需要依赖算法的推荐？患者的生命要何时掌握在你手中？

AI和医疗保健通常是狭隘的，它只善于应对具体任务和具体条件。重要的是，用户要对AI能做什么有一个正确的认识。在医疗背景下，了解AI不能做什么同样重要，使用者须根据其置信水平登记对个别AI决策的依赖程度，才能将AI的解决方案应用于临床实践，这需要来自临床试验的证据。临床验证研究通常提供关于技术性能的结论，然而，它的附加价值取决于AI算法在实践中的应用，这可以通过以人为中心的方法进行测试和优化，我们的目标是开发AI以弥补临床医生的不足，医生与AI形成的合作团队比二者单独任何一个都更为有力。

Jeroen Raijmakers

飞利浦体验设计公司的设计创新总监，在飞利浦设计工作超过26年。他领导一支全球设计策略与创新的团队，遍布荷兰（埃因霍文）、美国（剑桥马）、印度（班加罗尔）、中国（上海）和巴西（布鲁墨蓝）。Jeroen和他的全球设计师团队一起，努力为医疗专业人士和患者提供先进的解决方案，无论是在医院还是在家里，如诊断成像、急性病护理、医疗信息学和互联护理。

通过设计思维，他的团队不断在健康领域探索可持续的未来生态圈，使这些愿景成为现实。他还在代尔夫特理工大学设计联合研究中心担任客座教授。

无尽空间：建筑设计与体验

◎ 邵韦平　刘宇光

导言

1）可持续的设计观

过去四十年，中国在城市建筑发展方面的成就是空前的，但是建筑发展的问题、矛盾也是空前的。因此它也促使我们不断地研究和思辨，探索当代建筑发展可能的新思路。

建筑师每天都在从事着创意与实现创意的工作，而今天的建筑学理论框架，可以说大都脱胎于重视空间与形式美学的体系和狭义的功能主义，大家很容易对一个建筑现象进行评论，或者对一个空间形象给予塑造，但是我们很少关注一座建筑物是如何从无到有的全过程。环顾我们身边，大多数的建筑仍然比较粗放，存在着质量问题，无法与今天科技所达到的水平相匹配，也无法充分满足广大群众日益提升的物质与文化需求。可以说今天我们不缺少专项的建筑新科技，而是缺少如何将这些科技有机整合在一起的新方法。

设计既需要有感性的创新概念，又要有理性、严谨的实现方法，这样才能创造出高质量、有文化内涵的建筑作品。

自由与秩序对应的是创新与实现，它们是设计师必须应对的双重挑战。

2）什么是我们倡导的设计观

碎片化、低效性和不确定性所导致的建筑业质量问题，已经成为影响社会进步的严重障碍。建筑学和建筑设计思想的变革已迫在眉睫。现代技术塑造了我们今天所生活的世界，但是我们对其隐藏在起源、发展过程及文化影响力背后的方法仍然认识不清，经常被一些陈旧的假设所迷惑。

建筑师作为一个协调者，其核心工作是统筹各种与建筑物相关的形式、技术、社会和经济问题。系统思想是这种设计观的理论基础，它将改变建筑学固有的非理性、条块分割的工作范式。传统设计更多地依赖于主观判断和机械式满足规范，专业条块分割严重；而高品质建筑的创造，需要不同专业的设计师超越各自专业的局限，将建筑的整体性能作为设计的终极目标。

对于高品质建筑的追求，如果没有对"建造"的材料及其工艺的大量研究和实践积累，那么再丰富的形式也无法得以完美实现。构成建筑品质的不只是表面的形式和美学问题，建筑内在的性能决定了建筑的最终品质。

高品质来自整体性能的出色表现，这种性能包括环境适应性、使用者体验和感受、结构体系、运行能耗等多方面指标。它与人文情怀的结合，为社会需求及形式创新提供了前所未有的机会，通过与建造过程和运营实践的结合，可以提出更精细和动态的性能评价指标体系，从而真正提升建筑品质。

我们在中信大厦、凤凰中心、北京2022年冬奥村等项目设计中，跨越了不同技术学科的边界，运用系统化的整体设计方法，确保了建造高效、安全、绿色和高质量的实现，使它们成为这个时代和城市空间的高质量地标。

我们回首过去，剖析现在，以期在新时代里能更高质量地营建美好、宜人的城市与家园，从而真正提高当代中国建筑文化的整体水平，给予各行各业更多的机会交流思想，共商设计行业发展大计。

无尽空间：建筑设计与体验

这里想和大家分享关于建筑设计与体验的话题。每个人的生活都离不开建筑，对建筑也有不同的体验。大部分的建筑都有某种特定的功能，如电影院、体育场、医院、学校，你前往这幢建筑就是为了完成某种特定的功能活动。然而建筑的实用功能会随着时间而改变，这部分固有价值甚至会消失，而在建筑中那些看似没用的空间往往会留在更多人的记忆当中，产生出一种永恒的价值，并且给后来者以启发。

1）建筑-宇宙认知的模型

建筑永恒的价值是什么？建筑是人类在认知和适应宇宙的过程中搭建的模型，在不断试错和验证中获得的物质和精神成果，它反映了人类不断追求真理的理想和信念。

今天我们所处的时代，量子科学、信息科学和太空探索取得了前所未有的进步，对真理有了更清晰的认知，人类从大陆文明到海洋文明再到太空文明的步伐进一步加快。此时此刻，建筑和建筑学也在丰富着自己的内涵，随着科技的进步，尤其是人工智能的发展，用数字化思维和工具，提高建筑的科学与艺术交互体验感。人类通过建筑这个模型去认知自然科学、应用科学、社会科学与艺术，去体验整个宇宙，因此建筑空间也是人工智能重要的训练场景。

2）建筑中的文学体验

2022年的Louis Vuitton（LV）早春时装秀选择了世界上杰出建筑之一的索尔克研究所

（Salk Institute）作为秀场地。索尔克研究所位于美国加州圣迭戈市，20世纪60年代由建筑大师路易斯·康（Louis Kahn）设计打造，这里原本是一个生物医学研究所，位于太平洋沿岸的海岸悬崖上。

在两栋塔楼之间，是一个米白色石板铺贴的开阔广场，在最初的设计当中，路易斯·康打算用一个花园来填充这个空间，经过一位设计师朋友的建议，最终就保留了一个开阔的空地，并且让空间能通向无尽的天空和海洋。

这个空间为LV女装系列艺术总监提供了秀场灵感。她说："多年来，索尔克中心的壮丽景观令我叹为观止。尤其是日落黄昏，路易斯·康亲手设计的建筑群与太平洋壮丽海景相映成趣，令我灵感频发。"对建筑场景的语言描述带来了奇妙的想象空间，引发了新的创作灵感。如今越来越多的时装秀放在了素颜的建筑空间中，而不做任何装饰和搭建，建筑艺术和时装艺术的对话由此展开。

3）建筑中的自然科学体验

2022年上映的科幻电影《独行月球》中，时间背景是在未来的某一时刻，在影片呈现的科技造物视觉奇观中，我看到了我们设计的北京凤凰中心，这是影片中唯一实景拍摄的场景。在空旷的镜头中，人沿着一部通天梯缓缓穿行，象征着人在宇宙空间中的未来感。

"日落黄昏"和《独行月球》都是用空的感觉来传达强烈的情感体验。那么"空"是什么？空在建筑中是如何设计的？空又是怎么形成的未来感？让我带你走进北京凤凰中心，去感受一下空吧。凤凰中心位于北京朝阳公园的西南角，具有开阔的视野和自然的生态环境。建筑基地呈现不规则形状，周围有自然的植被和水面。凤凰中心设计的初始目标是满足电视节目制作的办公功能，业主相对传统媒体来说十分开放，希望新的总部能够与公众零距离接触，以此来展示自己的企业文化理念。邵韦平大师就是在这样的需求中带领设计团队开始设计的。为了寻求建筑与特定的环境融合，建筑师设想新的建筑形态应弱化方向感，塑造一个具有亲和力的圆润形态。经过长时间的研究和探索，最终，城市环境的诉求和业主的需求融入到一个莫比乌斯环中，成为破解这道难题的神来之笔。

莫比乌斯环的最大特点是有界无边，消除了传统建筑中的正交概念，使建筑以360°连续的界面与城市转角形成和谐的关系，巧妙地将城市街道与公园景色融为一体，很自然地演绎了建筑与城市的共生关系。它实际上体现出了"凤凰"的意向。这个创意既十分感性，同时也充满严谨的逻辑。莫比乌斯环的概念、寓意与业主的理念非常契合，通过一个连续的、不断变化的曲面壳体将高耸的办公楼和低矮的演播楼统一成一个连续的整体。环的形象与业主"开放、创新、融合"的企业文化相契合，同时与中国传统的太极图案有相通相似之处，体现出中华文明"和"的精神。

4）建筑中的哲学体验

法国哲学家、精神分析师拉康说："我们的精神器官是围绕着一个疑问而建构的。孩子最早的时候想待在母亲的怀抱里。他因为母亲的离开而形成一个困惑，为什么她离开了？她想要的是什么？我们精神的世界正是从这个点开始的，而这个点是'空'的，围绕着这个'空'，我们建构起自己的精神世界。"这就像中国传统的《道德经》中所说的"道生一，一生二，二生三，三生万物"。最初的道，就是那个"空"，世界是从这个"空"开始，围绕着这个"空"被创造出来的。

莫比乌斯环形成了一个独特的"空"，是拓扑学研究的内容。它是一个处于连续运动中的不变的结构，这一点非常接近于周易思想中"生生之谓易"的观点。建筑师邵韦平说："当代建筑的意义不仅体现在实体的视觉效果上，更重要的是由实体建筑所界定的建筑空间为使用者带来的体验价值。建筑不仅是作为功能而存在，更应作为洗涤心灵的艺术。"莫比乌斯环像一个母亲的怀抱，围绕它安排了一系列的公共空间和活动内容。而在莫比乌斯环外壳的覆盖下，内部的办公区和演播区功能单元的设计尽量与外壳脱开，预留了大量的看似没用的空间。比如，演播楼的顶层空间就是一片没有特定功能的开阔的地平面。但是在建筑师眼中，这个完全对外开放的区域，也一个全新的场所，纯粹的白色调和光影具有苍穹般的空间体验，在建成之后这里让许多艺术家和活动策展方为之青睐，成为凤凰中心最受欢迎的区域之一。

5）建筑中的艺术体验

2014年10月31日，MCM的全球首秀选择在凤凰中心举办，这也是尚未正式使用的凤凰中心首次承办活动。来自建筑、时尚、文化艺术界的无数目光聚焦于朝阳公园西南角的这座新建筑，结果凤凰的首次亮相就给人带来了震撼的体验，活动策划人牛淼回忆起当时选址的情景时说道："当我走到这个楼体中庭的一个位置，站在广场仰望这个场地的那种感觉无法形容，但我相信这是最好的，非它莫属了。"

当晚，MCM时尚扣钉元素与凤凰中心单元式幕墙建筑语素完美融合起来，通过精确的幕墙数字模型为数字灯光的创作提供条件，上演了一场流行时尚与建筑科技交相辉映的震撼

灯光秀。虽然当时北京已经感受得到冬天的寒风，但都被现场的时尚热情所淹没了。凤凰中心所拥有的自然结构之美，饱含着东方传统意蕴的莫比乌斯环，以这样一种火热的时尚冲击方式揭下面纱，迅速受到了各界的关注。"我们真的是做了一个很大的突破，而且我觉得这个场地环境应该说真的是很给中国人争脸的一个场地，因为它全部都是由中国人自己去完成的，从设计到制作。我觉得当他们看到这个空间的时候，就立刻被空间的美给捕获了。整个空间呈现出来一种非常有质感，但是又很经典的氛围。"MCM首秀策展人牛淼说道。从牛淼激动的目光和言语中，我们感受到了大家对凤凰中心的喜爱和期待。2015年的Dior时尚发布会也选择在这里举行，Dior的全球总监说这里和他们的服装设计理念非常吻合。时任中央美术学院院长的潘公凯参观凤凰中心之后曾说："建筑空间里面也是要留白，如未来可以发生一些事情，我们谁知道未来会发生什么。在这个空间里头，我个人觉得是要留出大部分不要装修的空旷空间，他可以有一部分地方，比如说搞间歇性的展览、画展，展出一些雕塑作品，或者在里面搞一些活动，空间就要让它有空的地方，都塞满了就完了。所以不要去把它塞满。"

2016年3月，凤凰中心举办了法国雕塑家安娜高美的作品展览。超现实主义大师萨尔瓦多达利曾经说过"一件优美的雕塑作品不可能是静止不动的"，安娜的雕塑不断对重力进行挑战，其形态不论动静都像是舞蹈一般，而凤凰中心的"莫比乌斯环结构"，恰恰在永动的层面上让二者交融，当发现二者之间这一优美契合后，雕塑与建筑之间的关系便在这里达到了和谐与默契，或许此次尝试本身，也是第一个东西方文化，以及传统与现代融合的过程。建筑师朱小地说："实际上大家都是去进去一个空间来表达这是一个舞台，所以说这个公共艺术概念的这个层面，就是说我们的各级领导、我们的业主、我们的公众是否能够理解我们在城市里面盖一个房子，不仅仅是给我们自己盖的，因为我们大家都知道这个城市是大家的城市，所以我们建一个房子的时候，要有一个公共的意识，这个公共的意识就是为城市生活文化的发展提供一个空间。"

6）建筑中的未来体验

　　2014年9月2日，凤凰中心迎来了一位特殊的客人——普利兹克奖得主、日本建筑大师伊东丰雄。大师此行是要在凤凰中心举办一场名为"超越现实主义"的讲座，由于入场人数太多，把台阶挤得满满的，还有人走到环坡上去听，这一下子就拉近了所有人的距离。现场观众都是肩挨肩，有的席地而坐，呈现了特别平等的氛围。伊东丰雄来到凤凰中心时所做的评价是："这个建筑非常好，它引入了这么多功能，更难能可贵的是，建筑引入了大量的开放空间，将更多的人和活动容纳其中，打破了媒体建筑固有的封闭。"

　　2016年7月6日，时任联合国秘书长的潘基文到访凤凰中心。素来热爱建筑艺术的潘基文秘书长用Amazing一词表达了自己的感受，并称"在凤凰中心让我看到了建筑的未来"。

邵韦平

全国工程勘察设计大师，教授级高级工程师，国家一级注册建筑师，硕士、博士后导师，现任北京市建筑设计研究院有限公司首席总建筑师。主要作品：凤凰中心、城奥大厦、中信大厦、北京奥林匹克公园中心区下沉花园、北京冬奥村、北京首都国际机场T3航站楼、北京CBD核心区城市设计及公共空间、北京奥林匹克中心区南区城市设计及公共空间等。

刘宇光

北京市建筑设计研究院副总建筑师，国家一级注册建筑师，中国建筑学会建筑师分会数字专业委员会委员。1997年毕业于同济大学建筑系，硕士学位。曾获中国建筑学会青年建筑师奖、中国建筑学会建筑创作金奖、2013亚洲建筑师协会优秀建筑设计奖、2016国际建筑BIM金奖，规划实施了北京CBD核心区、大兴新机场城市，参与创意设计了北京凤凰中心等标志性建筑，推动了《寻找柯布西耶》建筑文化与科学、艺术、城市生活的跨界融合活动。

设计创新推动产业可持续发展

◎ 田斌

我所讲的主题是设计创新推动产业可持续发展。我们常说有生活就有设计，有设计就有生活。可以说设计改变着我们的衣食住行，改变着我们的生活方式、生产方式。设计让我们的生活变得更加美好。那么我们谈谈设计，谈谈我们真正需要什么样的设计。

我认为我们需要绿色、智能、符合人类进步发展需要的可持续性的设计。同样，设计驱动产业发展，产业创新体积的突破，依靠的是好的制度、好的价值观来加以支撑，那这背后离不开设计新思维、设计价值观加以助力。

我们聚焦到工业设计上，工业设计是什么？工业设计是对工业产品的设计，对产品的功能、材料、结构、色彩、表面等因素进行社会、技术、审美等多角度的综合处理，是以工学、美学、经济学为基础，对工业产品进行设计。

如何看待工业设计对制造业的促进作用？实际上国际经验已经充分表明，工业设计发展已经成为国家产业核心竞争力的重要体现，也是世界制造强国的一个重要标志。像美国、日本、欧洲等发达国家和地区，始终高度重视工业设计对产业创新的重要作用。把工业设计竞争力，作为提高产业竞争力、国家竞争力的一个重要手段。像20世纪20代以来，在上述发达国家和地区的工业化进程中，尤其是在其产业崛起、转型升级的关键时期，都把大力发展工业设计作为推动制造业发展的重要抓手和有效途径，依靠工业设计提升其制造业的价值和竞争力，进而推动其产业发展，跻身制造强国和工业强国之列。

美国如何推动工业设计发展？早在1972年，美国就建立了一套促进设计创新的相关计划和机制，美国政府高度重视行业协会的作用以及设计教育的创新作用，已经拥有60多所艺术设计学院，同时有600多个大学，开设了工业设计相关专业。在1979年，美国也设立了工业设计优秀大奖idea奖。1994年，也被宣布为美国设计年，其目的就是让更多的美国人重视工业设计，认识到工业设计对经济社会发展的促进作用。在2009年，美国发布了"重新设计美国未来"这一战略，提出要为美国经济竞争力和民主治理而设计的政策建议。当前美国已经是世界设计产业规模、设计出口和设计创新的第一大国。

我们再看英国，英国也高度重视工业设计发展，早在1944年就建立了英国工业设计委员会，这是世界上第一个由政府直接领导的官方设计促进机构，英国政府也非常重视设计与产业的紧密结合，同时也制定了一系列的相关政策。比方说英国制定了国家设计战略，在1982—1987年，政府投资了2250万英镑，开展了5000多个工业设计项目，同时也发布了2008—2011年优秀设计计划，进而推动了国内设计产业发展。

再看德国，德国在1953年成立了德国设计议会，作为德国设计领域的最高政府机关。它主要有两个核心内容：一个是举办展览会、会议和大赛；另一个是帮助企业，尤其是中小企业提供设计咨询服务，来培育、培养和挖掘设计人才。德国政府也非常注重公众设计意识的培养，在1995年制定并实施了"德国工业设计路线图计划"，目的是要提高设计意识，使得中小企业将设计视为整套产品品质竞争力提升以及公司国际竞争力提升的一个重要因素。在1953年，德国也成立了沃尔姆设计学院，这是德国现代设计的重要中心，这一学院对世界设计发展起到了关键的促进作用。同时，德国也打造了两个著名的工业设计大奖，一个是IF奖，一个是被称为"产品设计界奥斯卡奖"的红点奖。

其他欧洲国家，比如说芬兰和荷兰也出台了一系列支持工业设计发展的相关政策。2013年芬兰就颁布了芬兰设计政策战略与行动提案，这一提案致力于提升芬兰的设计能力，进而有效地改善芬兰的制造业竞争力。荷兰率先出台了创新优惠券，通过激励中小企业与研究机构合作，通过政府以在财政支持这一补贴方式来支持广大中小企业购买设计服务，运用设计来提升产品的附加值和核心竞争力。

我们再看日本，日本推动工业设计发展主要起源于20世纪50年代，由于日本出现了大量仿制欧美的产品，受到了欧美国家的强烈谴责，进而推动了日本政府重视工业设计的发展。在1958年，日本的通商产业省设立了设计科，以此作为管理工业设计日本工业设计的行政部门。1969年，日本产业设计振兴会也成立了。日本在后续的几十年来，也出台了一系列的设计政策，主要集中在下列几个方面：第一是注重设计的普及和启蒙；第二是注重地方的设计产业发展；第三是注重对中小企业设计的相关的支持力度；第四是强化设计的国际交流合作；第五是重视设计的知识产权保护。

韩国在推动工业设计的发展上，出台了一系列的相关的政策文件。比如说从1993年到2007年，韩国出台了三次全国推动工业设计的振兴计划，韩国也成立了产业资源部来推动产业的设计发展，设立了设计品牌科，也起草了设计振兴法案。同时韩国也成立了韩国设计振兴院，通过这一机构提供设计咨询、分析、培训等设计服务，来推动韩国的中小企业发展。

上面所讲的是发达国家在推动工业设计发展所采取的一系列政策举措。可以得出，发达国家基础制造能力与工业设计能力的相互结合，已经成为促进其工业化水平迅速提升的重要推力，所以我们在评估和衡量一个国家制造业水平的同时，一定离不开工业设计的有效支撑。比如，美国的特斯拉公司、苹果公司以及波音公司等一大批的制造业企业，背后一定有强大的工业设计能力在支撑。再比如，德国的奔驰及奥迪、英国的罗罗、日本的索尼、韩国的LG和三星等企业，其背后往往拥有强大的工业设计能力。可以说，工业设计和技术创新一样，是摆脱制造业短板领域"卡脖子"风险的关键所在，对比而言，我们在推动工业设计发展的过程当中，从来都不是单纯地依靠技术变革，而是在政府引导下走出了一条具有特色的创新设计或者工业设计产业化的发展道路。

早在2010年，工信部就联合多部委发布了关于促进工业设计发展的若干指导意见，首次把工业设计发展上升到国家层面的战略，在2011年国务院"十二五"规划当中，也将工业设计列为生产型服务业当中的高科技服务业。2012年和2018年工信部分别发布了国家级工业设计中心的认定管理办法和国家工业设计研究院的创建工作指南，通过推动工业设计中心的认定工作，以及培育和认定国家工业设计研究院这两项工作，进而有效地带动了各省、各地市相关企业来重视工业设计发展。2019年工信部等十三部委又制订了制造业设计能力提升专项启动计划，将工业设计赋能制造业高质量发展，摆到了突出的位置，这一行动计划当中也明确提出了几个指标性的要求：第一个就是创建10个以设计服务为特色的服务型制造示范城市；第二个就是培育200家以上的国家级工业设计中心；第三个就是创建100个左右的制造业设计培训基地；当然也提出要高水平建立国家工业设计研究院，进而提高工业设计基础研究能力和公共服务水平。为了落实促进工业设计发展若干造意见，工信部从2013年启动了对国家级工业设计中心的认定工作，从2013年开始一共认定了五批，每两年一批，共认定了298家国家级工业设计中心。大家可以看到，从第一批的首批32家到第二批的34家，第三批的47家，第四批的62家，第五批的128家，国家级工业设计中心的数量在不断壮大，同时其创新能力也在显著的提升，示范带动作用也越来越凸显。298家国家级工业设计中心中，其中企业的工业设计中心是265家，占比达到了89%；工业设计企业为33家，占比为11%。从地域分布上来看，我国的工业设计已经形成了珠三角、长三角和京津冀三大发展集聚区，在三大集聚区的国家级工业设计中心占到了全国数量的75%以上。下图列出了各省市的国家级工业设计中心的数量。

国家级工业设计中心

地区	中心数	地区	中心数
山东省	43	重庆市	10
广东省	37	湖南省	8
浙江省	32	辽宁省	7
福建省	25	河南省、江西省、陕西省	6
江苏省	24	天津市	5
安徽省	14	甘肃省、广西、内蒙古、新疆	3
北京市、上海市、四川省	12	吉林省	2
河北省、湖北省	11	宁夏、西藏、云南	1

工业和信息化部国际经济技术合作中心｜绘制

大家可以看出，山东省、广东省、浙江省、福建省、江苏省的国家级工业设计中心的数量占比较大，中西部地区重庆市、湖南省、河南省、江西省和陕西省的国家级工业设计中心的数量也呈快速增长的趋势。当然，我们也不可否认，西部地区宁夏回族自治区、西藏自治区、云南省、内蒙古自治区等地，国家级工业设计中心的数量相对较少。通过以评促进国家级工业中心设计服务领域在不断延伸，设计服务模式在持续升级。它们主要体现在两个特点：第一个特点是从过去单一的消费品领域，延伸至汽车、飞机、船舶、轨道交通、机械等装备制造领域，从基础的结构、功能、体验设计向高端的综合设计发展；第二个特点是经历了信息交互设计的第一次重要外延后，国家级工业事业中心的企业正在向公共服务领域拓展，比如在模式设计、商业设计、服务系统设计等方面也大显身手，进而有效地推动了制造业服务化的转变和升级。下图是从行业分布角度来看国家级工业设计中心。

国家级工业设计中心

按行业分布概况

行业	数量	行业	数量
电气机械和器材	70	汽车制造	22
铁路、船舶、航空航天	12	家具制造业	18
橡胶和塑料制品	9	金属制品业及非金属矿物制品	13
仪器仪表制造业	4	酒、饮品和精制茶制品	6

行业	数量	行业	数量
计算机、通信、电子设备	70	专用设备	25
服装、服饰业	14	文教、工美、体育、娱乐用品	8
皮革、毛皮、羽毛及其制品	2	日用化工品	4
研究和实验发展	2	纺织业	11

国家级工业设计中心的行业分布，以电气、机械和器材，还有计算机、通信、电子设备行业的数量占比较高。当然，在汽车制造行业，如铁路、船舶、航空航天，还有家居制造业等相关行业，国家级工业设计中心的数量也占比较高。在国家级工业设计中心评定工作的带动下，各省市也开展了省市一级工业设计中心的认定工作。截至2022年10月，全国范围内认定了工业设计创新能力强、管理规范、业绩显著的省市级企业设计中心和工业设计企业共3533家。从地域上来看，省级的工业设计中心主要集中在我国的东部和东南沿海城市，其中安徽省、山东省、江苏省三个省份的省级工业设计中心数量均超过500家，分别为569家、528家和510家，其次是广东省、浙江省，分别超过了300家。

第二项工作就是国家工业设计人员的培育和认定工作，由于当前我国工业设计发展较快，但是在公共服务缺失、基础研究不足、设计数据积累和成果共享不够等方面的问题较为突出，已经成为制约行业发展的主要瓶颈，在一定程度上也影响了制造业的提质增效。为此，工信部开展了国家工业设计研究院的培育和认定工作，致力于打造一批工业设计、公共服务和研究机构，进而有效地突破行业发展瓶颈。"十三五"规划当中也明确提出要设立国家工业设计研究院，将创建国家工业设计研究院作为发展工业设计的一个重要抓手。

早在2014年，在《关于促进文化创意和设计服务与相关产业融合发展的若干指导意见》当中，也提出了要借鉴韩国的设计振兴院和英国的设计委员会等经验，设立国家级的设计促进组织，建立国家级工业设计研究院等公共服务平台。随后在2018年，工信部就提出了国家工业设计研究院创建工作指南。在2019年，在关于印发制造业设计能力专项行动计划当中，也明确提出了要高水平建设国家工业设计研究院。按照工作要求，工信部在2019年1月31日经过专家评定发布了首批国家工业设计研究院培育对象名单，大家可以看出一共是8家培育对象，主要集中在上海、福建、山东、广东、浙江等发达省市，每家培育对象都有一个创建方向。

国家工业设计研究院
首批培育对象

创建主体	创建方向
中国工业设计（上海）研究院股份有限公司	数字设计领域
浙江省现代纺织工业研究院	纺织行业
浙江树创科技有限公司	中低压电气行业
陶瓷工业设计研究院（福建）有限公司	陶瓷行业
山东省工业设计研究院（烟台）	智能制造领域
广东湾区智能终端工业设计研究有限公司	智能终端领域
佛山市顺德区盒火设计研究有限公司	家电行业
广州坤银生态产业投资有限公司	生态设计领域

第二批国家工业设计研究院培育对象
公示名单

序号	地区	申报单位名称	主要服务行业或领域
1	辽宁	沈阳创新设计研究院有限公司	重型机械
2	上海	上海市纺织科学研究院有限公司	纺织材料
3	江苏	江苏徐工工程机械研究院有限公司	工程机械
4	浙江	浙江省现代纺织工业研究院	纺织印染
5	浙江	浙江永煤工业设计研究有限公司	日用五金
6	山东	淄博冠中工业设计研究院	健康医疗
7	湖北	湖北智诊疗设备工业设计研究院有限公司	诊疗设备
8	湖南	湖南国研交通装备工业设计有限公司	先进轨道交通装备
9	广东	广东湾区智能终端工业设计研究院有限公司	智能终端
10	四川	四川省工程装备设计研究院有限责任公司	核技术应用
11	青岛	青岛轮云设计研究院有限责任公司	轮胎制造

除了传统领域，如纺织行业、陶瓷行业、家电行业，新兴领域如数字设计领域和生态设计领域，也被纳入到了培育方向当中。在发布第一批国家工业设计研究院培育对象名单以后，经过一年多的培育和专家的评定，最终认定了5家国家工业设计研究院。2021年我们又公布了第二批国家工业设计研究院的培育对象，一共是11家，相比第一批多了3家；同时我们也可以看到，除了沿海发达省市，像东北的辽宁省，中部的湖南省、湖北省，也有国家工业设计研究院培育对象入围。创建国家工业设计研究院意义何在？总结起来有以下四个方面。

第一个就是人才的集聚，通过打造国家级的研究平台，进而有效地吸引人才和智力的集聚。研究院与相关的高校和知名企业建立深度合作，进而有效地推动科研成果的转化和人才的联合培养，有效地服务本地区的工业设计发展。第二个意义就是公共服务能力的建设，工业设计研究院强调对本地区的公共服务功能，通过聚焦产业的关键核心技术，为产业链上下游提供通用的测试、研发，以及认证设备平台等相关服务，也为本地区搭建了工业设计合作交流的平台。第三，协同创新、工业设计研究院是基于公司加平台的模式加以创建，广泛涵盖了制造业企业、设计公司、投资公司、高校和行业协会等多个投资主体，建立了多方协调机制和现代化的企业制度，进而形成了如政府平台、企业联合、公关、优势互补、风险共担、利益共享的良好的协同创新机制。不仅要实现政府对研究院的输血功能，同时也要实现研究院的自负盈亏、自我造血。第四就是产业升级，因为我们还有很多产业存在大而不强的情况，工业设计研究院可以通过设计赋能和研发支撑来全面提升产业的核心竞争力和附加值。

经过多年的建设和培育，我国的工业设计发展已经取得了显著成效。总结起来有以下四点成效：第一是行业规模逐年扩大，首先我们已经具备了一定规模的工业设计专业公司，企业内设的工业设计机构也大量涌现，越来越多的制造业设计企业，设立了独立的设计中心；第二是设计与制造业融合的广度和深度在不断拓展，工业设计已经从前期的轻工、纺织、电子、信息等行业，向装备制造战略新兴产业不断延伸设计、牵引创新作用也越来越大；第三是产业格局初步形成，如长三角、珠三角、环渤海、成渝经济地区等，工业设计发展实现了快速的飞跃，一大批的工业设计园区、工业设计小镇、工业设计基地加快建设；第四是设计成果大量涌现，一批重点企业的设计能力已经达到或接近了国际先进水平，中国设计获得国际大奖的数量在逐渐增加，中国设计的影响力也在逐渐扩大。

再从三个方面谈几点认识：第一个方面是发展战略，中国正在加快推进创新型国家建设，工业设计抑或是创新设计，正在成为建设创新型国家的一个重要战略，从设计强企到设计强市到设计强省再到设计强国，工业设计始终发挥着关键性的支撑作用。当前，我国正在从制造业大国向制造业强国迈进的过程当中，制造业强国背后一定是设计在强有力地支撑，所以这是个一脉相承的逻辑关系；第二个方面是发展意义，从促进制造业转型升级到新旧动能转化，再到加快消费升级，在每一波的经济社会转型升级过程当中，设计创新始终都发挥着关键作用；第三个方面就是未来的期望，我们也非常欢迎各类制造业企业、设计公司，包括系统解决服务商能够参与到绿色智能创新设计过程当中，发挥设计赋能制造业高质量发展的带动和示范作用。

田斌

清华大学博士毕业，获工学学士、法学硕士、政治学博士学位；法国巴黎政治学院访问学者，副研究员。从2016年以来，长期从事工业设计政策研究，承担工信部多项工业设计领域课题研究及专项工作，曾两次获得工信部优秀研究成果一等奖。参与主编《2021工业设计蓝皮书》《中国跨境并购年度报告》等。

近两年负责中国国际工业设计博览会的策划、组织、执行工作，多次应地方政府、企业、高校邀请开展工业设计政策宣讲和解读。牵头策划的"工业设计服务地方行活动"，被列为全国中小企业服务月工信部部属单位十大品牌活动，作为负责人荣获2022年工信部青年建功大赛创新管理赛道一等奖。

B端数字化产品的跨端设计

◎ 魏丽梅　冯韵

　　由于B端数字化产品在移动端逐渐成为了桌面端核心业务场景的延伸，因此体验设计师更要关注跨端产品体验的一致性，从而降低用户学习成本和提升工作效率。在业务发展的同时高效开发跨端产品，保障产品在多场景下的整体易用性，实现高质量迁移工作，是每个体验设计师面临的挑战。体验设计师该如何跨端搭建设计体系呢？如何在B端项目中去进一步应用呢？

1. 为什么B端产品需要做跨端设计

　　传统软件普遍基于线下办公场景和PC端用户建设，难以适应移动互联网改造后的新时代，所以B端无线化趋势将会越来越明显。微软也越来越重视App模式和体验，为了更好地服务开发者，完成了跨平台系统Fluent Design的搭建，达成了多端设计融合。

　　在产品跨端趋势明确、技术成熟的背景下，许多B端产品为了更好地发展，必然都会做产品跨端设计，这个时候设计师需要关注些什么呢？我们从理论规则、设计系统和设计映射方案三个方面进行了解。

2. 理论规则

　　设计师首先需要了解用户使用场景的差异性、平台环境的差异性、交互方式的差异性。

1）使用场景的差异性

　　用户使用场景的差异性主要影响因素有使用环境、使用时长及使用目标。通常用户在室内、安静且网络稳定的环境下，使用时间较长，多会使用计算机帮助用户快速获取信息，并且可以多任务并行，高效完成任务；通常在室外、嘈杂、网络不稳定的环境下，使用时间较短，多会使用手机通过简单聚焦的内容，快速获得重点信息及完成任务。

2）平台环境的差异性

　　平台环境的差异性主要体现在屏幕尺寸、单位、屏幕分辨率、适配场景及服务生态等方面。如今的主流设备包含手表、手机、平板电脑、桌面计算机，而这些设备又分别存在不同的分辨率。计算单位主要有物理长度单位pt、虚拟长度单位px、相对长度单位em，它们之间存在换算关系，根据不同的平台和分辨率，元素尺寸都存在一定的差异。在屏幕分辨率方面，相同物理区域下，高像素的清晰度大于低像素的清晰度。同时也存在特殊的适配场景，如不同形态的手机、不同系统，都会存在不同的设计规则。在服务生态方面，移动端更加灵活且具有特性上的优势，可以考虑通过产品设计补充桌面场景缺失的体验，尝试更多创新。

3）交互方式的差异性

交互方式的差异性主要通过两个交互维度来划分——键鼠和触摸，从这两个维度进行定义，能从用户最本质的交互操作模式出发，选择符合用户当前设备交互模式的组件。移动端采用手势操作，在不同系统、不同尺寸、不同硬件生态的移动端设备里，支持的手势类型操作较为复杂，同时具有丰富的硬件能力，多种感应器的组合可以作为向智能手机输入命令的方式，也为移动端的交互方式创造了更多可能的延伸；桌面端采用键鼠操作，操作方式相对来说较为简单一致，相对于手势而言，鼠标最大的优势是支持多模态交互。

总结而言，桌面端的优势在于处理专业复杂的工作时更加高效，移动端在覆盖人群、场景更广的情况下应该更加关注用户所在意的核心内容，并根据角色做相应的减法。除此之外，我们还需关注产品使用体验到品牌感知的一致性，即在各端的关键节点采取的设计方式应具有延续性，与符合所在配图的用户操作习惯的基础智商保障功能框架一致。

3. 设计系统

除了用理论规则定义产品策略层面的差异，我们还需要关注如何提高在研发阶段整体设计方案的落地与协作效率，这要求设计师掌握系统性搭建完善的跨端设计系统能力。

通常一个完整设计体系从下至上会包括：通用规范、设计组件、设计模式、布局规则。其中，通用规范属于产品的统一品牌符号，需在各端保持一致，而组件的交互、页面模式的设计、响应式布局规则都需要根据前面提到的各端特性（屏幕尺寸、系统差异性、交互方式、设备能力）进行适配。通过建立一致性的设计系统，其中包括体现品牌符号的通用规范与各端适配的组件以及布局解决方案整体拉通，并与技术共同规定自适应规则，从而建立多维度的跨端解决方案。

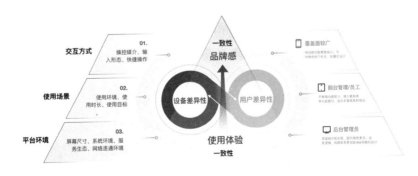

随着越来越丰富和多元的情景出现，为了提升设计师的决策效率，可以引入Design Token的概念。Design Token的核心是一个变量控制系统，在设计系统的通用规范层面，我们通常用变量来控制样式的一些基础属性，对于跨端而言，它的意义在于如何统一各端维度，做到快速自动化的映射。

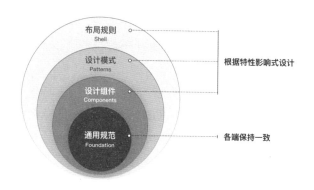

目前许多大厂的设计团队都尝试通过这套Design Token体系，让大量的页面和模块执行开发和设计并行的流程，提升项目整体的研发进度。在执行桌面端拓展移动端的项目时，也能在不同系统和设备上快速拓展设计，并保证两端设计的一致性。

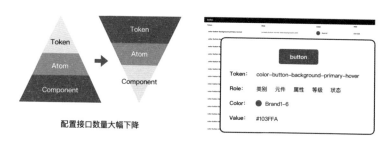

配置接口数量大幅下降

4. 设计映射方案

这里我们来看一下如何在B端的具体使用场景里构建设计映射方案。先介绍一下体验映射的原理：双端的一组基础组件对开发者而言其实是同类组件API、属性对齐以及组件功能形态的映射。设计师需要先将组成桌面端列表组件的元素进行分类，如标题、文本、按钮等，然后将无法跨端通用的元素进行移动化映射的"转译"，最后将通用元素和"转译"过的元素按照移动端规范重新组合起来，这样就形成了一对列表的跨端组件。在建立了这个基础认知后，再结合B端产品业务目标以及用户使用场景，进一步讨论如何进行落地。

1) B端数据录入场景

这里用录入场景的典型案例表单来说，一般由录入组件和操作按钮构成。输入区是表单的核心区域，承载了用户主要的交互，而操作按钮是完结表单操作的触发器，用于确认数据或者取消数据，表单越复杂，按钮也会越多样。表单类的录入场景中，移动化的设计最好保证用户可以在首屏看到核心的内容并控制单个页面内的信息量。

相对于桌面端而言，移动端表单内容对核心流程影响较小的信息字符可以适当弱化隐藏。若面对的是必填字段很多或是业务模块十分复杂，甚至在各个选项之前存在数据联动逻辑的情况，那么在移动端设计时可使用结构化类型的组件对界面信息进行数据拆解，让用户分步操作。

主要包括内容：

高 优先级 低

❶ 输入区：标签、必填符、提示文案、说明信息等

❷ 标题与简介

❸ 操作按钮：提交、取消、保存等

还有一类复杂编辑器的录入场景。对于桌面端，腾讯文档在主导航的设计上按使用频次显示出了常用的功能，保障用户在进行多线程复杂任务编辑时的操作易见性。而进行移动端的适配时，考虑到用户行为更多的是进行轻量浏览，将主导航的交互改为点击唤起，布局上尽量下沉去支持丰富的输入形态，更大程度地减少不必要的元素干扰，保障屏幕空间得到有效利用。

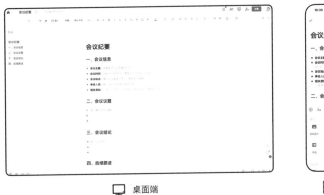 

🖥 桌面端　　　　　　　　　　　　📱 移动端

在线表格同理，在进行移动端的适配时，为了减少跳转，让用户专注当前行/列的单任务输入，增加了卡片视图的单行输入模式。

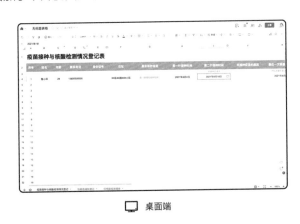 

🖥 桌面端　　　　　　　　　　　　📱 移动端

另外，我们还可以从输入行为的角度进行思考：优化操作方式、简化录入步骤。根据业务场景使用不同的录入组件，如滑块、步进器、选择器等；量身定制更合理化的业务组件，

如带反馈振动的金融型密码组件，以此提升用户在录入时的体验；同时优化输入关键词后的匹配策略，通过系统判断给用户提出合理的建议等，减少触控输入带来的不便；甚至也可以考虑利用移动设备的硬件基础特性，如录音文本转化、扫描快速识别信息、LBS、NFC、GPS、重力感应、定位精度等，来打破桌面端工作场景相对固定的限制。

2）B端数据展示场景

我们再来看一下由信息列表、筛选与检索、操作等构成用于进行信息展示的数据列表页。它的本质为一组数据的集合，通常由行、列组成。行可以包含任何类型的数据，但也可以包含交互式控件。

主要包括内容：

高 ← 优先级 → 低

① 信息卡片/列表/表格

② 检索与排序：维度切换、筛选过滤、内容搜索等

③ 操作：增删改、列表内容显示等

在桌面端的表格或者列表投射到移动端中，更多的是以卡片式设计的形式呈现。由于卡片利于突出关键信息，同时还能适应移动端设备分辨率更复杂的情况下的展示，因此选择卡片展示可以满足信息的深度和承载更好交互的效果。

桌面端使用的table组件能够尽量结构化呈现完整的数据内容、筛选、批量操作入口。但移动端的横向空间十分有限，因此大部分情况下会选择转化为list的结构，将信息垂直展开并展示多层级的核心信息，隐藏次要操作。若特定情况下需要与桌面端table保持一致，则当表格列数较多时可以通过默认屏幕最右列展示一般数据以暗示用户向左滑动浏览更多表格内容，并且需要自动映射行或锁列规则。这里需要注意的是，带有复合表头的表格只适合在移动端映射为table，支持多层表格嵌套的表格在移动端映射为list时也需要进行相关的兼容性处理。

🖥 桌面端　　　　　　　　　　📱 移动端

对于信息的详情页而言，在保障同状态场景下文案、业务功能的操作与桌面端保持一致的基础上，移动端更需要考虑区分信息的主次层级，聚焦在用户所关心的重点信息和状态上，通过字重、字号、颜色适当差异化方式来强化这些字段，减少用户的信息获取成本。

还有一类特殊的信息展示场景——工作台，它往往起到了产品中很重要的"交互枢纽+门面"作用。在桌面端上的数据呈现可以有效缩短获取关键信息的路径，同时允许用户在工作台直接操作一些高频任务。在移动端上的内容与行为也更加个性化，主要去展示品牌元素与高价值的信息。

🖥 桌面端

📱 移动端

3）B端数据可视化场景

进行数据可视化类的页面设计需要明确划分使用者的身份以及分析目的，从而选择对应的页面类型。不同业务线间关注的核心指标不同，常见的指标类型有宏观的大盘数据和具体的业务指标两类。确定核心指标间的联系及优先级，合理地进行页面布局，把结论和最重要的指标放在最醒目的位置，也可以通过交互的设计让这些页面更生动地演绎出数据的价值。

主要包括内容：

① 数据统计

② 可视化卡片：图形、辅助信息、提示信息

③ 粒度切换和筛选器：时间/聚合粒度、时间/数值/文本

④ 数据明细

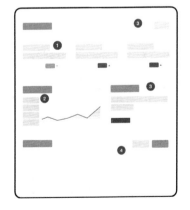

当设计者对页面的结构有初步思路之后，可以根据信息粒度的大小来选择不同的可视化组件。

通常指标卡类的组件信息粒度是最粗的，属于概览总结型信息；列表与文本类组件的内

容接近详细的数据明细，传达的信息颗粒最细。而各类可视化图表卡片的信息粒度则位于中间值。

以典型的占比类图标饼图举例，在标签分类场景不多的情况下，桌面端可以将图例放在饼图的上方，通过鼠标悬停的交互显示每类标签的具体占比与数值。当投射到移动端上时，环形图可以让视线的关注点放在长度上，使对比更清晰，中空区域还可以用于显示关键的文本信息或结论数据。

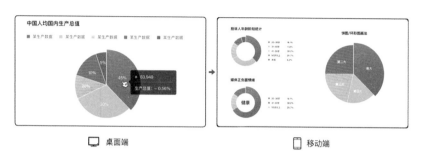

以典型的占比类图标饼图举例，在标签分类场景不多的情况下，桌面端

当标签分类较多而占比差别又不明显的时候，可以在移动端将该图形转换为百分比条形图，用户能够更清晰地看出不同部分的占比，又合理地利用了屏幕的纵向空间。当标签名称过长时，可以换行展示，以避免条形图显示空间不足的情况。

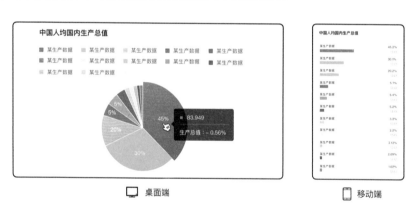

除此之外，对于产品的某些核心元素信息，适当采用新图表样式进行可视化设计，起到激发用户自愿探索功能以及增强品牌识别的作用。但要注意的是，如果我们采用了日常生活中不常见的图表样式设计，就需要额外使用清晰明确的引导来帮助用户正确地理解其中的信息。比如说苹果的健身App采用了类似旭日图这种非常少见的图表样式设计，因此做了一整套带动画、文字说明的新手引导来帮助用户理解每个圆环代表什么。

还有一类较为常见的对比类图标——柱状图，当海量数据与有限屏幕空间发生冲突时，需要细化和灵活处理图表元素的布局规则，将信息展现得尽量完整和美观，如可以采用响应式的规范来解决不同端、不同屏幕尺寸下内容的适配问题。其中，省略、换行、旋转、抽样依赖于数据属性，转化方式依赖于设备的限制。在不丢失核心信息的情况下，体现数据主要特征，在有限的空间内帮助用户更快地理解信息和获取洞见。

除了图表以外，对于某些图表上的功能操作类组件，也需要对移动端做更具针对性的设计。以tooltip为例，桌面端tooltip的展示方式如果直接平移在移动端上展示，则会浪费更多的信息空间并且也遮挡了有效数据。在移动端适配时，tooltip组件其实可以通过手指的长按来呼出并且替换掉卡片的标题区，可以更加有效地利用屏幕空间。

同样，对于有着过长内容而需要页面锚点的可视化图表报告页，如果直接复制桌面端的展示方式在移动端上展示时，容易遮挡页面信息，即使采取收起的策略进行设计也会使得操作比较烦琐。在移动端适配时，直接通过tab平铺页面的方式直接展示，左右滑动进行滚动锚点，既不占用空间又能最大程度地展示出关键信息。

 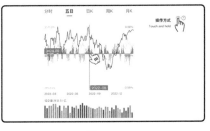

🖥 桌面端　　　　　　　　　　📱 移动端

当然，我们还可以利用一些移动端的特性进行差异化的设计。例如，在时间跨度比较大的时序数据图表中，交易使用的蜡烛图在纵向屏展示时，很多数据细节会因清晰表达的原因隐藏掉，此时可以利用移动硬件的横竖屏的转换，在横屏条件下展示如最新价、涨跌幅、成交量、当日最高价、收盘价等更多重要信息。

5. 小结

最后，我们在业务中对跨端设计的实际应用进行探索和推进的过程中，需要根据具体的业务情况进行方案的调整来遵循历史逻辑，减少对用户习惯的伤害。我们相信在不久的未来，硬件技术的发展和网络基建的完善会让跨端的应用场景越来越多，这也要求体验设计师不断丰富自身能力，为企业级产品构建更为便捷、流畅的跨端设计体系。

参考资料

[1]《2021年中国协同办公市场研究报告》。

[2]《Google设计指南：设计跨平台应用程序的指南》。

[3]《跨平台UX设计》。

[4]《实例解析！从理论到落地，B端移动App设计指南——艺赛中国CNYISAI》。

魏丽梅

　　网易资深视觉设计师，从事视觉设计/用户体验设计工作10年，现任网易核心体验设计团队资深视觉设计师。拥有丰富的企业服务、文创、金融产品等设计经验，主要负责网易数帆、网易轻舟、网易易盾、网易漫画、网易云阅读等公司战略级产品体验设计。专注于为产品建立用户体验管理体系，以满意度及NPS指标为抓手，推动产品体验升级和业务增长。

 冯韵

　　网易资深交互设计师，毕业于江南大学，设计学硕士研究生。从事交互设计/用户体验设计工作6年，现就职于网易杭州研究院核心体验设计团队。拥有较丰富的B端企业级产品设计经验，主要负责网易数帆旗下有数BI、大数据开发与管理平台、项目管理平台、全流程研发平台等体验设计，多次参与公司内部设计规范、组件库的制作，统筹和推进了部门产品的重大设计改版并实现了业务NPS指标的提升。重视用户体验，能够通过沉淀的用户研究方法洞察用户需求，帮助业务实现增长目标。

"ABC"模型打造创新爆款产品

07

◎ 吴霄

随着5G网络和移动设备的大规模普及，视频交友、视频购物、视频会议等，以视频为媒介的创新商业化模式快速涌现。同时，硬件与通信技术的变革改变着人们的沟通方式，随着技术的演进和用户迭代，以视频为媒介的社交也迎来了新的发展机遇。

在视频社交的领域，过去一段时间我也负责了两款具有不同属性的新产品的设计探索。作为产品体验设计师，面临的最大的挑战和命题就是如何赋能新产品，在发展周期中创造价值。

1. 创新产品"ABC"模型

在新产品的早期历程中，会面临两方面的困难：一方面是整个体验周期内，从立项、发布到迭代，用户对新产品不能认可、无法习惯和难以忠实的问题；另一方面是面临产品核心数据的指标压力。面对这两个问题，我们应该怎样寻找切入点呢？

第一个问题其实是个流程问题，在产品发展的不同阶段可以从"体验护航"的角度切入，助力新产品各阶段目标的有效达成。第二个问题是关键点突破，从"产品增量"的角度，为产品关键数据指标带来有效提升。

两个不同角度共用一个设计模型，通过心智塑造、行为养成以及增益设计，解决刚才提到的两方面困难。提取首字母，我把它称之为"ABC"创新设计模型（以下简称"ABC"模型），为产品赋能、创造价值。

过去几年市场对线下自习室已经有了认知基础，疫情的到来引爆了线上自习的需求，QQ自习室就是在这样的背景下诞生的。基于QQ平台，QQ自习室致力于为用户提供一个易用的线上自习工具，打造一个积极正向氛围的学习类社群。

我们从社群产品的核心逻辑和目标出发，通过设计洞察找到发力点，运用"ABC"模型助力产品目标的有效达成。

2. "ABC"模型阶段1：心智塑造

通过心智塑造快速获取用户关注，使用户对自习室的价值形成认知。

心智塑造有三个具体策略，分别是轻松上手体验、学习氛围营造和制造记忆点。

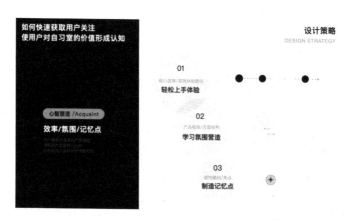

通过用户调查发现，线上自习用户和QQ大盘用户是有较高重合度的，他们因为线下学习的环境缺失，有居家学习的自律诉求。通过进一步对用户的痛点挖掘和动机提炼，最终确立采用多人直播的产品形态，前期主要打造简便易用的自习工具，为用户提供实时学习监督和陪伴的沉浸学习体验。这也是自习室产品想要塑造的用户心智认知。

1）轻松上手体验

自习室本质上是多人自习直播，通过相近产品的设计类比，拆解常规直播和视频会议路径，分析哪些可以简化，哪些可以通过平台能力实现，提炼最短可闭环路径，根据路径搭建

MVP框架，优先设计"工具属性"的基础必要能力。

基于这个思路，确定了首页、自习房间和个人主页的交互大框架。首页的设计通过尽可能地降低摩擦，来确保用户的轻松上手体验。

2）学习氛围营造

人的关系和房间氛围决定了房间的设计。自习室应当是平权化的、多人相互陪伴和督促的氛围。对比常规直播而言，针对自习氛围如何做设计异化呢？

首先房间结构的功能区划和布局要满足平权化，非中心化。其次是要有些侧重点，来表现陪伴氛围和督促氛围。比如：观众区要从数量和样式上强化展示传递学习的"陪伴感"；

通过观众进房系统提示等设计，适度体现"热闹"氛围；通过广播巡查、计时器体现严肃的学习氛围；用系统公告警示规范自习行为和观众言论等。

3）制造记忆点

通过制造记忆点可以加深用户对产品的印象。根据峰终定律，用户一般会对体验的结尾印象深刻。因此我们在结束自习时用激励性的文案唤起情感共鸣，给用户留下深刻的记忆点。另外，我们选用了具象化的自习猫形象IP，并赋予情绪的变化，这样的方式会让用户形成情感的寄托，给用户留下记忆点。

小结：对于新产品，初次体验决定了用户对产品的心智认知。设计轻松易懂、低门槛的上手体验，引导用户进入产品设定的氛围中，最后在体验结束时制造记忆亮点，轻松赢得用户。

3. "ABC"模型阶段2：行为养成

福格行为模型指出，实现一次用户转化行为需要三个要素：用户有足够的动机（Motivation）、用户有完成转化的能力（Ability）、有触发用户转化的因素（Trigger）。这三个要素必须同时满足，才会形成一次有效的转化，否则就不会发生有效的转化。

如何使用福格行为模型帮用户养成学习习惯呢？首先我们要明确在我们各自的产品中，行动具体指什么，这样才能针对行动能力的提升做出具体的设计。以自习室产品为例，行动就是指用户开始自习的这一动作。行动的提升可以通过障碍的降低来实现。动机方面，用户自习的根本动机都是想要更优秀、更有成就感，所以可以通过给予成就激励来巩固学习动机。最后，便捷、高频的触发可以使用户形成习惯。

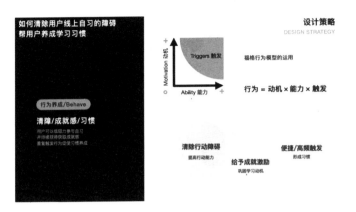

1）清除行动障碍

我们从自习体验地图的关键行动触点，也就是"进入房间开始自习"入手，清除行动的障碍。

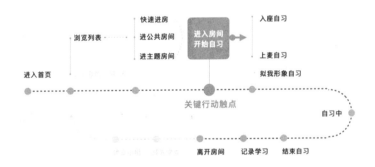

这里有两个具体的设计。首先是入座自习模式的设计，不用上麦也可以低门槛地参与自习。这样解决了麦位数量有限和不愿意露脸的问题。

但是上麦和入座两种自习模式的共存，带来了认知的成本和行动的压力。如何实现即可以降低压力及认知成本，还可以保持沉浸感和专注力呢？我们进行了多种方案的探索和尝试，最终选定"拟我形象自习"的方式。

真人上麦和拟我形象都在窗口自习，统一了状态感知，降低了认知的成本。一键自习，不同位置的两种自习模式简化合并为统一操作，降低了行为压力。通过"拟我形象自习"的设计，清除了自习的行动障碍。

2）给予成就激励

行为养成的第二个方面，是给予成就激励，来巩固学习动机。这里有三个成就感的设计方法。

首先要把用户获得的价值放大。用不同强度的情感反馈，放大用户自习的价值感知，强化成就激励。

第二个方法来源于设计机会点的洞察。我们发现在一些短视频平台有很多这样的打卡视频，记录努力的过程、分享自律成就，但是实际操作起来会比较刻意、流程烦琐。那自习室是天然的学习画面，我们可以怎么做呢？

我们设计了学习画面的一键录制、自动处理和便捷分享，帮助用户快速记录和分享，获得成就感。同时一键生成学习日记和数据报告，从时间维度上累积成就感。

最后是身份达成和专属资格。达标用户享有"开启专属自习室"的特权和"学委身份标签"，以此来激励用户。

3）便捷/高频触发

因为专属自习室有学委的组织，因此形成了很好的凝聚效应。但自习房间的开启完全依赖于学委开播，触发自习的场景变得低频。如何把学委开播行为与用户的自习行为解绑，有效地触发自习呢？

我们推动技术侧，升级房间为常驻的学习小组，完成学委开播与用户自习的解绑。小组常驻，便捷触发，随时自习。另外，把房间、小组做了与QQ群的绑定设计，使得三个场景可以有效联动。通过房间邀请、自习成就分享、作业讨论等各类群消息的联动，高频触发。

小结：灵活运用福格行为模型，通过清除行动障碍、给予成就激励、便捷/高频触发，用户自习率和自习时长都有提升，也帮助用户养成了好的学习习惯。

4. "ABC"模型阶段3：增益设计

自习室逐渐发展到中期阶段，我们围绕着多种场景进行了多功能和跨端的拓展，同时也面临着新的问题。那么如何通过增益设计，带给用户更好的学习类社群体验呢？

我们通过对社群本质和当前产品问题的洞察，围绕整体、包容、精细化的体验目标，去做了一些创新储备、探索和推动的增益设计。

1）整合链接功能场景

围绕自习核心场景，我们也对其他场景进行了拓展，如老师答疑、课间圆桌talk、音乐自习室等。功能场景很丰富，但是相对分散和独立。通过挖掘场景之间的顺承感和关联性，我们把功能场景统一到自习小组新的框架结构下。

2）嫁接业务到新框架

QQ频道是目前正在灰度中的一个社群功能模块。它的特点在于结构包容性强，也方便精细化运营，因此使得学习小组的概念更加整体，不同的功能模块更加聚合包容，更方便多个子频道的精细运营。

我们积极推动自习小组和QQ群承载的两个功能模块，统一到新的QQ频道框架下，完成业务的嫁接和延续。

3）统一多端体验

在我负责频道PC版通用性设计的同时，也把学习垂直类频道通过自习室能力进行了设计落地，打造基于频道框架的多端一致性学习体验。"自习室"作为教育/学习品类频道的代表，对QQ口碑具有积极意义。

小结：当好时机未到的时候，设计师可以通过增益设计，积极储备和推动更好的体验，使业务更好地嫁接和延续，同时也为用户忠实度与产品长期价值带来增益。

5. 总结

"ABC"模型是我在创新产品设计探索中总结出的一套方法，通过心智塑造、行为养成和增益设计，完成新产品的体验护航，实现用户从认可到习惯和忠实的产品发展周期目标。

好的设计是产品价值和用户价值的统一。作为设计师，在对用户体验负责的同时，我们也许忽略了产品价值本身。比如，如何通过设计提高产品数据等。总觉得这件事情是产品、运营的事情。但是久而久之会发现，其实体验能决定用户的好感度，但并不能决定一个产品的生死。其实产品的生死相当一大部分是会和数据相关的。设计师的视野应该更长远一点，更广阔一点。在保证好的用户体验的同时，也要时刻关注产品的增长和复利。

吴霄

字节跳动产品设计专家，前腾讯社交用户体验设计部高级交互设计师，集团认证讲师。专注社交娱乐与创新产品设计。《体验主义》作者、"人人都是产品经理""PMtalk"等平台专栏作家、年度作者。曾在2022IXDC大会、2022全球服务设计共创节、2020深圳增长大会发表演讲。拥有人机界面发明专利二十余项。

MaaS时代的突破性创新：
场景驱动移动生活整合创新

◎肖宁　廖乐雯

08

　　"出行即服务""出行2.0移动生活"使汽车制造业陷入了创新的困境，不知如何突破，本质原因是"没有对标、没有参考"。为此，可以引入三个对策：iNPD整合创新（产品）、SHS一体化整合创新（服务）、场景驱动。以广汽MagicBox为例，将整合创新、场景驱动等理念、方法及工具导入到汽车软、硬件及服务原型创新的模糊前期，形成以场景/任务/角色为核心内驱力的SHS一体化整合创新方法，完成了对一系列移动生活场景所需新物种的原型探索。

1. 综述

　　汽车作为人类交通乃至现代城市、社会系统的主要组成要素之一，从诞生之日起就不仅仅是一个独立的产品，还牵动着一整套服务系统。产品特征上，汽车从以往的硬件系统发展成为软硬件一体化、机电一体化的整合系统，未来汽车更是融入了服务型制造模式，成为"软件-硬件-服务"一体化的服务系统。商业模式上，汽车制造业从单纯卖车，到卖"车+软件"，再发展至卖"车+软件+服务"。汽车产业也从最初的"制造商+经销商"模式向"制造商+车辆运营商+其他服务提供商+出行平台"模式转变。随着移动互联网的普及应用，以及汽车技术的持续发展，MaaS（Mobility as a Service，出行即服务）成为新业态、新经济的范式之一。

　　MaaS概念首次被提出是在2014年赫尔辛基的欧洲ITS大会上，至少包含五层含义：①各种交通方式的整合；②将各种交通模式整合在一起的服务平台；③各类出行服务系统；④利用现代信息交互技术实现票务与支付结合的捆绑式交通出行服务；⑤一站式无缝衔接的出行服务。

　　"A点到B点"的出行服务只是"出行1.0"范式，随着丰田E-Palette、Woven City和雷诺EZ-Pro等崭新的MaaS理念发布和试验性实施启动，"A点到B点过程中的移动生活"，即"出行2.0"正在成为新的MaaS范式，这意味着在汽车这个移动空间上面，很多生活方式，包括商业模式都可以进行植入，为用户带来一些新的服务、新的价值。汽车已经不再是从A点到B点的简单运输工具，它运输的内容过去主要是人流、物流，发展至未来可能还会有能量流、信息流和价值流的加入。

2. 问题梳理 ▶

　　MaaS既是汽车制造业转型升级的机会，也对传统汽车业的创新与设计管理提出了诸多挑战。以往的常规车辆开发有对标原型，属于市场驱动式创新，是典型的线性串行流程。营销部门提出开发目标和产品定义，由设计与工程部门实施开发并得到结果。

　　而在"出行2.0"新时代，MaaS服务创新是针对未来、未知、不确定的开发，由于此时市场尚未萌芽，应用场景暂未确定，导致开发初期连车型概念与类别本身都很模糊，难以统一进行定性描述和定量指标制定。这时，企业不知道如何面对不确定；市场部门不知道开发什么产品；设计、工程部门不知道如何开发新物种。通过连续追问"为什么"进行分析：不知道开发什么的原因是无法对新物种进行产品定义，背后原因是无法确定MaaS开发目标，甚至连具体需求也不知道，归根结底是由于MaaS没有先例或原型，这就是汽车业困境的真正原因。

　　针对这个原因，实际上是有方法可循的，一般可以使用突破性产品/服务创新方法。

3. 解决对策 ▶

1）iNPD：以用户为中心的整合创新

　　针对创造前所未有的突破性产品，iNPD是国际流行的方法工具。iNPD意指整合新产品开发或一体化新产品开发，是一种模糊前期产品原型的创新方法，强调开发团队在用户需要、要求和愿望，以及其他利益相关者要求基础上的多专业结合。它对团队的要求是必须具备产品开发必不可少的市场营销、工程技术和设计三方面力量。

　　产品开发模糊前期是整个产品开发过程的初期阶段，它开始于项目总的目标和思想，是在产品和市场还没有明确定义之前的设计过程。在最早期，产品定义还没有出现的时候，回到用户为中心，团队应该投入到用户共情，感受和体会用户"想拥有什么"（愿望）、"什么有用"（需要）、"什么好用"（要求）。这个时候，其实要忘掉所有的、现有的产品形态，甚至包括产品类型、品类都要忘掉，这样才能重新去定义新的品类，包括定义新的服务。

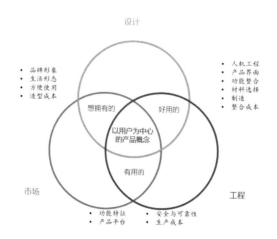

用户共情与分析定义后，还要进行产品原型的快速创造、测试与迭代。原型是对产品概念的形象化和具体化，是对设计师构想的一种体现。通过原型对设计概念进行测试和评估，能够帮助设计师尽早的发现设计中的问题，从而降低产品开发的风险，以及及时进行用户测试、迅速迭代，最后输出的成果才是产品定义。也就是说，整个过程是概念定义和产品定义、概念探索和原型探索的过程。

2）SHS："软件-硬件-服务"一体化整合创新

iNPD模式的提出起源于硬件产品时代，尚未来得及整合软件服务SaaS、数字化新营销以及用户参与创新等新思潮、新工具。因此，结合汽车业面临的挑战及我们十多来年的实践的经验，我们对iNPD方法进行了升级：不仅要做产品，还要做软件硬件一体化的整合创新，并在原有产品的基础上，加入服务，形成软件、硬件和服务一体化的解决方案。

跨专业、多领域团队组织方面，把iNPD原有的设计，工程和营销三方面专业人员，调整为软件开发、硬件开发以及服务开发这三方面的力量；此外还遵循服务创新、社会创新的原则，引入利益相关方，包括用户（C端）、客户（B端）、上下游供应商、合作伙伴、公共管理者（如园区物管、安防等）乃至政府（G端）相关机构（如安监、卫生、疾控、环境、交通等）等。在特定场景中，这些相关方都是代表不同角色和任务的存在，所以他们在产品/服务概念尚未成型的模糊前期就介入共创，嵌入各自所代表的利益诉求，贡献相关知识、经验，并参与原型测试与评价，能够让概念原型更可行、更有效、更具意义。

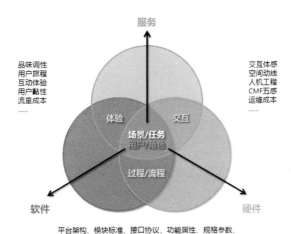

同样在模糊前期这个过程中，可以借鉴iNPD的方法去进行用户洞察：在一个场景里面，用户的体验是什么？交互是什么？以及我们软硬件的流程是什么？通过场景定义用户的角色、任务，然后定义用户体验、交互和用户旅程；从而进一步定义我们整个服务所需要的软硬件（包括其接口、模块、功能属性等）、体验和交互等属性、规格、参数。整个原型探索过程与iNPD方法是类似的流程，但SHS一体化整合创新方法对专业人员及其肩负的任务进行了升级，他们需要开发的目标，不仅仅是产品原型，还有一个服务原型。

3）场景驱动

有了iNPD、SHS整合创新流程后，我们可以重新回到核心，即用户所在的场景中，去驱动整个开发流程。场景驱动创新以场景为载体，以使命或战略为引领，驱动技术、市场等创新要素有机协同整合与多元化应用。在"软件-硬件-服务"一体化整合创新模式中，场景的萌生与选择先于产品概念，一切产品/服务源于若干特定场景，阶段成果又以原选定场景作为测试场景，实现PDCA（Plan、Do、Check、Action）管理闭环，测试结果如有差距，则须判断是否需要调整场景或调整目标，激发下一轮软硬件或服务迭代。

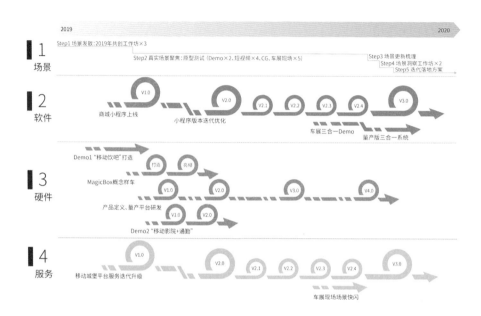

场景（及其任务/角色）在模糊前期既是原点、起步点，又具备启动力、持续引发迭代等重要驱动作用，不仅仅驱动概念的形成，还驱动三个领域的逐步探索与收敛、深化与聚焦。

我们用场景驱动了软件的迭代，驱动了硬件的迭代，也驱动了服务的迭代。场景除了驱动整个流程，还要驱动车型的定义，也就是说用户（角色）代入一定要落到他的使用场景，在场景里面找到用户的痛点和爽点。然后我们让痛点不痛，让爽点更爽，从而定义用户所需要的车型。

在车型相关的软件功能、硬件配置、服务触点等洞察上，团队主要借鉴长期合作伙伴上海本然的经验，形成了自己的一套"场景洞察+-！？"分析工具，主要从用户痛爽点（+-）、相关方机会点（！）、业务风险点（？）等商业角度出发，聚焦于特定场景下的交互、体验以及价值挖掘。

这套工具在现场工作坊与线上协同工作坊中都能让首次接触的"新手"迅速转换视角、代入角色、增强同理心，从而更容易发现用户的真实需求以及潜在需求；针对移动服务场景天然具有的复杂性、多样性，利用一切手段、调动一切资源，在软硬件及服务构想、方案讨论、测试等环节，以替代物、模型、实车、实时实地甚至随时随地进行角色扮演与场景模拟，避免单纯想象的不确定、不具体和不真实。

4. 案例介绍：广汽MagicBox

1）场景驱动+整合开发全历程

MagicBox初始场景和理念雏形源自2017年11月广汽内部的一场"X-Space"创新工作坊，当时在全球范围内并无任何车型先例和参考对象；随后在2018年得到丰田E-Palette、雷诺EZ-Pro等全球首发概念车的同类场景例证，触动了集团高层及相关战略研究部门，进而促成了该孵化项目的成立。这正是从场景先行萌生新理念、新原型，从而触发新项目、新商业模式实践探索的典型实证案例。

通过前期一系列跨行业共创工作坊，挖掘整理出了超过700个当下城市生活的"痛点"和"爽点"。中期为了在商业上进行最小可行性产品验证，投入实际运营是最好的检验。为此，针对"小白鼠"场景开展了原型测试，包含原型1"移动饮吧"、原型2"移动影院+专车"验证原型及其服务小程序"MagicBox移动城堡"。

整个模糊前期持续进行了一年，场景成为驱动流程推进的动力与依据。首先从场景出发，项目发掘了未来城市生活未被满足的潜在需求；从场景中萌芽，项目打造了软硬件一体化服务系统原型；基于场景的原型测试，驱动着系统原型的迭代。根据目标与测试的评估，模糊前期基本结束，产品/服务系统定义冻结，可以进入量产开发阶段。

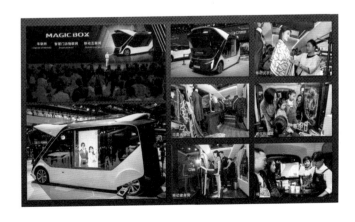

新原型定型后，在大家熟悉的常规产品化开发流程中，场景将继续成为系统研发的测试与改进依据。而随着真实业务的到来，还会有更多更新的场景被触发，将成为系统萌生子系统的起点，或者成为下一代新系统的起点，从而推动系统层级的新一轮换代。

2）跨专业、多领域整合

以MagicBox为代表的MaaS服务创新，涵盖了传统汽车设计所没有的跨专业、多领域范畴，必须也必然经过整合创新，形成"软件-硬件-服务"一体化解决方案。无论是指导理念、组织架构、研发流程还是方法工具，都体现了跨专业、多领域整合的特点，这也是创新的优势所在。

3）创新成果

这些场景以及我们的概念原型在2019年开始发布，而且不断地有不同的新服务场景加入。这些场景同时也是一种营销工具，每一个新场景的诞生都激发了更多行业的订购意向和合作意向。例如，移动银行、母婴成长社区服务、社区养老，还有都市的夜经济、新商业，各种体验营销快闪（活动）其实也是可以用车载方式实现的。

归根结底，整个MagicBox的核心价值是让服务搭载在车辆上去主动找人。这种新服务场景需要一个新车型，它完全不同于过去的车型，而是一个移动的空间，可以实现供需的匹配，成为突破性的新服务解决方案。

5. 总结

iNPD、SHS以及场景驱动这三种解决方法为汽车制造业指出了一条创造新价值的路线。以MagicBox为代表的MaaS服务创新，充分关注场景中的用户/角色以及相关方的意义构建以及新价值共创，使汽车设计从产品创新经历交互、体验的进化，走向服务创新乃至社会创新的新赛道。

参考资料

[1] Jonathan Cagan, Craig M.Vogel.创造突破性产品[M]. 北京：机械工业出版社，2017.

[2] Xiao Ning, Tao Menghan. Application of NX Innovative Design Model in the Fuzzy Front End Period of NEV Development. In:（SAE-China）S.（eds）Proceedings of the 19th Asia Pacific Automotive Engineering Conference & SAE-China Congress 2017: Selected Papers. SAE-China 2017. Lecture Notes in Electrical Engineering, vol 486. Springer, Singapore, 2018.

[3] 肖宁，梁艺凡等. 场景驱动的"软件+硬件+服务"系统整合创新[J]. 装饰，2020.

肖宁

广汽MagicBox移动场新服务项目创始人兼广汽研究院首席技管总师（副院长），曾任广汽丰田副总经理、广汽研究院院长助理/设计总师/平台总监、极至设计创始人。

他拥有工业设计与汽车工程的复合型教育背景，是正高级汽车工程师/高级工业设计师，具有丰富的跨文化合作经历，开创并引领了传祺品牌的创新设计，曾主管合资自主品牌企划、产品与技术企划、创新设计及品质管理，现专注于未来移动生活创新孵化。

AR——下一代计算平台的硬件探索

◎ 夏凯

AR被广泛定义为下一代计算平台，所以有必要给大家简单梳理一下计算平台的演化历史，从最早的大型计算机发展到AR眼镜，可以从四个层面去探讨：使用场景、使用时间、功能定义、交互操作。

计算平台分析	大型计算机	PC	便携PC	手机/平板电脑	AR眼镜
使用场景	/	家庭书房/办公室	地点不限（需要桌面即可）	地点不限	地点不限
使用时间	/	上班工作/业余时间	上班工作/业余时间	时间不限	时间不限
功能定义	/	办公/游戏	办公/游戏/娱乐	办公/游戏/娱乐/社交等	功能不限
交互操控	/	固定位置双手操控	固定位置双手操控	双手/单手握持单手/单手操控	操控方式待定

从大型计算机到个人的独立计算机，使用场景由固定到灵活，破除了地点和场景限制。限制的破除，必然大大提高了产品的使用时长。从功能定义上分析，大型计算机主要用于商用的计算，不具备C端应用性。从个人PC不断演进到AR眼镜，由于场景不受限制，时间极大扩展，必然带来在不同场景下的生态应用的增加，用户量随之指数级上升。

接下来是操作交互层面的探讨，大型计算机不作过多阐述。从PC开始，采用键盘或者鼠标的交互，慢慢过渡到纯键盘，接下来就是触摸屏。虽然说目前AR眼镜的交互还没有被完全定义出来，但随着Tof、眼动追踪等传感器产业和算法的成熟，AR眼镜的交互将会变得更加丰富，更加自然。

综上所述，AR眼镜有朝一日替换手机成为下一代计算平台是必然的结果，它解决了以往计算平台的诸多问题，破除了场景限制，使用灵活，交互自然。随身佩戴的眼镜形态和近眼显示技术，搭配全新的交互模式，将不可避免地重塑互联网生态，颠覆现有的商业秩序。

市场上AR眼镜的最关键的一个部分，便是近眼显示技术，下面简单梳理几种主流的方向，从量产性、视效、光效、成本、前景五个方面去探讨。

阵列光波导：一般搭配LCOS屏幕，透过率高，透过率可达到80%，镜片薄，目前小规模应用在B端产品上，如ROKID Glass 2、magic leap第一代。但是阵列光波导由于其工艺难度，因此不具备大规模的量产性，且光效低，伴随功耗高。

衍射光波导：该方案主要搭配DLP和Micro Led光学引擎，具有较高的透过率，技术上可以采用纳米压印或者蚀刻的形式，能够实现大规模量产，有可能是AR眼镜的一个终极显示方案，当然现阶段也存在诸多问题，如显示偏色严重、成本高等。市面上，B端产品有Hololens第一代和第二代，还有ROKID X-craft。C端市场上，Mirco LED加上衍射光波导的产品比较典型的是OPPO Air、小米概念眼镜等。据说目前Meta、苹果、PICO、三星等厂家，都在朝该方向研发评估。

折返式光学方案：通过Micro OLED作为光学引擎，搭配相应的折返式镜片，是目前视觉效果最好、成本也相对较低的方案。诸多厂家用它来主打C端观影市场，构成目前C端AR眼镜主流的应用方向，比较典型的产品有Rokid Air 、Nreal Air 、雷鸟Air等。

自由曲面：最早的Google Glass就是采用自由曲面棱镜，它的优势就是光效非常高，相应功耗低，B端、C端均可使用，成本相对可控，技术也较为成熟，但是大规模量产会受到工艺的限制，技术前景比较受限。

以上光学方案各有千秋，当然AR眼镜所面临的瓶颈远不止于此。AR眼镜的发展，面临三座"大山"：光学、芯片平台、电池。

AR眼镜后续最大的发展动力源于合适的芯片平台，现今主要的移动芯片平台都是针对手机、平板、手表等成熟品类，专门针对AR眼镜市场的芯片平台非常少。电池续航也是一座难以跨过的"大山"，眼镜端电池的容量的定义要求非常慎重，应在尽量保证够用的同时，避免增加头部佩戴负担。光学、电池、芯片平台这三大障碍禁锢了眼镜的设计和创新。基于这些限制，我们梳理了目前AR眼镜市场的产品方向。

第一个方向是弱化眼镜端算力，强调优秀的视觉效果和电池续航，主流产品为AR观影眼镜，眼镜本体没有任何算力，通过连接手机或计算终端来实现它的观影功能。

第二个方向是弱化续航，重点强调光学和计算能力，案例比较典型的是Rokid Air Pro加计算终端，还有Magic Leap 2 ，具备完善的手势和语音交互体验。

第三个方向是弱化光学，保证芯片算力和基础续航，然后维持轻便一体的产品形态，把体积压缩到极致，这样眼镜的功能会弱化，只能做简单的信息提示、导航、题词等功能。市面上这样的产品有很多，如最早的Google Glass、North Glass、 Oppo Air，以及Rokid的第一代产品，都是属于这一类。

考虑到现今部分客户对AR眼镜功能的多元需求，也有大而全的产品，要兼顾芯片算力、电池续航、光学效果等功能。这样就有了另外一个方向——一体头环形态的AR眼镜，体积较大，重量也不轻，类似Hololens第一代和第二代，以及Rokid X-Craft。

讨论完市场现状，接下来分享下ROKID的产品研发流程。

我们在探讨产品研发流程前，先把产品创新的缘起做一个定义，那就是技术。无论是芯片、光学器件、电池，还是制造工艺、组装方式等，都可以被定义为技术。技术创造出来如何向外延展呢？产品经理基于一项或者多项技术来构思一个产品方案。针对不同市场、品牌、销售、去定义，完成最基础的产品构建；接下来就是设计师出马，通过设计创新来给技术穿上靓丽的"外衣"，完成概念产品。概念产品不可避免地要进入量产和研发。完成量产和研发的产品随即可以进入销售的环节。最终基于消费者的使用反馈和优化的建议，反推技术的发展。形成一个完整的闭环，每一个闭环都意味着一个产品或者产业的生命循环，这个循环一直会持续到技术淘汰或者产品失去使用价值为止。

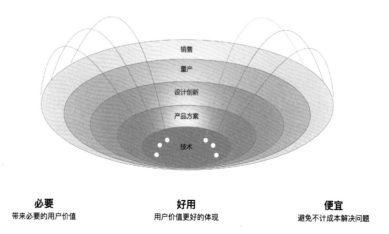

必要	**好用**	**便宜**
带来必要的用户价值	用户价值更好的体现	避免不计成本解决问题

产品经理或者设计师在这个过程中，要坚持几个原则：第一个是"必要"，即产品究竟给用户带来哪些必要的价值；第二个是"好用"，即带来用户价值的同时，不能增加使用上的负担，让消费者快速而且精准的使用；当然还有一个重要的原则就是便宜，便宜不是廉价，便宜是满足消费者需求的同时，使得使用价值覆盖其销售价格，让人感到物超所值。

我们在产品创新的过程中，会分为几个阶段。第一个阶段是准备期，开始调研AR行业的市场需求，了解未来趋势；积累芯片平台、光学、算法等基础实现技术；然后基于技术和市场需求，完成产品定义初稿，输出一个简单的外观原型，接下来基于外观的原型，结合光学模组，搭建一个简单的原型机。

完善产品定义和设计外观模型之后，我们会带着相应的原型或者模型去与客户进行沟通，进行细节更新优化，最终完成产品定义的终稿和工业设计外观。待一切准备完毕，随即进入量产期，跟进CMF和体验的把控，保证产品不偏离需求，最终完成完整产品的软硬件输出。

最后进入销售支持期，配合销售，同时收集用户的反馈，不断地完善产品，保证每一代产品都给用户一个完美体验。当然必要的配件方案也是需要配合研发输出的。

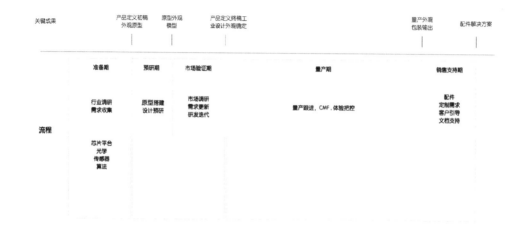

对于AR眼镜硬件发展趋势，我们分四个阶段去探讨。

眼镜硬件				
眼镜端	光学显示	光学显示、部分交互	光学显示、电池、交互、弱计算	光学显示、电池、交互、弱计算/无计算
Dock 端	计算、电池、交互	计算、电池、部分交互	计算，弱交互	无主机/云计算
连接方式	有线连接	有线连接	无线连接	一体/无线链接
思考	作为初级的AR，作为大屏产品，主流成熟产品	AR的过渡方案，门槛高，可用于B端展陈，生态成熟时可用于C端发烧友AR游戏	未来近期方案 AR与手机联动方案	未来长期方案 AR可能的终极方案
案例	Rokid Air + 手机/Station	Rokid Max Pro + Station Pro	高通AR2方案 苹果XR方案	暂无

第一个阶段就是相对来说比较简单的，就是通过眼镜有线连接手机或者计算终端，实现观影和云游戏的功能，如Rokid Air加手机或者Rokid Station，主要是用于大屏的功能，比较主流和成熟。所有的计算和电池、交互等模块全都在主机端，眼镜端只作显示。目前这一类产品功能单一，上手门槛较低。

第二个阶段，眼镜上具备显示和部分交互模块，底下的计算主机端具备较高的计算能力，支持长续航的电池以及部分交互，但它还是以有线连接的方式。这一类的结构形式，我们认为它是一个AR的过渡方案，它可以在B端用于展示或者工业数字孪生等场景。对于C端来说，成本比较高，你购买眼镜之后还要购买高算力计算终端，当然不排除部分发烧友购买来尝鲜。比较典型的案例是Rokid Max Pro，有线连接计算终端。

第三个阶段，眼镜端具备交互、显示和电池的模块，并且有可能具备一定的弱计算能力。主机端只具备计算或者弱交互能力，通过Wi-Fi 6E或者Wi-Fi 7实现眼镜和主机端的连接。这是目前芯片厂商主推的联动手机和AR眼镜的方案，比较典型的就是高通AR 2的方案。有可能苹果的XR产品就是采用这种方式。

最后一个阶段，眼镜端集成了光学显示、电池、交互模块，具备弱计算或者无计算的能力，通过无线网络的协议去连接云端的计算中心。将所有的应用的计算能力放置在云端，这有可能是未来AR眼镜的终极方案。

最后，我们以象限的形式做一个分析。AR眼镜是从多组件、多功能的模块向一体化、轻量化的方向进行转变。同时也是从强本地计算能力向强云端计算能力的转变。如果我们把市面上所有的AR眼镜放置在这个象限中，那基本上可以分为四类，即有线眼镜大屏、有线分体AR眼镜、一体头环、信息提示类一体机。但是可以肯定的是，这四类都不是AR眼镜的最终形态。我们需要的是第五种，它具有轻量一体的佩戴感受、普通眼镜的形态，同时具备强大的无线通信能力，能够连接到云端的计算主机，实现云端的计算能力。相信在不久的将来，C端AR眼镜厂家都会朝着这个方向努力。

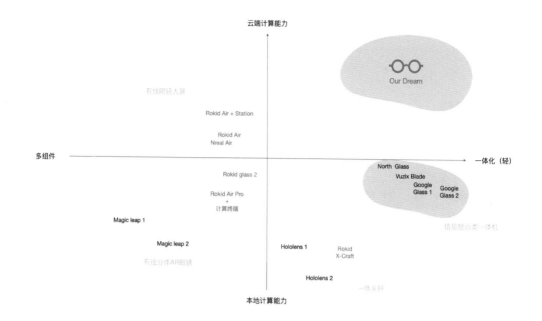

夏凯

　　Rokid工业设计总监，具备超过11年的工业设计工作经验与4年AR产品经理经验，毕业于江南大学，带领工业设计与产品团队负责过多款AR产品，从技术雏形到最终成品，获得了IF、红点、DIA top 20、CES创新奖等国内外近20多项重量级奖项，基于AR技术的发展趋势与现状，与团队梳理了一套完整的产品开发与验证流程，能够有效验证AR产品的市场竞争力。

用户服务，打造新能源差异化的利器

◎ 黄胜山

2022年，中国新能源汽车维持着高速增长态势，零售渗透率在9月达到了31.8%，提前预期三年突破了30%大关。高需求高增速，使得新能源汽车驶入快车道。随着销量爆发、内卷升级，我们看到新能源赛道显露出红海竞争态势。如何找到业务增长的新动力，如何打造差异化是众多车企关注的核心话题。

汽车行业已经进入百花齐放百家争鸣的时代。跳出竞品之间的你超我赶，站在用户视角，我们可以清晰地看到以差异化服务为杠杆、以塑造好体验为支点能够有力地撬动增长。

1. 为什么服务对于新能源行业举足轻重？

过去，汽车行业关注产品和渠道。产品力是影响客户做出购买决策最大的原因，而4S店渠道则决定了覆盖的人群范围。但新能源汽车的快速发展，给汽车行业带来了两大变化：第一，相对于传统的燃油车而言，新能源汽车动力系统来自于电池，这是一个持续性的需求；第二，新能源推动汽车行业的电气化、智能化变革。这两大巨变颠覆了过去的行业格局，汽车制造将迎来一场"升维竞争"。

1）新能源汽车盈利模式结构化变革

首先，新能源汽车盈利构成发生变化，服务营收成为重要组成部分。燃油车时代，汽车服务往往被定性为营销工具，但随着新能源汽车保有量持续增长，"汽车服务"的定义和范畴正在被重塑。传统燃油车品牌的主要盈利来自于产品销售，售后服务以维修保养为主。但由于新能源汽车数字化和电池的两大特性，新能源汽车的收入来自于硬件产品和服务营收两部分，并且服务从过去燃油车时代的成本项变成了收入项，比如充电桩、改装、异地用车、紧急补能、OTA、换电等用车服务，精品商城、旅游等生活增值服务，LBS、代客等便利服务。在大量的头部车企实践中，我们看到这种模式能够带来可持续的业务增长。比如消费者不仅购买了车，可能还会购买改装服务、购买车联网的服务、购买充电服务等，能够实现更加高额的购买，从而实现一种可持续的增长。

从跨行业视角来看，与汽车行业轨迹相似的3C行业也有同样的阶段。比如手机行业，从功能机到智能机，从手机产品本身的收入转向服务收入。数字化技术加持下，品牌能够直连用户，服务也为企业带来更强的营利能力。例如，2021年苹果公司服务收入达到684.25亿美元，服务收入毛利率高达72%，远高于硬件收入和毛利率。新势力在服务上的营收已经初见端倪，比如蔚来汽车服务收入占2021年全年营收的29.7%，小鹏2021年服务收入达到了15.2亿元。

2）用户服务上升为核心竞争力

新能源服务为车企带来更多现金流入的同时，也是用户的期待和关注。我们进行了大量的定量研究，得出这样的结论——新能源用户更看重用车服务。比如下图的TOP10需求榜单，其中有9条都与后期的用车服务相关。在销售环节，充分展示后期的用车服务保障十分关键。

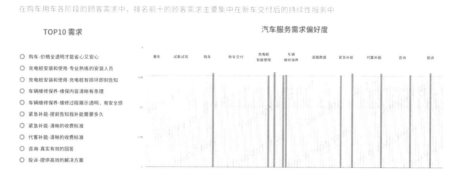

（图片来源：唐硕2022新能源汽车服务·关键体验MOT报告）

过去车企把汽车产品作为唯一的核心竞争力，今天汽车产品依然是车企的基础盘，但服务也变得非常重要，服务与产品成为新能源差异化的两大利器。以产品为核心的竞争转变为"产品服务系统（PSS）"双核驱动，这意味着新能源汽车的行业增长模式被刷新了。

2022 新能源汽车服务·关键体验MOT报告

以"产品"为核心的竞争转变为以"产品服务系统（PSS）"为核心的竞争

（图片来源：唐硕2022新能源汽车服务·关键体验MOT报告）

3）服务驱动新能源可持续增长

在传统车企的流量漏斗增长模型中，消费者被视为销售线索，从销售线索、高意向线索、订单、用户复购这样层层下落。但当下获客成本高企，买量来获取线索的模式难以为继，且用户信息分散在经销商手中，主机厂无法有效连接用户、服务用户，用户很难转化为企业资产，形成复利和溢价。

服务之所以能够促进新能源增长，根本原因就正在于增长动力换挡。流量越来越贵，获客更难了；消费者越来越挑剔，转化更难了；消费者的选择越来越多，复购更难了；竞争越来越激烈，溢价更难了。面对这四大困境，过去流量驱动的增长不再奏效，我们需要重新认识增长。汽车行业具有强口碑、中高单价、长决策路径的典型特征，持续增长的根源在于围绕用户关系、用户价值进行数字化、体系化的布局，建立以车主为核心的直连服务生态。这个增长模式就如下图所示，购车体验、用车体验、会员体验、生活体验会形成四维一体的服务生态。

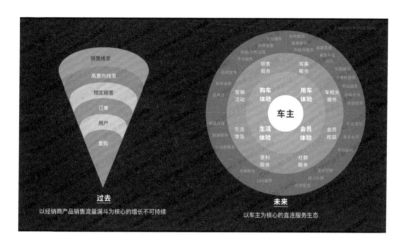

做好服务的核心在于做好体验，用口碑造就品牌，用体验触动人心。如体验回报（ROX）模型所示，用好体验带来好口碑，降低获客成本。通过更多人推荐、更深度认同、更长期关系带来更高额购买。更重要的是通过经营车主关系、创造服务体验，让消费者更深度认同，通过更长期的关系去提升、转化生命周期价值，让用户的增购、换购、复购都能在品牌体系中完成，为新能源品牌创造溢价。

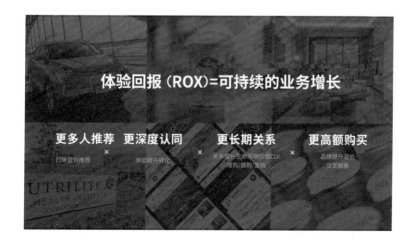

2. 关键体验，塑造差异化服务体验的抓手

既然服务已经成为新能源车企的两大核心竞争力之一，那么该怎样去做服务就非常关键。现在很多企业都知道用户、服务、体验的重要性，特别是蔚来理想等新势力把行业水平和认知提升到了新的层次。但新能源汽车服务范畴非常大，覆盖用户全生命周期、触点庞杂，做好服务体验具体该从哪里入手？如何来搭建架构？又有哪些抓手？

行业已经进入买方市场，每个价位段都有非常多的品牌、非常多的车型，要想脱颖而出，被消费者记住、被消费者选择，怎么样通过关键体验塑造差异化的服务口碑就非常重要。我们分别从服务产品、服务特色、服务场景、服务人员、关系经营这五个关键变量来看怎么做好服务差异化。当然能够同时在五个方面都做得优秀的企业非常少且投入巨大，企业可以根据企业基因和市场竞争情况，聚焦投入在关键维度上，创造关键体验。

1）服务产品：解决痛需，创造价值

服务产品是指看到消费者关心的需求和痛点，真正为他们解决痛点问题，创造价值。

我们以五菱为例来看服务产品的打造。自从五菱宏光MINI EV面市，就掀起了微型电动车市场的一轮热潮。从最早的"大叔用车"，到"五菱神车""年轻人的第一台车"，五菱之所以能够抓住新生代消费者的心，在大众亲民品牌认知固化的情况下，持续向上突围，延续这种现象级的成功，原因在于"千车千面，由我定义"的潮创自由服务。用户自主五菱的潮改率高达72%，满足了年轻人对于个性化、社交谈资的追求。

用户线上共创、官改及潮改服务产生了LING LAB和LING MASTER结合的潮创平台，形成了一套完整有效的潮改解决方案，成为五菱的核心竞争力。用户共生共创场域，赋予五菱服务产品生命力和韧性，能够紧跟人群变化，始终为用户提供满足预期、甚至超出预期的惊喜体验。

当然，"一招鲜吃遍天"的时代已经过去了，品牌打造服务产品，需要结合自己的品牌基因。

2）服务特色：品牌基因代名词

除了服务产品，什么是服务特色？服务特色，也就是用户对品牌的看法。当我们在交谈中提到某个品牌、某一款车时，可能会说这个品牌的服务效率特别高，那个品牌专属服务是最贴心细致的，某款车智能化程度很高。用户给品牌打的标签，也就是品牌的服务特色。

在客户需求TOP10榜单中，超过半数诉求指向汽车服务收费标准、项目内容的清晰诉求。服务项目内容的透明清晰，是新能源用户的基础诉求。帮助用户全盘掌握服务信息，通过这类服务细节帮助用户建立起安心感的同时，也是逐渐建立起信任与忠诚的过程。比如，特斯拉就在标准、透明上做得比其他车企更好，成为特斯拉在产品之外的一个特色。

总的来说，服务特色的确定是复杂视角的综合决策：不仅需要能够代表品牌基因特点，还需要能够与竞争对手形成明确的区隔，同时也需要对消费者来说是真正有价值的服务。

3）服务场景：抓住关键时刻，创造惊喜体验

无论是服务产品还是服务特色，其实都是在一个个服务场景中形成的。服务场景的差异化，还得在峰终体验发力，抓住关键时刻，塑造差异化口碑。

关键时刻（Moment of Truth，MOT）这个概念来自于商业模式服务体验设计，由北欧航空卡尔森总裁提出，与客户接触的每一个时间点即为关键时刻。"关键体验时刻"也分为巅峰时刻与谷底时刻，巅峰与谷底对立但共存，需置于一个时间跨度下。如下图所示，以试乘试驾的这个服务场景为例，红色曲线为客户期望体验，蓝色曲线为品牌方创造的关键体验线。我们可以看到在"自己上手试驾"阶段，消费者对体验的期望值明显高于其他环节，可以说是客户最关注的服务场景。如果车企能够在这个环节提供满足甚至超出客户预期的好体验，那么当客户回忆起这段试乘试驾经历时，第一时间就会想到这个愉悦时刻。

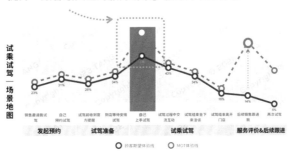

2022 新能源汽车服务·关键体验MOT报告

针对各场景服务体验优化，车企可以采取两类创新策略

（图片来源：唐硕2022新能源汽车服务·关键体验MOT报告）

当我们深入理解客户体验旅程，掌握关键体验时刻时，就能够创造峰值体验，规避冰点体验。我们继续以试乘试驾环节为例，具体来看如何创造超出预期的惊喜体验。比如，在试乘试驾的时候，怎样让消费者觉得这辆车能够引起共鸣？知我懂我的定制化试驾就是一种非常有效的手段，可以获知客户的个性化需求，是创造体验一个非常重要的抓手。比如，在预约试驾环节采集客户的偏好信息，在试驾环节播放客户喜欢的音乐，比起模板化、流程化的讲解展示更能打动人心。

除了峰值体验，终点体验也同样重要。例如，在"试乘试驾"环节，有趣的试驾报告其实是消费者非常关注的一点。记录客户在试乘试驾中的体验感受，生成趣味报告，能够帮助消费者创造好的情绪价值，也能够提升后续转化的机会。

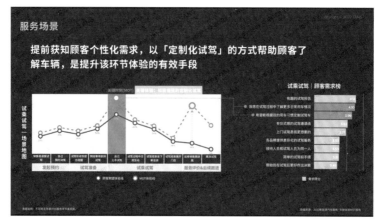

（图片来源：唐硕2022新能源汽车服务·关键体验MOT报告）

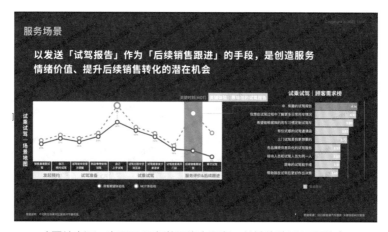

（图片来源：唐硕2022新能源汽车服务·关键体验MOT报告）

新能源汽车服务的其他场景也可以用同样的逻辑去思考，如果想了解其他场景环节的关键体验时刻如何把握，可以扫码下载《2022新能源汽车服务·关键体验MOT报告》。报告中展示了11个主场景和下面的子场景，以及分别有哪些关键时刻和关键体验，也给出了差异化服务创新建议，相信能够给行业内外的朋友带来一些启发。

4）服务人员：体验感知放大器

服务人员是我们创造差异化口碑的重要因素，但这个因素通常会被低估。很多企业会把大部分精力和资源花在环境设计、产品卖点上，但忽略了服务人员也是这条链路上的一个环节，甚至可能是用户对品牌印象的第一来源。比如，我们去一些门店时，空间设计得非常高大上，但服务人员要么对进店用户爱答不理，要么就是给人一种不专业的感觉。运动鞋服细分赛道中跑出的黑马Lululemon在服务人员的策略上就非常值得汽车行业借鉴，Lululemon创始人认为，消费者是什么样的就得雇佣什么样的员工，服务人员就是传递品牌价值的神经末梢，只有足够契合才能打动目标人群。Lululemon的核心用户是超级女孩（Super Girl），它的人员也应该是超级女孩。

在这方面，我们可以从苹果、蔚来汽车、迈巴赫等品牌的实践中归结出方法论。比如，迈巴赫的人员设置充分考虑品牌格调，这些人员有很好的文化水平、专业形象，熟悉用户的生活方式、文化理念，能够与消费者会产生共鸣，去做一对一的专属定制服务；并且通过数字化的赋能，这些服务人员能够及时去响应用户需求，能够去创造超过预期的惊喜体验。

5）关系经营：关系递进，共同成长

相比漏斗模型，在体验经济时代，企业需要有更先进的模型来关注用户的体验，也就是我们所说的用户关系递进模型。以关系递进为目标，来实现对用户忠诚度的培养和持续的用户连接，实现用户从陌生人到熟人，从熟人到朋友，从朋友到家人的递进管理。蔚来、小米、苹果都经历过类似的阶段，基于用户从熟人到朋友、家人的阶段，蔚来不仅在车辆维修保养、充换电体系建设、NIO House的铺设方面投入了巨资和精力去运营，而且还打造了各种社群活动，与用户在线上和线下亲密接触，变成了车友们的亲密朋友。

无论产品设计还是服务细节，如果不能根据用户和品牌所处的关系阶段来规划，很可能会给用户带来谷底体验，企业却对用户的流失束手无策。通过持续打造好的体验来加深与用户的关系，而处于不同阶段的人群会有不同的体验需求，如功能价值、情绪价值、情感价值、社会关系价值、自我实现价值等，通过不断满足用户需求，创造对消费者真正有价值的产品和服务，以及在这之上可能构建的价值共鸣，甚至生活方式，才能借助产品、服务到沟通，从单次消费发展到更多认可，甚至打造品牌共建者。

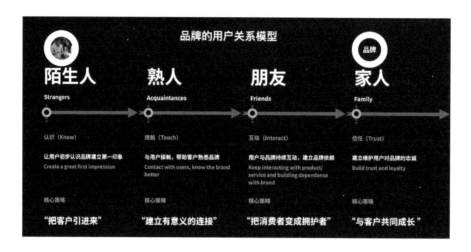

3. 数字化浪潮下，如何借力数字化形成服务迭代闭环？

从服务产品、服务特色、服务场景、服务人员、关系运营这五个维度入手，我们可以搭建出用户服务的基础框架，很多品牌方、主机厂都有服务标准手册、SOP等。但新能源的服务场景特别多，服务流程特别长，服务触点也特别多，可能涉及App、小程序、门店服务人员、不同门店服务水平差异等诸多情况。如何知道消费者每次与车企互动的体验是好是坏，对于业务增长就非常关键。

现代管理学之父彼得·德鲁克曾说，如果你不能衡量它，你就无法管理它。要实现真正的以客户为中心，就需要打通组织进行体验的衡量和体验管理。对于新能源车企来说，存量时代每一次与客户的互动都至关重要。我们如何去追踪用户体验，去识别那些可能存在流失风险的客户就非常关键。所以，我们需要对用户服务体验进行量化追踪，让用户体验成为一个能够指引未来业务增长的先进指标。

究竟怎么样才能通过数据、通过体验管理来驱动服务优化和迭代闭环呢？用一句话来概括，就是让用户成为企业资产，把用户运营数据（O-Data）和用户体验数据（X-Data）进行交叉分析，能够帮助品牌知道用户对每一次接触的体验感受，识别那些可能存在流失风险的客户并及时挽回，同时不断丰富品牌的用户画像，为产品服务迭代提供方向性指引。

落位到体验的设计与实际应用中，有四个方面非常重要，我们把它整合成为全面体验管理体系的4M模型。这四个方面分别是旅程和场景图谱、指标和考核矩阵、数据和系统平台，以及组织和协同机制。

第一个M是用户旅程和场景图谱。要想量化体验、优化体验，就要先深入用户旅程，深入到用户的每一个场景，弄清楚这个场景下面客户的需求、痛点以及他们期望获得的体验是什么。服务用户的触点可能包括App、小程序、门店服务人员等方面，把它们整合在一起才能有效解决用户体验问题。车企需要识别每一个场景体验的好坏，知道这个地方做得够不够好、能不能打动客户，才能洞察到可能流失的客户并及时挽回。

第二个M是指标和考核矩阵。体验需要有效的量化衡量，才能管理升级，所以我们需要一套设计好的体验指标来考核取证，全面采集真实的体验数据。过去衡量体验的手段仅靠净推荐值（NPS）、客户满意度等指标（CAST），不少品牌也会启用神秘顾客机制来抽查。但这些指标的时效性、真实性都存在很大局限性，无法实时全面地反映真实情况，也不能满足精细化、体系化的管理需求。

所以随着体验下探到了全新阶段，我们把指标体系细化到了以下四个层级。

①北极星指标，是唯一的核心指标。

②生命周期阶段指标，指客户所处的生命周期阶段的整体指标，如认知阶段、决策阶段、购买阶段、使用阶段等。

③场景旅程总体体验指标，这一层指标呈现客户在各个阶段细分场景旅程中的总体感受，能够知道在下定、交付这些场景中客户的体验水平究竟是怎样的。

④场景旅程细分驱动因素指标，通过这些小数据，品牌能够清晰地掌握场景旅程下面的子场景、渠道、行为等细分驱动因素，产品、服务、品牌、门店每一个场景下到底是什么因素驱动了客户决定购买，又是什么原因导致糟糕的体验产生，甚至是客户流失。

有了这套"大小结合"的指标体系，就能够实时追踪消费者的每一次体验，无论是在小程序、App、门店还是服务渠道，都能够了解当时体验的好坏，能够测量品牌想要传递的东西有多少被客户感知到了，就能够更加高效、全面、及时地去进行优化。

第三个M是数据和系统平台，也就是仪表盘看板。当数据被实时采集，进入数据分析后台之后，系统平台让新能源车企的不同管理层、不同中台部门，以及产品、售后、运营、客户服务等各个部门都能实时看到体验表现，并得到体验与运营指标之间的关系分析。

第四个M是组织和协同机制。当我们量化体验并细化到环节和场景、对应到负责部门，就能让获客转化、体验驱动持续增长、组织架构自我升级这三个闭环构成的飞轮转起来。展开来说，第一个是客户挽回的实时闭环，当品牌能够与消费者实时互动，及时捕获到坏体验的产生时，就能在客户流失之前明确负责部门和解决方案并迅速落地执行；第二个闭环是体验迭代的闭环，通过大小指标构建起来的考核矩阵，车企沿着客户旅程没有遗漏地发现不合理之处，并很快地明确优先级，进行部门的协同迭代；第三个闭环是组织文化的自我演化，指标体系与不同部门的权责利益体系挂钩，通过检测提升能够形成有效的管理机制。

这个4M模型也是全面体验管理的框架体系，从体验感知、衡量，再到迭代闭环，体验将真正实现客户价值与企业价值的互通共生，成为新能源车企存量经济中的决胜利器。

这篇文章，代表唐硕汽车团队对于多个大型项目和汽车领域商业命题研究的概括思考。我们团队为车企的大市场营销条线提供用户服务、运营体系搭建、体验管理咨询、数字化咨询和设计、门店咨询和设计等服务。这些方法论沉淀是服务保时捷、奔驰、宝马、奥迪、捷豹路虎、蔚来汽车、极狐、长安深蓝、五菱、上汽、广汽、长安汽车等众多车企的经验结晶。作为行业变革亲历者和思考者，服务头部品牌、解决复杂特殊商业命题的经历和基于体验思维的方法论研究，让我们有能力回答"为什么服务能够驱动新能源增长""怎样打造关键体验塑造差异化服务口碑""如何通过数据来管理体验、驱动服务优化和迭代闭环"这三个关键问题。

简单总结一下，服务不仅仅是新能源车企营利的新来源，也是新能源车企的护城河。车主服务远超过售前服务、售后服务，还包括用车服务、车主服务等诸多可能性，但也意味着投入的巨大。根据企业资源禀赋和品牌理念，重点聚焦打造特色体验和关键体验非常重要。同时通过量化消费者每次与车企的互动体验并实现业务闭环、管理闭环，从而实现可持续的业务增长。

篇幅有限，落笔为终。更多的洞察和具体的案例思考，欢迎大家关注《体验思维》《全面体验管理TXM》这两本书籍，也欢迎与我们交流，共同推动行业前行。

黄胜山

唐硕咨询联合创始人&联席CEO，体验创新专家，长江商学院EMBA，光华龙腾奖中国服务设计业十大杰出青年。

浙江大学工程心理学硕士、上海交通大学MBA。兼具商业和消费心理背景，人本主义的坚定拥护者。十多年来专注于找到用户价值和商业价值的平衡点，打造用户企业，服务超过120家国内外的领军企业。

元宇宙视域下的VR游戏产品用户体验设计研究

◎ 余思佳　宋佳慧　刘美怡　徐雨舒　赵杨

1. 引言

　　元宇宙（Metaverse）一词来源于作家Neal Stephenson的科幻小说《雪崩》，描述了一个人们以虚拟形象在三维空间中与各种软件进行交互的世界，清华新传沈阳教授团队将其总结为："整合多种新技术产生的下一代互联网应用和社会形态，它基于扩展现实技术和数字孪生实现时空拓展性，基于AI和物联网实现虚拟人、自然人和机器人的人机融合性，基于VR、AR、MR等实现感官延伸性。"目前元宇宙的搭建大多数停留在平面二维阶段，而VR游戏作为人们基于现实的模拟、延伸、天马行空的想象而构建的三维虚拟世界，其产品形态与元宇宙相似，将作为最先为人们展示元宇宙雏形的落地形式。然而，VR游戏在网络条件、交互、游戏研发创新、游戏商业化等场合仍面临着种种问题和挑战，距元宇宙的成熟形态尚远。随着体验经济时代以用户体验为核心的思维受到越来越多的关注，VR游戏产品作为元宇宙的重要入口与推广突破点，其相关优化研究也应结合各领域关于用户体验设计原则与优化的探讨进行自身用户体验的完善与改进，从而倒逼VR游戏生产企业以用户为中心，不断创新迭代，营造更加开放共进的VR产品生态。

2. 用户分群及角色建模

　　用户是用户体验研究的核心与主体，只有明确用户群体，理解用户需求，才能准确切入用户痛点，进而优化产品设计。就VR游戏产品而言，其主要用户角色即是产品的直接使用者。为了用户研究的准确性，本文通过基础属性、社会关系、消费能力、行为特征以及心理特征等方面的综合分析对相关用户特征进行概括，大概圈定了VR游戏产品用户调研的基本范围，如表1所示。

表1　目标用户的基本范围

用户分类	基本特征描述	年龄范围
体验用户	对新鲜事物充满兴趣，乐于尝试，较为年轻，之前对VR设备有初步体验或者没有体验经历。	18-35

　　随后，本研究借助焦点小组访谈的方法对目标用户进行定性研究，并通过用户分群和用户角色建模进一步挖掘用户需求与目标。访谈共邀请8人，受访人群年龄平均分布在18~25

岁，男女各半。访谈内容由用户基本属性调研及VR游戏产品的使用情况及偏好调研两部分组成。在初步掌握用户数据后，团队根据市面上主流畅销的VR游戏分类，结合研究目的，将用户划分为动作竞技类游戏用户和探索解谜类游戏用户两类，如表2所示，并通过访谈中用户偏好调研结果中的行为变量建立用户模型，如图1、图2所示。根据用户群分类和模型可以发现，动作竞技类游戏用户和探索解谜类游戏用户既有一定的相关性，如都有较为丰富的游戏体验；同时他们又有一定的差异性，如偏好的游戏类型不同、对游戏的要求不同等。这对后续的行为实验以及用户访谈设计和被试招募提供了宝贵的实验依据。

表2　VR游戏产品-用户分群

用户群体	主要特征	用户偏好
动作竞技类游戏用户	对新鲜事物充满兴趣，乐于尝试有运动健身的习惯或需求	热爱竞技类游戏追求成就感和新鲜刺激
探索解谜类游戏用户	对新鲜事物充满兴趣，思维活跃有丰富的剧本杀等解谜游戏体验	热爱解谜类游戏追求思维挑战和感官刺激

动作竞技类 杜子峻

21岁 中国人民大学信息学院在读本科生

性格：活泼、开朗
爱好：跑步、打篮球
特征：王者荣耀重度爱好者
思维灵活，乐于尝试新鲜事物
人际圈：学生会与社团同事
参加比赛或活动认识的朋友
同学院各年级同学、篮球队队友

"
VR？
我还没用VR设备玩过游戏欸，一般我都是把王者荣耀当成"电子竞技运动"哈哈哈。如果能足不出户就能达到运动的效果，那我还是非常愿意尝试的！这会成为运动星人的福音吧，哈哈哈哈！
不过我想问的是，用VR玩动作竞技类游戏真的能够给我那种运动的快感吗？
"

图1　用户角色建模-动作竞技类游戏用户

探索解谜类 秦茵

22岁 武汉大学经济与管理学院在读本科生

性格：严谨、理智
爱好：剧本杀、密室逃脱
特征：聪明灵活，脑洞大开，
乐于积极探索新鲜事物
人际圈：记忆协会同事
舞蹈社团同学、剧本杀队友
参加比赛或活动认识的朋友

"
身为一个剧本杀重度爱好者，我对探索解谜类的游戏可是情有独钟。不过我还没用VR体验过这种类型的游戏，好像目前的VR设备能玩的游戏都是比较局限的吧？要是真能用VR设备让我身临其境，那种体验感一定很不错！而且店家也不用花钱布置场地了。
但是有一个问题，目前VR设备能够把解谜的场景呈现出很好的效果吗？
"

图2　用户角色建模-探索解谜类游戏用户

3. VR游戏产品用户体验设计实验

　　说服技术相关研究源于说服性游戏，说服性游戏是"在游戏设计中运用各种说服技术，以改变用户的使用行为或态度"。该技术中的任务设计原则、对话支持原则及社会支持原则不仅可以满足VR游戏设计的交互性与完整性，促进用户任务达标，而且可以有效提升VR游戏产品的用户黏性，对VR游戏设计机制具有较强的指导意义。在这三大原则的指导下，VR游戏的设计机制可分为任务驱动的设计、交互驱动的设计和社会化驱动的设计：任务驱动的设计重在运用游戏元素，使任务有趣和任务目标可达；交互驱动的设计重在增强用户的参与性，通过人机交互设计提升产品的用户黏性；社会化驱动的设计旨在满足用户对社会化过程的需求，以提高用户行为发生的可能性与持续性。其具体表现如图3所示。

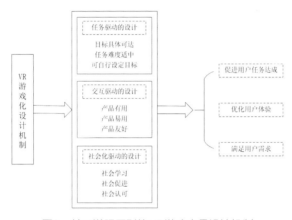

图3　基于说服原则的VR游戏产品设计机制

　　为了检验基于说服原则的VR游戏产品用户体验衡量框架在实际应用中的可操作性、有效性、兼容性和应用价值，本团队从任务驱动、交互驱动、社会化驱动三个层面出发，设计了一场VR游戏软件用户体验设计实验。实验结合不同类游戏具体的用户需求，对动作竞技类和探索解谜类游戏进行测评，并通过观察和分析用户反馈，比较不同游戏间用户体验水平的差异，旨在明确用户体验衡量框架下显著提升用户体验和降低用户体验的VR游戏产品关键设计特征项目，从而明确VR游戏的设计改进方向，如图4所示。

图4　VR游戏产品实验思路

在实验设计方面，结合研究目的、现有资源和目标用户人群使用VR游戏产品的实际情况，本团队选择动作竞技类和探索解谜类两类VR游戏作为实验对象，动静结合，覆盖两类用户群体和主要的交互体验方式。本次实验根据提前调研并确定好的用户画像共计招募19名被试者，并将他们分为新手用户和专家用户进行观察。基于团队对VR游戏的多次亲身体验记录与VR游戏使用行为研究，本实验设计了符合操作流程且常见的、概括性的操作任务，如表3所示。

表3　操作任务表

阶段	用户目标	任务编号	用户任务设计
进入游戏	顺利进入游戏首页，获得对该游戏的第一印象	T01	跟随指引操作手柄
		T02	推进流程至首页
		T03	感知游戏内容与氛围
内容选择	自如地配置游戏参数，进入目标关卡	T04	按自己的喜好配置参数
		T05	调整控制方式
		T06	选择关卡
玩法学习	快速上手学会游戏基本玩法	T07	自行摸索设备功能
		T08	跟随教程学习操作
		T09	尝试练习熟练使用
游戏进行	沉浸式体验VR游戏内容，获得真实体验感	T10	感受视觉、听觉触觉交互
		T11	跟随逻辑性与情节代入游戏场景
退出与结果反馈	能够随时随心退出，并获得符合预期的结果反馈	T12	操控手柄退出游戏关卡或程序
		T13	在游戏结束时得到相应的结果反馈
		T14	在游戏结束时得到相应感官刺激
成为忠实玩家	体验感良好，游戏仍具有持续的吸引力和可玩性	T15	结束游戏后进行感受与复盘
		T16	衡量游戏是否值得下一次体验

实验时提示被试者依次完成相应阶段的任务，最后填写评价问卷，问卷内容以用户体验主观感知层面的测量为主，辅以设备和实验整体满意度的测量。评价问卷填写完成后，由研究人员根据提前拟好的访谈大纲，结合被试实验的具体情况进行个性化访谈。

如图5所示，从用户前测问卷数据来看，被试者主要为大学本科生，男性居多，年龄集中在18~35岁，其中VR游戏专家用户占到一半以上，有VR游戏体验的大多集中在动作竞技和休闲益智类，大部分愿意体验VR游戏。对于动作竞技类游戏与探索解谜类游戏对各体验需求满足程度方面，探索解谜类游戏在视觉、听觉需求的维度普遍表现较好，而动作竞技类游戏仅在触觉维度略胜一筹，如图6所示。在整体满意度方面，动作竞技类游戏较高于探索解谜类游戏，如图7所示。本次实验中，专家用户比例占到七成以上，因此我们也对新手用户的采纳意愿和专家用户的持续使用意愿进行了调查与分析，如图8、图9所示。分析得出，探索解谜类游戏的新手用户采纳意愿较高，而动作竞技类游戏的专家用户持续使用意愿较高。据此，团队推测这与两类游戏的特点相关：探索解谜类游戏机制单一，可复玩性低；而动作竞技类游戏内容单一，同类竞争对手多。在之后的分析中，本文也进一步验证了这一论点。

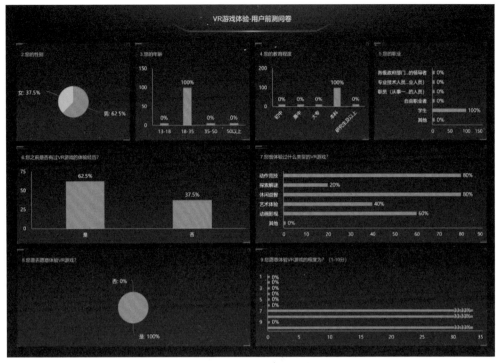

图5　可视化大屏-VR游戏用户前测问卷

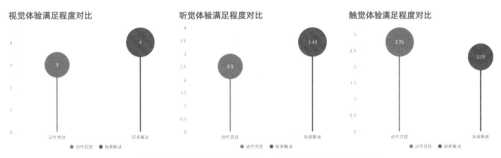

图6　VR游戏视觉、听觉、触觉体验满足程度对比

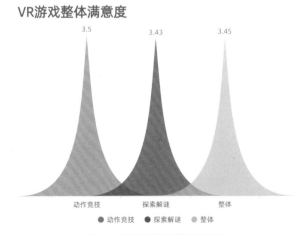

图7　VR游戏整体满意度对比

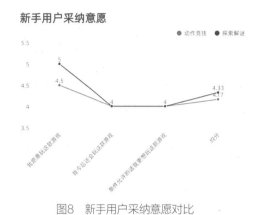

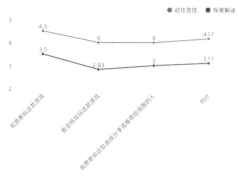

图8　新手用户采纳意愿对比　　　　　　图9　专家用户持续使用意愿对比

从访谈结果记录来看，用户在访谈中对视觉体验、音效、触觉、逻辑性与故事性等提出了较为集中的评价，为我们进一步的分析提供了支撑，如表4和图10所示。

表4　VR游戏用户访谈结果记录

VR游戏	访谈结果
动作竞技	**（1）光剑游戏** 色彩和光影比较**真实**，画面切换的**流畅度有待提升**；有及时的声音反馈，但是音效**没有立体环绕**的感觉，音质一般；有一定的**触觉交互感**，如击打时手柄会震动；**成就感**较强。 **（2）拳击游戏** **清晰度**还不错，真实程度中等，拳击游戏中**人物建模**一般，视觉切换灵活程度还不错，**画质**一般，有效呼声和击打声，设备耳机会有漏音，也**没有空间环绕**的音效；**无触觉反馈**；整体感觉游戏的**逻辑性较为单一**。 **（3）铁甲游戏** 视觉上，场景设计、建模科学较为**合理**，但是场景切换的**逻辑性**和前后的**关联性较差**；听觉效果不错；有一定的**触觉交互感**，拉枪的时候手柄会有震动；**成就感**十足，但是故事**情节不够丰满**。
探索解谜	**（1）纸盒人游戏** 视觉上，场景设计还算**合理**，但是**路径有限**、人物会穿模，清晰度不够稳定，光影给人的视觉冲击还可以，**色彩和光影的配合**也不错，但是光线随人物移动的**变化不够灵敏**，画面的切换可能会给人带来**晕眩感**。 听觉上，感觉比较突出，有触发式音效的设计，声音也比较逼真，营造的**氛围**不错，但是**没有立体环绕**的感觉； **没有任何触觉上的反馈**； 整体感觉故事**内容不够丰富**，逻辑较为简单，且**缺少新手提示**和过程中的提醒与反馈，带给人的**成就感不足**。

图10　VR游戏产品-词云图

根据以上实验结果及数据分析，本团队对照之前构建的VR游戏用户体验理论框架，总结出两类游戏用户体验模型，如图11、图12所示，具体分析如下。

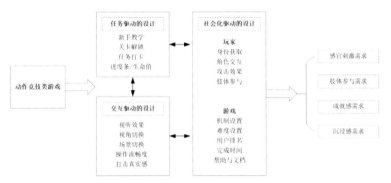

图11 动作竞技类游戏用户体验模型

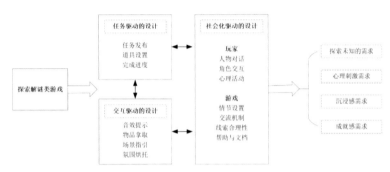

图12 探索解谜类游戏用户体验模型

1）动作竞技类游戏

在任务驱动的设计中，动作竞技类游戏设置有"新手教学"，以满足新用户的适应性需求，同时为了激发用户的探索欲望，对游戏内容进行关卡划分，逐级解锁，用户可以在过程中获得成就感。在游戏中设置"任务打卡"元素，有计划地安排游戏进度，为用户推送游戏任务。"进度条/生命值"则帮助用户了解游戏进度与个人成就。

在交互驱动的设计中，动作竞技类游戏往往会打造沉浸式的视听效果，在用户探索场景的时候，结合第一人称的视角切换，实时变更场景设置，强化沉浸体验；同时在"跳跃""挥臂"等操作的流畅度上加以设计，降低延迟和失真现象的发生，使得用户可以结合自身的物理位移和习惯，实现贴近于真实生活的动作。值得一提的是，结合VR硬件设备的手柄震动，游戏中真实的打击感便可以传送给用户，增强操作的可感知性和交互的有效性。

在社会化驱动的设计中，动作竞技类游戏考虑了满足用户身份获取和角色代入的需求，主要表现为：用户进入游戏后就可以通过周围环境，逐渐认识到自身的身份，并通过与场景中角色的互动，获得有效信息；玩家在游戏中的攻击效果和肢体参与程度也将影响社会化驱动效果；同时，游戏的机制设置、难度设置往往以"排名"的形式予以反馈，结合用户的"完成时间"，显示排名记录。用户在体验过程中还可以随时查看帮助与文档，可以说全过程中不仅满足了成就感和沉浸感的需求，更满足了用户感官刺激上的需求和肢体参与的期望。

2）探索解谜类游戏

在任务驱动的设计中，探索解谜类游戏通过每个环节的"任务发布"，结合故事情节，有序推进游戏进度，用户每完成一个环节的任务，即可自动解锁下一环节，环环相扣，情节紧密；在完成任务中涉及的"道具设置"也为用户提供了暗示和指引，往往道具的寻找进度就对应着本环节任务的"完成进度"，也对应着故事发展的进度。

在交互驱动的设计中，探索解谜类游戏的音效不仅用于烘托紧张诡谲的环境氛围，还会与环节任务结合起来，在玩家成功解锁关键道具或者取得关键任务进展时，给予特定的音效提示；同时，在玩家拿取道具时，交互方式完全仿照真实场景中的流程，配合手柄进行物品的捏取、放回，让玩家感受完全身处场景之中，周围可见范围内的一切都可以发生交互。

在社会化驱动的设计中，探索解谜类游戏中往往游戏进程的推进会伴随着故事情节的深入，利用"人物对话"和游戏中的人产生"角色交互"，通过对话影响用户的心理活动，从而在感觉上产生极强的沉浸感；与此同时，游戏本身的情节设置和交流机制的引进，也充分考虑了用户在游戏过程中分享和被认可的需求，随着线索的不断涌现，游戏设置本身的合理性会得到进一步验证，用户在难以推进的时候可以查看帮助与文档，获得适度的额外提示，进而保持探索未知和追求心理刺激的欲望，增强对产品的使用意愿。

4. VR游戏产品用户体验设计优化对策

根据实验结果分析，本文总结了以下VR游戏产品用户体验设计优化对策。

首先，VR游戏设计应注重多感官交互设计，提升用户沉浸感。基于游戏设计的交互驱动设计原则和用户使用需求，本研究认为，VR游戏产品在多感官交互设计上还有较大的提升空间，如阿波罗天文馆、滑雪、拳击、射击等游戏大多只能提供视觉和听觉上的交互环节，在触觉等方面尚不完善。与此同时，VR游戏在视觉设计上也并不完备，目前仅仅停留在一些简单场景的建模与设计上，在听觉方面也并没有很明显地区别于二维游戏的制作与设计。因此，未来VR游戏产品需要继续在多感官体验方面继续努力，如加强听觉立体环绕效果，丰富触觉反馈形式等。

其次，VR游戏设计应注重打造多类型游戏新玩法。基于游戏设计理论中的任务驱动设计原则，用户乐于完成打卡、通过等任务环节，依次获得成就感；基于交互驱动设计原则，用户倾向于参与多维度、多感官交互活动，以满足沉浸式游戏体验；基于社会化驱动设计原则，用户希望自己的社交需求能够得到满足，也非常期待游戏中的角色、合作等要素的体现。结合实验中的访谈结果，我们发现，用户对于VR游戏场景的设想主要涵盖教学、娱乐、日常生活以及文旅等多个方面，包括如科研全真实验模拟、驾校学车、剧本杀、运动健身、乡村旅游等类型的内容。因此，在用户对多类型多玩法VR游戏的期待之下，未来VR游戏产品的发展方向即是多类型玩法的拓展。

再次，VR游戏设计应注重增强虚拟现实社交性，初步实现元宇宙。在元宇宙视域下，VR游戏产品必然有新的发展方向。游戏作为现实的模拟和延伸，形态与元宇宙十分相似，是元宇宙最先应用的场景。"元宇宙第一股"Roblox提出了元宇宙的八大要素：身份、社交、沉浸感、低延迟、多元化、随时随地、经济系统和文明。现阶段的VR游戏已经能够部分实现其中身份、社交、沉浸感、多元化等要素。在未来，VR游戏的发展也需要逐渐融入多人、角色认定、社交等要素，进一步增强虚拟现实的社交性，初步实现元宇宙。

由于动作竞技类游戏和探索解谜类游戏存在显著的特征差异，在用户体验衡量方面的标准也不同，故本文为两类游戏分别提供了以下具体的产品优化对策。

就动作竞技类游戏而言，它多偏向于任务驱动设计的应用，设计者需要给用户营造出在特定场地之下的运动场景，虽然其场景普遍较为单一，在游戏机制设计上的发挥空间也较小，但场景建模与设计是影响用户沉浸感的重要因素，关键性可见一斑。因此，针对可玩性较高、复玩性较强的动作竞技类游戏，技术人员需要继续打磨其场景底层的物理引擎设计，不断提高建模的真实度，增强用户沉浸感。

此外，动作竞技类游戏最突出的特点就是玩家的动作捕捉及其与游戏场景的交互。但目前市面上此类VR游戏尚处在起步阶段，在动作捕捉类型与交互机制的丰富度上还远远不能满足用户的需求。如在拳击游戏中，用户只能通过手部勾拳的动作获得成果反馈，在这个过程中，并不涉及关于出拳类型、战术策略等的交互机制。这类游戏虽然对VR新手用户较为友好，但从长远的角度来看，难以满足动作竞技类游戏专家用户的需求。因此，未来动作竞技类游戏必然要把多类型动作捕捉和交互机制作为突破的重点，并以此增强用户运动的实感。

不仅如此，当前市面中的动作竞技类VR游戏机制都较为单一。作为动作竞技类游戏，虽然其可玩性和易玩性较强，但是复玩性有待提升。这就需要游戏设计者进一步丰富游戏机制，在动作竞技类的风格之下，增强其内容性和故事性，以增强复玩性，提高用户黏性。

就探索解谜类游戏而言，其相比于动作竞技类游戏有着更加广阔的内容提升空间。例如，在VR游戏阿波罗天文馆中，其科普的价值导向非常明确，但由于缺乏故事性，任务切换的逻辑性也不够清晰，因此难以满足用户对探索解谜类游戏的期待，反而可能会在一定程度上影响用户的持续使用意愿。因此，游戏设计者应当进一步思考探索解谜类在内容合理性和世界观设计的问题，突出探索解谜类VR游戏的核心特色，提升用户体验。

其次，基于玩家思考与探索并行的参与方式与游戏设计理论中交互驱动设计原则的要点，研究认为，探索解谜类VR游戏应注重提升游戏交互环节的丰富度，同时提供给用户多感官的综合体验。探索解谜类游戏虽然是以任务驱动，但是探索的过程中，用户是不应受限的。因此，游戏设计者可以为场景中的每个物品都增加不同的交互机制，以增加探索解谜类游戏的未知性和多结局性，从而更贴合用户的偏好习惯。同样，如果在探索解谜的场景中嵌入多感官的交互反馈，用户的体验感和沉浸感将会有明显提升，如通过光影变换、视听结合的效果营造恐怖氛围，以及通过触觉反馈和触发式音效增强用户临场感等。

再次，探索解谜类VR游戏应完善结果反馈机制，重点关注玩家成就感的获得。结合任务驱动设计和交互驱动设计的要点，不难看出：若VR游戏缺乏结果反馈，则难以使用户在探索过程中获得成就感，保持使用意愿。因此，游戏设计者需要从用户心理和用户体验设计的角度出发，填补目前结果反馈机制的空白，助力玩家达成成就，如设计阶梯式的任务成果奖励机制、积分兑换细则等，不断满足用户的探索欲和新鲜感。

5. 结语

元宇宙一方面逼真模拟了部分现实世界中的时空规定性，另一方面又超越、解放了部分现实世界中的时空规定性。在此背景下，VR"使作为主体的人、作为客体的真实世界以及经由网络传输的数字世界三者无缝结合起来，实现不受任何空间和时间局限的互动，改变了人与数字世界、人与真实世界的交互模式"。目前，VR产品的发展主要以技术为导向，如虚实配准、显示技术等，但随着体验经济时代的来临，以用户体验为导向必然成为VR产品未来几年发展的重点。由此，本文重点从用户体验的角度出发，以VR游戏设计原则和用户体验相关理论为基础，通过用户体验模型构建以及规范化、科学化的VR游戏用户体验行为实验，对VR游戏产品的用户体验进行了研究，并有针对性地提出了基于用户体验的优化对策。

参考文献

[1] 闫佳琦，陈瑞清，陈辉等.元宇宙产业发展及其对传媒行业影响分析[J].新闻与写作，2022（01）:68-78.

[2] 宁连举，肖玉贤，崔然.基于说服原则的互联网产品的游戏化设计——以百词斩、Keep、蚂蚁森林为例[J].北京邮电大学学报（社会科学版），2021,23（03）:67-76.

[3] 周国众.移动增强现实用户体验模型构建与应用研究[D].解放军信息工程大学，2013.

[4] 马鹏.基于用户体验的产品设计方法研究[D].东华大学，2009.

[5] 吴扬飞.基于游戏引擎的VR游戏开发之场景美术设计浅析[J].现代信息科技，2021,5（18）:102-105，110.

[6] 黄敏，郭睿，严雪，程贞贞，解延婷，罗文武.VR产品用户体验与市场开发路径研究[J].科技创业月刊，2020,33（09）:77-80.

[7] 尚媛媛.游戏场景设计中空间氛围的研究与营造[J].科技传播，2019,11（08）:143-144，160.

[8] 高楠.基于Leap Motion手势交互技术的VR实验学习体验研究[D].西南大学，2020.

[9] 龚文飞.基于HTC VIVE的虚拟现实心理沙盘游戏设计及研究[D].哈尔滨工业大学，2016.

[10] 王海宁.VR语境下的用户体验设计与情感计算[J].创意与设计，2018（01）:87-89，93.

余思佳

武汉大学信息管理学院图书情报系硕士在读，研究方向为互联网产品用户体验设计，致力于基于用户心理学探究虚拟现实产品的情感体验设计。曾携队伍获得中国大学生计算机设计大赛国家级一等奖、中国高校计算机大赛人工智能创意赛国家级一等奖、中国研究生智慧城市技术与创意设计大赛国家级三等奖、挑战杯全国大学生课外学术科技作品竞赛国家级三等奖、全国高校GIS论坛一等奖、全国Esri杯GIS软件开发大赛二等奖等奖项。

第2章
研究与探索

如何做好数字化中台产品的用户体验设计

◎ 李恺若

传统行业在这几年面临着巨大的经济冲击，需要通过数字化转型寻求新的突破点。作为体验设计师、交互设计师，如何在这过程当中去发挥自己的专业知识，从而去赋能业务，帮助企业更好地进行转型呢？本文围绕这个话题进行详细阐述与分享。

首先，我们要去理解数字化中台产品的定义。中台的本质其实就是通过连接、协同和共享，驱动我们传统经济当中的数字化分工，然后去沉淀出更专业以及高价值、低成本的可复用的能力。其实可高复用的能力体系就是让整体中台运转的基础，从而可以帮助我们的业务拥有更好的用户体验以及运营的能效。

中台分为什么类型？常见的中台分为业务中台、技术中台和数据中台这三大类，下文着重以业务中台为例讲解方法论。

数字化中台的产品难点有哪些？在技术层面、商业层面以及成本层面，需要去理解不同的架构，需要设计师有一定的行业学习能力，因为不同中台业务的技术架构不同、产品发展阶段不同、产品目标不同，还有不同的垂直用户，因此设计师需要有很好的跨界以及兼容的能力。

数字化中台的设计难点 - 产品层面

影响的设计因素：设计交付、设计修改成本、设计定制化、设计规范

数字化中台的设计难点有哪些？因为产品类型不同，需要了解的学科可能不一样；因为产品场景不同，需要了解全链路上的触点，具备很敏锐的感知能力；因为产品目标用户不同，应该具备用户角色同理心视角的转换能力。

数字化中台的设计难点 - 设计层面

那对于这些难点，应该怎么样去做呢？我们总结出了一套求同存异的体验设计方法论，更好地去挖掘整体核心链路交互体验的设计流程。那核心链路为什么作为方法论的切入点呢？因为核心链路是用户与产品核心价值最短的路径，可以用最短的路径去验证用户是否愿意使用我们的核心价值功能，或者说数字化后的功能用户是否愿意买单，用户使用起来是否顺利等。接下来我将详细介绍核心链路的设计方法。

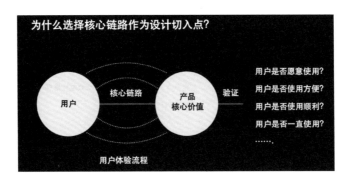

首先，什么叫作核心链路？用户使用产品核心价值功能的体验流程就是核心链路。那我们怎么去找到这个核心链路呢？可以套用一句话故事的概括法：目标用户是谁，他们在什么样的场景下使用产品，以及什么样的产品核心价值留住了这些用户。

举个例子，腾讯动漫的目标用户是在移动互联网的场景下阅读优质的漫画内容，那在这段话中我们可以提炼出来的行为动词就是阅读，相当于现阶段的核心价值就是阅读，那阅读的整体行为路径就是核心链路。

那么怎么去打造核心链路呢？可以分为四步：第一步是洞察产品的现状以及价值目标；第二步是提炼出核心链路确定设计目标；第三步就是基础性、业务性和创新性核心链路整体设计方案的塑造；第四步是验证整体方案的数据分析与可用性测试。

接下来我将以腾讯电竞SaaS化工具为案例，向大家详细地介绍一下方法论的具体使用。

1. 洞察产品现状以及价值目标

首先，根据举办方的办赛经验及赛事选手水平，当前市面上其实没有帮助政企举办方举办大众电竞赛事的工具。整体的市场潜力与商业化潜力巨大，体验设计与业务形态的有效结合也对方案落地性起到决定性作用。

2. 提炼归纳核心链路，确定设计目标

　　归纳核心链路：大众赛事的用户希望能找到一个地方可以去参加这种非职业的赛事，获得荣誉和奖品；政府和企业方可以通过电竞赛事SaaS工具，成功地举办一个线下的非职业电竞赛事，从而扩大主办方的品牌影响力。概括出的政府或企业通过B端的办赛路径和C端的移动参赛路径就是核心链路。

归纳核心链路

3. 核心链接的塑造

　　我们通过可用性、业务性和创新性这三个层面去阐述核心内容的设计方案，这三个层次的体验导向、业务导向和设计导向都由不同层面的标准去衡量。

交互体验设计塑造的三个维度

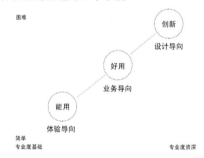

1）能用（体验导向）

　　能用的标准规则是尼尔森的十大可用性原则，该原则比较有通识的科学观点去验证底层的体验逻辑。这十大原则当中有四个是比较高频使用的，就是可学习性、效率、可记忆性与出错。这四个原则建议可以作为衡量设计方案的基础标准，如果连这四个标准可能都没有达到的话，那整体设计方案是没有及格的。

尼尔森十大可用性原则

1. 系统状态可见性（状态可见原则）　　　　6. 系统识别胜过用户记忆（易取原则）

2. 贴近用户的真实环境（环境贴切原则）　　7. 灵活易用的使用体验（灵活高效原则）

3. 用户有控制和来去自由的权利（用户可控原则）　8. 美观且简约的设计（优美且简约原则）

4. 系统的一致性（一致性原则）　　　　　　9. 帮助用户识别、诊断和从错误中恢复原则

5. 避免错误（防止错误原则）　　　　　　　10. 帮助文档-帮助和提示原则

提炼尼尔森的可用性原则

可学习性 —— 初次接触这个设计时，用户完成基本任务的难易程度

效率 —— 用户完成任务所需要时间

可记忆性 —— 用户一段时间没有使用产品后，能马上回到以前的熟练程度

出错 —— 用户能从错误中恢复

2）好用（业务导向）

"成功的业务体验的技术是可以复制的，但产品的成功是不能复制的。"

互联网行业内一些体验设计师认为优秀的设计方法论是可以复制应用于任何业务形态的产品，从而可以帮助产品成功。其实我不是太认同这种观点，为什么呢？因为我觉得用户的画像、用户的心智、产品的形态、产品外部的商业环境等，其实是一直在变化的，我们作为设计师，一定要跟着变化去做设计策略的调整，所以我的观点就是在成功项目经验当中练就体验设计技术。体验设计技术就相当于一个体验模型，这些体验模型就是设计师的武器库。体验模型的学习积累依靠原创经验、专著文章的学习等。

体验模型(技术)的武器库

专业著作	分享课程	经验总结
上瘾模型	品牌三角关系模型	内容消费模型
增长漏斗模型	正态分布模型	运营活动故事化模型
福格模型	八角动机模型	互动游戏化模型
……	……	……

如何选择合适的体验模型呢？产品阶段+产品目标=体验模型的选择条件。例如：腾讯电竞参赛端应用，根据公式选择的是上瘾模型，整体模型的体验路径主要分为触发、行为、犒赏与投入。我们可以拆解核心链路所对应的这四个路径：平台提供了企业赛事，满足用户的参赛需求，从而提升更多有效的报名人数。

如何选择体验模型？

流量留存　▶　上瘾模型

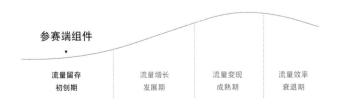

| 流量留存 初创期 | 流量增长 发展期 | 流量变现 成熟期 | 流量效率 衰退期 |

参赛端组件

3）创新（设计导向）

　　首先我们要确认创新目标，创新目标是围绕着所发现的用户体验痛点输出具有针对性的创新设计方案。举个例子，企业或政府举办赛事，运营人员都是内部文化部门的负责人员，他们没有任何电竞赛事的管理经验，那么怎么去帮助他们降低管理复杂赛事的成本，就是创新设计目标。

如何确认创新目标

发现问题 ⋯⋯ 谁？ 在哪？ 做什么？ ⋯⋯ 创新目标

痛点

　　降低管理成本有四个创新方法：加法策略、减法策略、乘法策略和除法策略。

　　①加法策略：一专多能。相当于一个组件或者一个模块去附加多个任务或多个功能，在发挥原本作用的前提下，还能完成新的任务，相当于"能者多劳"。

　　举个例子：账号体系组件里面，可以通过赛事的选择对应权限的角色，这样相当于智能化地先帮用户选择，如果有切换的诉求，也可以临时进行切换，用户不用退出之后重复走一遍登录流程，相当于这个组件既有赛事主体又有行政主体的切换功能。

　　②减法策略：少即是多。设计方案要简化流程，去掉一些步骤或功能，可能会有一番更好的体验，让"更少"变成"更多"。

　　③乘法策略：体验上的移植。体验移植就是站在"巨人的肩膀"上去做体验，产生事半功倍的效果。例如，移植目标用户经常使用的高频产品体验功能，这样的话用户就会有熟悉的操作认知，不需要学习成本。

　　④除法策略：体验的解构。将一个页面模块当成一个固定化的框架和容器，里面是有可变量的分子部分。

　　例如，用户字段根据不同的用户身份或者赛事流程去做个性化的设计，往往就会出现一些惊喜。赛事分享页面作为赛事的宣传内容，将赛事传播信息固定下来，变量部分根据整体赛程的过程以及个人成绩，可以自动生成个性化的荣誉内容字段。

4. 核心链接的验证方法

设计方案上线前后,我们该如何验证方案是否有效呢?

我们可以通过数据分析及可能性测试验证设计方案是否有效,以及指导后续版本的迭代。

1)宏观数据分析

首先,北极星指标是产品阶段性的KPI,会有一个连贯性的路径闭环。这个数据指标是宏观的,能指导我们找到闭环中某一个体验环节出了问题。路径模型就是页面与页面之间的一条行为路径,那这条行为路径本身的衔接,以及这个问题的页面本身的设计字段,都会影响到整体效果,数据漏斗的思维,帮助我们定位有问题的路径或有问题的页面。

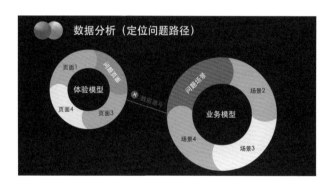

2)可用性测试找到问具体问题

找到问题页面(路径)后,便需要进行可用性测试,帮助找到具体问题的表象。可用性测试的标准流程为:通过招募到真实的用户进行测试,从而进行复盘优化,达到整体可用性的合格标准,然后再放全量公开上线。

针对问题路径的可用性测试流程

针对数字化中台型产品，我们需要先制定完整的测试指标，测试指标会根据ISO国际标准可用性的定义分为用户满意度、有效性和效率。

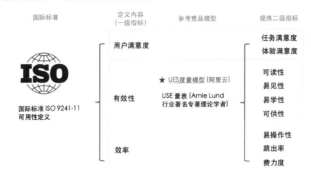

怎么测试？-确定中台属性指标

其次针对中台型产品的特点，参考像阿里云这种有行业标杆的竞品模型，然后去提炼出符合中台型产品的二级指标，包括任务满意度、体验满意度、可读性、易见性、易学性、可供性、易操作性、跳出率及费力度等。

怎么测试？-确定方法

一级指标	二级指标	影响因子	测试方法
用户满意度	任务满意度	用户使用产品时感受到的主观满意程度	SUS（软件可用性测试问卷） 用户体验八要素问卷
	体验满意度		
有效性	可读性	用户对文案的理解	一对一访谈观察 观察用户真实场景任务的操作流程；访谈并记录体验痛点的反馈问题
	易见性	用户感知的清晰度	
	易学性	用户获得信息的学习成本	
	可供性	提供用户的目标引导	
	易操作性	用户操作流畅度	
效率	跳出率	用户操作阻碍	
	费力度	用户心智理解	

针对以上指标类型，任务满意度与体验满意度会选择问卷测试的方法进行，有效性与效率会使用用户一对一访谈观察，通过观察用户真实任务场景的操作流程，去记录用户体验的痛点。

①SUS问卷测试的特点：可复用率非常高，不限于产品类型。因为它的问卷形式是固定模板的，只要切换测试题当中的主语就可以。用户评论他自身的主观感受之后，我们就会通过一套换算公式得出一个得分。然后这个得分会有相对应的评级，以及百分制的范围，是非常直观且通俗易懂的。最后的得分同时也可以比较市面上80%的产品得分。其次还有一个用户体验八要素的问卷，是因为要知道哪些用户体验要素会影响到这个分数，并尽量在未来迭代中做到扬长避短。

②一对一访谈样板的设计：测试路径从开始到结束需要完成多少个任务，需要把这些任务给假设出来，假设的一个标准句式大家可以进行参考：假设真实业务场景下，想完成的任务操作具体是什么。例如，你要填写一个表单，需提示操作起点是从首页开始，还是从二

级页面开始？其次真实背景是老板让你去填写，还是因为预算到期要去填这个表？问题记录标准一定是客观的、没有干预的。然后将这些问题根据梳理原则（可用性原则的类型、影响性、问题出现的次数、问题出现的频率）整理出矩阵分布的用研报告，其中优先级较高的体验设计优化需求可以提供给产品上游的需求方，让他们去重视这些体验上的问题，从而在迭代版本中逐一优化。

用户满意度测试方案设计：任务满意度问卷

SUS（软件可用性测试问卷）

1，我愿意使用核心链路（主语）
2，我发现核心链路（主语）没必要这么复杂
3，我认为核心链路（主语）使用起来比较容易
4，我觉得需要有经验的人辅助我才能理解核心链路（主语）
5，我发现核心链路（主语）里不同功能很好整合在一起
6，我认为核心链路（主语）里存在很多不统一
7，我认为大部分的人都可以很快认知理解核心链路（主语）
8，我认识核心链路（主语）很难理解，很混乱
9，我刚看到核心链路（主语）时候，非常有信心
10，在使用核心链路（主语）之前，我需要大量学习

评分系统：1至5分 1：非常不同意 5：非常同意

换算公式：（奇数题-1）+（5-偶数题）× 系数（2.5 至3）=SUS分数（任务满意度得分）

SUS分数	评级	百分等级
84.1-100	A+	96-100
80.8-84	A	90-95
78.9-80.7	A-	85-89
77.2-78.8	B+	80-84
74.1-77.1	B	70-79
72.6-74	B-	65-69
71.1-72.5	C+	60-64
65-71	C	41-59
62.7-64.9	C-	35-40
51.7-62.6	D	15-34
0-51.7	F	0-14

——问卷方法论源自《用户体验度量 量化用户体验的统计学方法》专著

有效性&效率测试方案设计：一对一访谈样板

标准句式: 假设真实业务场景下条件，您想完成任务的操作?

开始

任务1
假设您的项目需要结项了，您想从首页开始的怎么操作
起点：首页
目标：找到结项操作页面

观察
完整
链路

任务2
假设您已进入结项页面，您想找到（特定筛选项）你需要的结项项目
起点：结项操作
目标：选择一例营销推广费用，开始结项的操作流程

任务3
假设已经进入结项填写环节，您想按照真实情况填写结项内容并完成提交
起点：结项操作
目标：完成KPI指标的填写
目标：完成添加项目编制
目标：完成添加预算信息填写

结束

李恺若

高级交互设计师/IEG增长中台交互负责人，8年产品体验设计经验；从业以来涉猎数字化中台、娱乐内容、社交、应用工具等相关领域；曾就职于迅雷、金极点科技。2019年加入腾讯以来，参与过腾讯电竞、腾讯动漫、IEG流量生态部、内容生态部等相关业务交互设计；服务过大型行业标准的数字化转型，也服务过年营收流水过亿的商业化产品；对于不同产品类型在行业发展每个阶段的体验认知深厚，善于总结出自身的实战经验。

智慧家居可视化设计与探索

◎ 兰世勇

本文内容分为下列三个部分：①智慧家居可视化设计与价值；②构建智能化场景可视化的设计模型库；③智能化场景搭建的方法和应用。

1. 智慧家居可视化设计与价值

什么是智慧家居可视化设计？智慧家居这个词大家应该都听说过，关于可视化设计，也应该都知道，但是智慧家居可视化设计应该很少接触到。

在讲智慧家居可视化设计之前，需要大家了解一下什么是智慧家居，什么是智能化场景。通俗来讲，通过可视化设计的形式更生动、更形象地表达智慧家居、智能化场景、智能家电等领域或产品的功能亮点，以及它的技术方案，就是智慧家居可视化设计。

每个人的家里都有各式各样的家电，非智能家电一般都是机械式、简单执行且以满足基本需求为目的。而智能家电会根据用户的场景设置、行为习惯和记忆，自动识别并开启、关闭。比如智能冰箱，如果双手被占用，无法打开冰箱门放东西时，用户只需要动动嘴，对着冰箱唤醒它的名字，智能冰箱门就会自动打开，而且它还会时常提醒用户食材的保鲜度以及温度等。所以智能家电，它会记忆你的控制温度、湿度，用语音或者App都可以进行操控、智能识别。专业来讲，智能家电就是将微处理器、传感器技术、网络通信技术引入家电设备后形成的家电产品，具有自动感知住宅空间状态和家电自身状态、家电服务状态，能够自动控制及接收住宅用户在你的房间内或远程的控制指令。智能家电作为智慧家居的组成部分，能够与你的家电和家居设施互联组成系统，最终实现智慧家居。

智慧家居其实是由很多的智能化场景组合而成，而智能化场景又是由多个智能家电互联构成。很多人的家都有客厅、厨房、卧室、卫浴、阳台等空间。智能化场景就是在各个空间里形成的智能家电互联场景。比如常用的回家场景：用户回到家后打开智能门锁的一瞬间，家里空调就会自动打开并根据用户的使用习惯调整到用户喜欢的温度；窗帘会自动关上；灯会自动打开等。这些家电行为都属于回家模式的一种智能化场景。

所以智慧家居就是每一个空间里面的各种小场景组合在一起构建的整体。我们通过图形、动画等可视化的设计形式，去生动形象地表达智慧家居、智能化的场景及智能家电的功能、亮点、技术方案，这就是智慧家居可视化设计的价值。

智慧家居可视化设计需要做成什么样的风格才能更加受到用户的关注和喜欢？哪一种风格更能完善地诠释智能场景的概念和功能？在设计前，我们做了一些竞品调研，竞品App中的智能化场景用的大多是实景合成的图片，大同小异，品牌调性不足。

既然要做好，就要突出自身的特点，标新立异，结合设计发展趋势。用3D虚拟化设计作为智能化场景设计主风格，这个风格的特点有：

①虚拟形象延展方便，根据需求做出不同的动作延展；

②版权可纠，自己原创的造型，不会因为用了别人的照片而产生侵权风险；

③搭配灵活，可以在不同的色系下随意搭配各种家具家电素材；

④符合人设，根据用户画像去构建人物造型，使用户更有一种代入感。

智慧家居可视化的设计价值是从心智上去培养用户的感知，用图形告诉用户如何玩转智能场景来激发用户兴趣，促进用户购买智能家电。真正的智能化场景体验需要真实的场景才能让用户感知到，用户没有体验真实场景前，需要通过这种图形动画或者视频介绍给用户，所以智慧家居的设计价值分为三点：

①强感知，图形化设计比较直观高效，减少学习的成本；

②亲和感，设计风格温暖亲和而且有趣；

③差异化的品牌设计，目的是提升品牌的辨识度。

2. 构建智能化场景可视化的设计模型库

大家平时工作的时候会使用图标库、素材库。同样，做智慧家居可视化设计也要建立一个模型库。模型库的构建是通过对功能及视觉表达中的元素拆解、归纳、重组，并用于可被复用的目的，形成规范化的组件，通过多维度来构建整个设计方案，从而提升设计的效能和品牌的调性。

模型库分为三类：第一类以人物为主，因为所有的智能场景都是围绕用户，服务用户，所以人物是必不可少的元素；第二类是家电，做智慧家居可视化设计，最基本的元素就是家电，而且还要持续迭代更新最新品类的家电；第三类是家具以及其他装饰性的素材，如柜子、书架、沙发等，搭建智能化场景的时候方便应用。

构建模型库针对不同的维度分析来判断和诠释模型库的价值。从公司维度去分析模型库，它的价值主要是团队增效、降低成本、更加快速和以更低的成本去完成设计；从项目维度去评价，模型库的价值是团队协作，高频复用；从个人维度，模型库的价值在于参与创新与发挥，提升自己。

模型库中的人物构建需要先针对用户的特征进行分析，贴合用户画像的设计才更具有代表性，更能增加用户的归属感和代入感。首先根据用户分析做出人物风格的定位，再对形象的身高比例进行设定。这种3D虚拟化的风格叫二次元的写实风格，属于目前互联网中比较流行的一种风格。角色分类设立了四种人物，分别是男人、女人、小孩和老人，可以构成三口之家。同时还有一部分用户家里有老人，所以做了有老人的智能化场景。人物角色的身高是以七头身为主，符合亚洲人的常规比例。还会依据个性化场景延展一些符合场景的相关服饰。

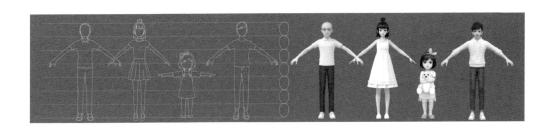

　　人物风格的特点接近真实的比例，目的是让场景更写实化，五官稍微偏卡通，整体看起来更可爱一些。人物构建的流程和方法为：先进行草图的绘制，包含人物的比例、服饰以及发型、相貌等，画好草图再进行平面配色，并进行平面的三视图设计，接下来进行效果使用验证，把三视图中的人物分别应用到虚拟场景中，验证效果和场景是否搭配，然后进行角色建模，通过C4D，这些人物从平面转换为3D，包括材质、光影以及动作的绑定。

　　人物模型完成后还要进行多角色构建，构建不同场景的人物造型，能丰富更多的场景应用。基础的人物形象是穿白色T恤、灰色裤子、白色休闲鞋。因为应用的场景不同，所以在服饰上也要应景，包含了健身房、办公室、居家休闲等。

　　模型库构建第二类是要建立家电模型，第三类是家具以及其他装饰类的素材库。家具家电是场景中必不可少的元素，模型库中的家电家具和真实的家电家具是有一定差异的，在比例上适当地缩短，看起来更偏卡通一些，保持80%以上的相似度。所有的模型需要全部放在一个文件里，让所有基于此规范产生的三维视觉保持高度的一致性。尤其是在比例方面，要有参照标准，并做到相互合适。如果没有参照，在做场景可视化图的时候，很容易产生家电比例不一致的问题。

3. 智能化场景搭建的方法和应用

　　智能化场景的创作方法是通过梳理业务部门需求，收集用户使用智能场景的痛点和诉求，对必要的场景进行设计开发。举个门锁异常案例，当有人撬动门锁时，系统会通过云端自动给用户打电话，通知并提醒用户。

　　在设计时分为以下几个步骤：通过需求的分析和理解，先绘制此场景的草图，草图要清晰明了地把整个场景体现出来；草图画出来后要同需求部门一起对方案进行评审；通过评审后，根据草图进行3D场景搭建，从这里就能用到模型库，从模型库里面把需要用到的素材提炼出来，比如会用到人物，要用到门、桌子、窗帘等，把它们组合成一个草图这样的场景；在3D里面把它调整好以后，进行材质、灯光的渲染，渲染出来的图片是不能直接使用的，因为不论是色彩的饱和度或者是它的明暗度，可能都没有达到真正使用的要求；下一步需要平面设计师进行设计调整，针对图标以及设计说明的文字、提醒的图案等进行加载调整；调整完成后，设计师将对这张智能场景图进行整体的调色，调整它的对比度和它的饱和度，统一色彩规范，达到上线要求。如果这张智能化场景图难以理解，则可以考虑把它做成一个动效的图片，通过简单的动画更能体现出智能化场景的玩法以及含义。这就是智能化场景图的设计过程。

通过上面的方法会产出很多的智能场景可视化设计图，如配图中的家里自动清扫、开启0℃冷水的模式、睡觉时启动风扇与空调等各类场景。对于这些智能化场景图的配色逻辑，整体是以暖色系为主，虽然我们是智能化的家居，但最终目的还是要给用户营造一个温馨的家居气氛。配色关键点是设计图中所有的家具都视为环境色，家具和装饰调整为与背景色相似的颜色，而把所有的家电都调整为白色。这样的设计方式是为了重点突出智能家电。在所有的场景图中，同样的空间也会使用不同的色系，如卧室会用黄色暖色系，还有绿色或蓝色冷色系，原因是要分情况去进行设计，比如在夏天的时候，为了体现场景的清爽清凉感，就要用到冷色系，在冬天的时候卧室不开冷风，而相对应的开启暖风机或者是空调热风的时候，我们就要用到暖色系。

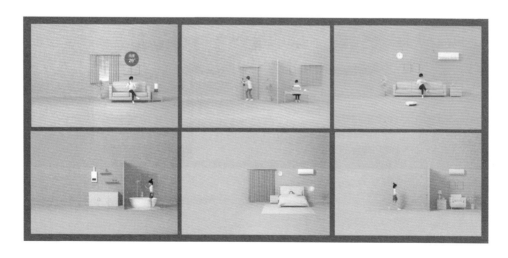

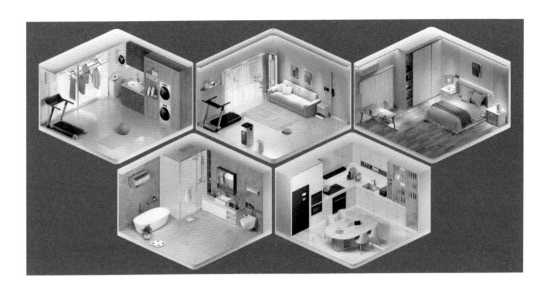

关于智慧场景可视化设计，主要应用还是在美的美居App的智能场景频道。用户点开App后，会收到不同的智能化场景图推荐，也有很多的智能场景动效图，还有智能化场景的执行演示动画。通过构建虚拟的智能化场景，让用户更容易理解智能场景的概念。

最后是关于虚拟智能场景的互动体验。它有几个特点：第一是互动体验，加入用户交互的形式，结合VR、AR技术，在视觉上为用户营造一种身临其境的感觉，增强智慧家居体验感；第二是管家服务，通过大数据、云计算，一键体验智能化场景；第三是增强现实，结合人工智能和家电体感模拟等技术展开研究，模拟各种不同环境的体验，构建一种虚实结合的全新智慧家居体验。

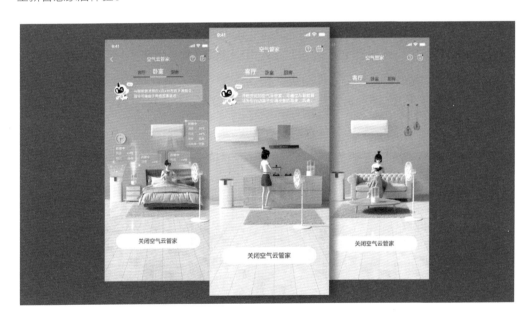

兰世勇

　　美的 AIIC 资深视觉设计师，从事多年视觉方面的设计和指导，曾任职过多家大型 B2C、B2B 公司，目前负责美的美居 App 产品的品牌推广设计、智能化场景可视化等业务领域的设计与指导。设计理念：任何设计都要有用户体验的思维，只要站在用户角度去理解项目，思考问题，才能理解用户真正的诉求，解决用户的痛点。

金融领域企业级平台和中后台产品设计体系搭建

◎ 陈明

招商银行一直秉承着"因您而变"的理念，以客户为中心，通过金融科技驱动创新产品和服务，持续为我行客户提供着优质服务。基于此，体验设计团队提出"因您而变，设计先行"的理念，通过定义新技术、新场景下的体验设计标准，建立招商银行企业级的平台和中后台的体验设计体系，通过体验设计策略、体验设计方法和体验设计度量提升用户体验。

体验设计体系主要体现于两个方面：专精和普惠。

首先，是设计专业的专精。以用户视角去做金融领域的体验表达，实现业务共赢，设计先行。同时，通过专业的发展去做设计转型，提供全域的设计能力。

其次，是设计专业的普惠。我们让设计专业更普惠，门槛更低，通过打造设计文化，建立专业的分享共享机制，达到共建融通；打造金融体验设计管理平台，以平台支撑实现提质提效。

那什么是体验设计体系呢？在*Design System*一书中，作者这样描述："设计体系是为了实现数字产品而组织起来的一套相互关联的模式和共享实践。"

体验设计体系如何来实践呢？从我们的理解来说，是基于我们的企业服务，将设计做到标准化、场景化，从而实现最终的规模化和设计的融通。在服务好员工的同时，更好地服务好客户。目前我们服务的场景平台，包括员工服务平台、客户运营、客户管理、客户服务等基于金融领域中后台和企业级的产品。通过这些产品支持和服务客户价值。

关于如何搭建体验设计体系，我们总结了以下几点。

（1）基于设计原则指导设计体系的搭建。

B端的产品非常复杂，我们需要基于有效的需求去支持用户目标的高效完成，同时要通过设计去简化用户和系统或服务的交互流程，保持可控性，让用户更顺畅地使用原本复杂的B端产品。当用户和系统做交互时，我们能提供更直接的反馈和一致的体验，让用户更为便捷地进行使用。

基于设计原则，我们还提供了基础的设计样式指南并沉淀了设计组件库，其中包含基础组件和融通场景足迹。同时，我们还梳理、沉淀了业务服务场景的共性和通用性设计模式、中后台通用资产和业务资产。

（2）沉淀通用机制。

例如，产品平台的报错机制。

为什么要沉淀报错机制？在设计工作中，我们发现系统和使用者的交互过程中会出现各种异常情况提示，但这些报错信息没有被结构化，经常不易被用户理解，需要有统一的解决方案。

提供统一的报错机制和规范，可以在降低出错率的同时提供引导方案。它的主要作用是在避免用户出错的同时减少阻碍，简明沟通并提供指引。特别是出现问题时，我们优先需要"安抚"客户。如何进行这样的提示呢？主要还是通过合适的文案展示。我们首先需要梳理客户触发报错机制所产生的相关问题——现在是处于什么情况？发生了什么？为什么发生这样的情况？该怎么办？

基于以上问题，我们提供了组件化的方式和标准化的解决方案，来满足现在业务上或报错机制上的一些问题。同时我们也重新去回顾了报错机制，建立了一个可以实时更新、协同响应更高效的新机制。通过这种快速的响应机制，高效解决系统类的类似错误，然后去优化、推广、实施，基于旅程的排查报错场景来提升用户体验。这个机制的最终实践效果很不错，初步测算旅程断点下降了60%，对于用户来说，是一个比较好的体验提升。

另外B端产品具有复杂性，用户在使用过程中存在着非常高的成本，所以我们尝试建立B端引导的教育体系，通过用户生命周期的不同阶段——新手期、使用期、迭代期和培训，匹配用户诉求，定义产品的教育目标，同时匹配标准的方案做规范指引。

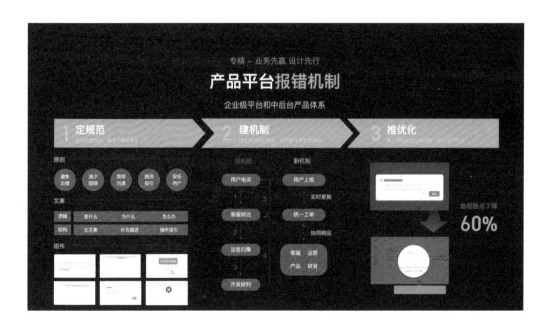

例如，在新手期可能更多的是需要用户快速上手，了解核心功能，用户目标是建立初步的信任；在使用期，帮助用户更高效地操作，遇到问题能快速解决，基于场景提供查询文档；在迭代期，用户需要及时了解功能状态，新功能的体验不再断裂，有效地让客户触达新功能，平滑过渡；最后是培训，服务人员如何了解自身业务的相关功能，同时保证宣传的一致性。通过提供不同的用户培训，分层传达这样的一个多渠道应用的帮助模板，或问答中心等，以通用方案更好地服务用户，让用户更便捷、高效地使用我们的产品。

为什么要建立产品服务全景图呢？

在项目中通常有多个不同角色在进行合作，包括产品、业务方、系统技术人员和运营方。

在构建体验策略阶段，借助服务设计全景图提供一个全局视角去感知、洞察用户的诉求，形成统一认知，来相应制定体验设计方法。从目标出发，以用户体验为中心，基于不同用户角色梳理并可视化用户旅程，明确场景化的交互节点，理清我们所提供的服务及底层系统和运营体系支撑。通过这种全局视角，更好地寻求共性、消除冗余、打造一致性体验。

基于旅程和用户行为数据分析，洞察用户痛点，挖掘断点和机会点，数据驱动业务精进。我们尝试把用户行为要素都实现数字化，用户在使用过程中，把用户的体验反馈回来（采用可用性测试、建立白名单种子客户等用研机制），不断地改善它，提高流程的效率，也就实现了客户与企业之间的"高效沟通"。特别是当功能上新或业务规则发生变化时，通过服务全景图发现节点间的关联以及变化带来的影响，确保功能的完整性和易用性，提前暴露风险，增加灵活性，大大提升产研完整性和效率。

无产品不度量，如何去了解现有的产品体验是好是坏呢？

基于主流度量模型并结合金融领域特有的场景，我们建立了体验度量的"UCATS模型"，从Usability（易用性）、Clarity（清晰度）、Adoption（接受度），以及Target Success（目标完成度）、Stability（稳定性）五个度量维度，基于用户场景的重要程度和对产品的影响程度建立五级（能用、有用、易用、好用和爱用）评估维度，对应模型中的五个度量维度，以此做好体验设计的度量评估和产品业务的评估。

我们在产品生命周期过程中建立评判机制，可视化度量展示目前产品遇到的问题及优先级，逐步迭代优化，从而更好地支持产品。

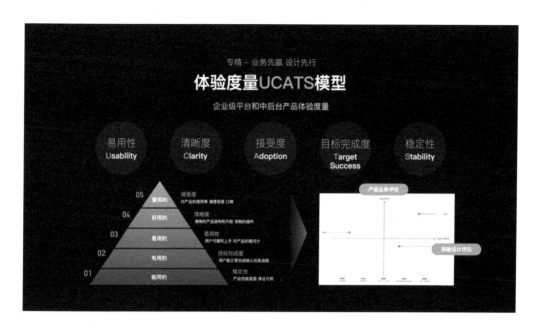

数字会展解决方案是通过设计服务金融科技的线下数字会展，让更多人了解招商银行的金融科技，强化客户心中招行的金融科技品牌形象。

目前我们在金融科技产品研发中心搭建了一个小型场馆，通过产品周期性的内容迭代入住，展示招行最新的金融科技实力。通过这样的线下方式来展示这些产品在产品服务过程中是如何服务好客户的，以及是如何让客户通过我们金融科技的创新获得更好的体验。

金融科技数字会展解决方案不仅仅服务于总行，同时对总分行金融科技展厅也进行了联动，通过分支机构更好地透传到更多的本地分行客户。

我们也尝试用线上线下的数字会展方式去拓展（近年严重疫情，也影响了很多客户线下到访展厅的意愿），通过数字化方式触达客户，如VR虚拟现实和场景讲解，能让用户更为便捷地了解招行的产品，了解招行金融科技的平台实力。

基于此沉淀品牌全触点的解决方案，通过设计中的视觉设计，内容设计以及宣传设计，同时沉淀体验，包括互动体验、导视体验、运营体验，沉淀设计规范以及运营物料，更好地建立金融科技数字会展解决方案，建立招商银行金融科技的品牌形象，提升用户对我们科技产品的认可度。

面对如此多的复杂产品和平台，我们对设计师的能力也有了更高的要求，需要设计师具有全域设计能力和横向业务理解能力。

我们设计师岗位分为体验设计（主要聚焦在决策方向，设计整合和我们的合作创新）、创意设计（主要聚焦在品牌营销、创意理念以及创意赋能用户）和用户研究（主要从策略、用研体验度量以及用研普惠，用更多的能力去支撑好现在服务的业务）。

通过六个能力象限对能力维度做量化，通过能力项量化更好地建立设计岗位，专业的成长机制，打造高执行、懂商业、正能量的设计团队。

设计专业的专精，通过专业带来体验提升，促进业务发展；同时，设计专业的普惠，通过营造设计文化，做体验设计的布道者，通过专业的沉淀降低设计成本，通过打造金融体验设计的管理平台，利用平台的支撑实现提质提效。

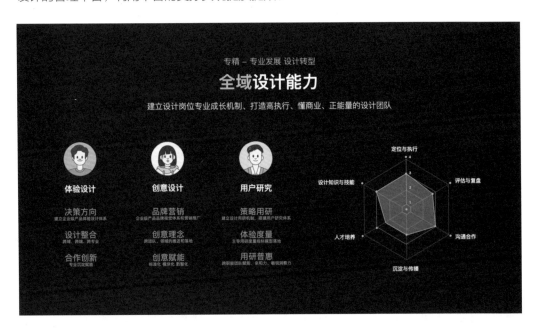

　　我们不仅希望服务好我们的产品，同时也希望我们的创意文化设计通过这些方式更好地支持我们的公司文化。在2022年，我们尝试用NFT数字产品来做分行的周年庆。我们明确了品牌风格、故事设定以及场景+玩法，其中，我们将素材做分层拆解，让参与者能够通过概率设定，利用我们的技术更好地去组装，形成独一无二的数字产品，加强了品牌曝光和强化。同时也通过服务企业文化需求增加了更多的设计产出曝光度，强化了设计影响力。

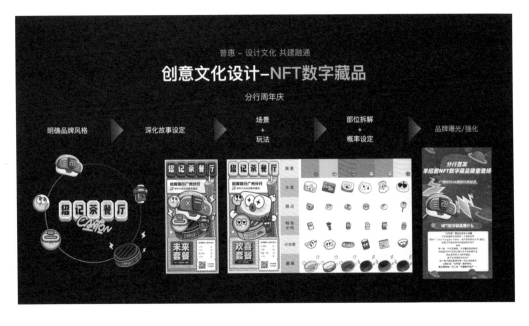

　　随着企业平台和中后台产品、服务复杂度和特殊性的加强，对设计师资源的要求也相

应地越来越多，靠堆砌人力的方式来解决是不可持续的，所以需要引入技术手段助力降本增效。因此，我们把设计管理数字化，打造了面向招商银行企业级中后台产品设计系统性的解决方案——设计管理平台。

首先是硬实力。资源工具的建设，沉淀各业务领域设计组件，通过技术手段实现设计组件和前端物料工程化，同时沉淀设计物料、版权素材，通过工具化进行提效和设计协同数字化管理。

然后是软实力，也就是体验策略的沉淀。通过沉淀标准指南、设计资产、课程、文化、体验度量以及品牌宣传的物料等，打造统一的设计模式、标准的设计规范和体验度量，从而更好地支撑我们的设计。

在海量的设计中，通过数字化的方式提效提质，服务客户赋能商业价值。

最后，也是希望跟大家一起来做探讨的。从过往的制造业发展过程中，如汽车的工业化发展、智能手机产品等，是如何让这么多供应商合作得如此密切和高效，保证高精尖设计产品的统一品控呢？

我们一直在思考，是否可以将设计的一些方法工具，业务中的场景标准沉淀下来，沉淀到设计的方法工具箱，沉淀到设计的场景物料，供模块化的搭建和拼装使用。产品、业务或者技术，可以通过需求拆解，做资产的复用、组合，高效自主设计。

比如，当有以上类似诉求时，可以先明确用户是什么样的角色，这个角色处于什么样的场景。通过对场景的分析，选用我们的通用模式和通用规范，同时去匹配现有的通用页面。其中，被选中的这个页面可以由通用的组件来搭建，再匹配上我们现在研发的工程化、标准化的生产物料。把通用的组件底层架构和业务主数据来做页面研发，用模块化的方式进行搭建。

在不久的将来，我们会更高效地使用这种工业化的体验设计，建立工业化的体验设计生产模式，去提供产品体验、创意品牌营销、策略产品用研，从全链路、全场景、全生命周期做体验生产的解决方案。

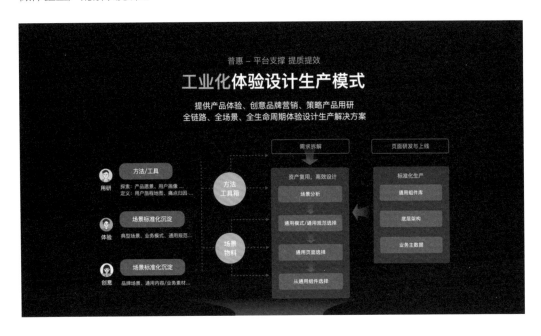

未来已来，我们不仅仅通过体验设计专业的专精，从用户视角出发，洞察赋能业务发展，同时通过体验设计专业的普惠助力业务提质提效。金融行业的体验设计任重道远。

陈明

招商银行信息技术部体验设计团队主管，具有14年体验设计经验，7年以上的设计团队管理经验，擅长从0-1地组建团队，同时也有对设计团队整合的能力经验。多年设计职场经验，涉猎方面广，提供全链路设计解决方案赋能业务，通过搭建设计体系保障业务的设计输出质量，沉淀高识别性的产品品牌基因，缩减设计和前端开发成本，还原设计的商业价值本质。

以人为本的高科技建筑

◎ Leonardo Mariani

随着技术的发展与科技的进步，建筑行业也在不断发展与变化，在这个过程中，设计师要保持新锐，拥抱变化，定义未来。而这一切的方法论不仅仅从设计本身革新，各部门的工作方法与协同也需要更加高效快捷。了解更多的设计方法和理念，有助于设计师在竞争中保持领衔地位，并在不断变化的环境中保持竞争力。

从新兴技术、人性化设计，到绿色建筑，这些趋势不仅改变了行业，还影响了企业的运营方式。本文将与大家分享国际化的建筑事务所工作方式理念和设计经验，以及关于设计和创新如何结合在一起。

在任何领域的创新，并非一夜之间就能完成，也不是一朝一夕就能产生。它实际上是一个过程，在这个变化的过程中需要我们不断思考，才能洞见未来的设计趋势。起初的工作就像婴儿学步，一切都要慢慢摸索，在实践中不停前进，模式化以后各部门方便协同，就可以高速运转起来了。法国VP的设计案例中涵盖各种高度复杂的大尺度建筑，具有复杂和跨学科的特点，包括建筑学、室内设计结构工程。

设计师要在其中时刻关注所有的新事物，还有外面世界涌现出来的新方法，思考每个项目、每个竞赛、每个设计细节创新的机会，不断挑战自我，探索各种可能，尝试从不同角度构思项目，把经验与新式工具和创新的项目构思方式结合起来。

本文与大家分享一个创新的案例，这个项目在海口，是一片大型综合体基地的建设项目，这片地区融合了购物、酒店、综合区、办公区于一体。我们在激烈的竞争中幸运地赢得竞赛，担纲了该区域的整体设计任务，这个项目对各方意义都非常重大，因为这一项目规模庞大，程度复杂，混合了多种功能，给团队带来了很大的挑战，并且真正帮助设计师进一步优化以往的设计，再次升级。

对于海口国际免税城，设计师进行了大量太阳能分析以设计建筑外形，确保外形对阳光、气候和风应对良好。建筑外形决定了内部空间，我们的外形设计非常新颖，因此必须对内部结构进行细致的分析，确保内部结构对任何外部变化都反映良好，而且由于该项目规模巨大，基本上是一个区域的综合体，而不仅仅是一座简单的建筑。

例如，使用三维分析和虚拟现实路径，以保证空间设计的舒适度高且视觉效果良好，有效协调不同空间、不同体量建筑间的关系，这些都是我们更加创新的设计管理方式。室内空间项目的挑战性、多面性以及复杂性，引领我们迈向新的高度，引入新的研究方法。

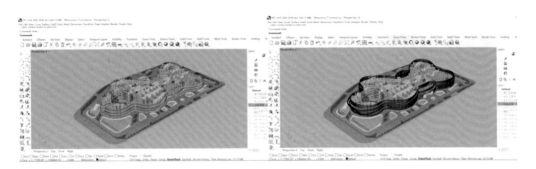

这个项目中有一个关键空间，是一片巨大的室内场地。这个空间被一个巨大的玻璃穹顶所覆盖，其设计过程经过了多维度多角度的三维模拟。由于空间极大，所以通过科学的设计在这片空间上创造更多可能，包含各种大规模活动、展览、演出以及会议等。作为项目的核心，设计师花费了大量的时间与精力来设计其环境。就三维设计而言，还研究了它将如何与其他购物中心、活动和流程形成连接。这一切可以总结为体验设计，不论人们身处室内还是室外，都能通过设计师的巧思去感受这座城市的独特风情。

海口是中国南方的一座岛屿城市，环境优美，天空蔚蓝。设计师想让人们从建筑中也可以欣赏外面的美景，为此在设计上，设计师为建筑塑造了一个完全透明的外立面，让阳光照进室内，但这给设计师带来了另一个挑战，也就是温度。海口属于热带地区，阳光对建筑物的辐射强度高，因此做了很多热分析和热模拟，以保证穹顶透明度与温度之间的平衡，确保大楼内部人员的舒适体验。设计师记录了一天中所有时间段下的不同体感，模拟不同季节下室内的日光，并将其与温度以及分析结果进行比对。所有这些努力和研究，都聚焦在一个关键目标上，那就是让来访的游客体验到更人性化的空间，给人们最好的体验，给他们最为舒适的环境和适合其活动需要的空间。因此所有的技术模拟、所有3D和设计师协同工作的成果，实际上都只是为了一个简单的目标而量身定做，那就是关注最终用户，量体裁衣地为他们提供创新的体验、新的空间、新的感受。

对建筑师而言，内部也作为一个立面的一种，经过仔细研究后，我们在立面上所做的创新是诠释海口的文化艺术主题。把海口市的市花这一元素，抽象出图形，将其参数化。通过不同的研究，将这些关键的设计元素转化为玻璃上或材料上的细节。

　　设计师将本地主题融入设计中，立面是项目中非常重要的一部分。这个项目的外观需要反映各种条件的要求，需要其有展示空间是透明的，但同时带来的问题是广告位如何设置，以及机电相关的所有技术要求如何实现，同时在海口这个沿海的炎热地区，如何保证遮阳和隔热。最后一个关键因素，实际上是屋顶，屋顶被设计成3D立体形状，这遵循我们最初设计的自然界"云"的概念，所以屋顶是一个高度复杂的三维形状表面。它覆盖了建筑，但需要同时符合内部空间活动。因此设计师必须再次整合屋顶设计：一部分是必要的技术区域；另一部分是透明区域，想让日光照射进来。设计师想把大自然带给在室内空间的人们，所以设计师设计了这样的屋顶，四个巨大的穹顶结合了极轻的钢化结构和透明玻璃。最后，第五个巨大的穹顶已经完全整合在屋顶表面，所有这些元素都进行了三维模拟设计，都能与MEP及工程项目的技术部分完全融合。

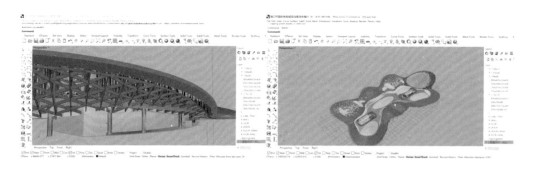

　　此外，设计师已经就建筑形状与合作伙伴和设计机构进行了协调。设计师们密切合作，将整个过程中的建筑图纸立体化，为保证建筑形状能够充分进行设计，能够完全实现和交付，而无须作出任何让步或修改，同时考虑到这个项目侧面面积巨大，设计师采用了一种新的方式跟踪施工，用无人机巡场拍照，以及无人机拍摄视频定期跟进工作进展，借助科技以

及采用的新方法，可以再次管理新的建筑形态创新的方法，可以确保设计的成果还可以按照预期的方式建造和交付。不到两年半的时间，所有的钢化结构就完成了，施工速度非常快，所有的立面和屋顶的建造都已经完成。印象深刻的是施工部门与我们使用了同样的方法和同样的软件，得益于这些，大家完美地协调了建筑设计与实际情况之间的差距。

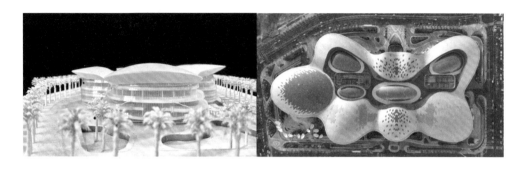

设计的文化本质是研究选址的历史、自然环境与城市定位相结合的设计，但关键问题是设计所追求的核心目标是以用户为中心的设计，围绕人而设计，为使用者提供体验。无论设计的产品是什么，无论它呈现何种形象，无论设计师设想和设计的所有细节如何，设计师设计的是一种体验，是一个独特的环境，是为使用者量身定做的。

我们认为有趣的一点是，无论处于哪个创新阶段，我们都要从简单的草图开始。所有的努力都会被时光加冕，当使用起初的草图和最终的建筑进行比较时，你会发现二者在任何形式上都完美匹配。这其中涉及一个方法，便是设计管理。以设计管理保证更有流程、更具细节的标准，确保最终的建筑符合所有人的愿景。

作为设计师，更需要保持活力，不断努力，锐意创新，寻求更新的方式、更新的技术、更可持续的手段，使我们地球家园更加美好。

Leonardo Mariani

意大利注册建筑师、LEED认证会员。在建筑设计领域从业超过17年，曾任职于多家国际建筑设计事务所。

他于2011年加入法国VP建筑设计事务所，而后担任中国区副总经理及创意总监。通过多年在海内外项目设计与实践中的积累，他总结出一套适合中国国情的设计方法和解决重大问题的策略思路，并在多种建筑类型上都具有丰富的经验与专业知识，参与过的项目涵盖商业建筑、会展会议中心、酒店、文化教育类建筑等。

05 智能机器人全链路体验设计

◎ 吴雨涵

1. 为什么我们会需要机器人？

为什么我们会需要机器人？其实一切都是从需求开始！在做任何事情之前，我们一定要知道是为了什么而做，例如：

- 为了给用户带来更好的感受？
- 为了给客户节省钱？
- 为了给商业带来什么样的利益？

一定要很明确地把这些和利益关系者的利害关系都写下来，因为像智能机器人的产品设计—研发—落地过程是耗费巨大的，所以如果为了一个比较不明确的需求，而做了一些不必要的付出，可能导致整个项目失败。

比如，项目初期买了很贵的传感器，或者用了很贵的材质去制造，可是后来发现并不符合预期的成效，这就是因为当时的需求没有被明确定义导致亏损，所以大家在项目初期一定要对焦大众想法，知道为什么而做，例如：

- 为什么要选择这样的方案？
- 为什么我要选择那个材料？
- 为什么选择方形的机器人而不是圆形造型？

这些都要根据我们客户预计运营机器人服务的场景决定，需要了解我们客户的用户的预期与这个机器人会产生哪些交互，交互后能够给用户带来什么样好处，最终来评定这些机器人需求的功能。

2. 需要机器人的几种原因

近十年，各国随着经济发展，生活水准也都日渐提高，除了企业的目标与追求小确幸不愿加班的员工之间的矛盾日益扩大之外，各种高学历本科/硕士毕业生对职业选择也趋向于白领工作，并不青睐制造业及服务业。因此，在一些行业出现的人力缺口，就需要使用机器人来补，从而辅助人类完成工作、增加产能。

之前，在机器人设计业务开始之前，曾经与数个业务方和一些在制造业、服务业、邮局等工作的人员做过一对一访谈，访谈后会将各行业中各年龄、角色、工作内容等回答分类整理，大致上可以发现数千条回答对于为什么人类需要机器人可以抽象出一些共通性。

1）危

人类个体的能力其实很有限，很多地方我们人类是到不了的，比如高空、深海、太空。智能机器人可以协助人类去深入探索一些我们人类到不了或者是人去了会发生危险的地方，然后人类借由一些智能控制器后台，去操控这些不同种类的智能机器人执行各种任务，比如前进到某个点，然后去帮我们在这个特定的场所去探寻我们所要得到的资讯后将资讯返回，帮助我们做决策。

像因为地震、天然灾害或战争坍塌的大楼，人类遇到突发状况时基本进不去也出不来，逃生也逃不了，想救人也无法救，搞不好进去救人的人又被坍塌的残骸困住而丧生。

如果这时候有机器人的帮助，就可以让我们在这种紧急状况发生时使用不同种类的机器人来帮助救灾。机器人搭配了红外热成像仪和超声波技术，就能够知道生还者被困在何处，当生还者受伤无法呼吸或陷入昏厥的时候，这些智能传感器至关重要。在地震频发的日本就使用过智能机器人进行地震救灾。

（1）使用微型机器人探测生命迹象，寻找可能生还者所在的位置，使用机器人身上的摄影机返回生还者所处空间大小的影像，如果搭载3D激光扫描工具，则可以创建周围区域的详细地图，为救援人员提供救援现场的详细地图。若微型机器人身上搭配相关的远距语音功能模块，则生还者可以与救助人员联系沟通，让救助人员可以选择合适的援救方案，并安抚情绪惊慌的生还者。

（2）用像狗一样的四肢动物机器人，可以进去做一个初步灵活的探路或是运送补给品，甚至导引生还者逃生。若是稍微大型的机器人，还可以搭载机械臂，将挡路的残骸或障碍物清除。

（3）地震后也经常使用大型履带户外救灾机器人进行救灾，它能挖掘、推土，将石头、砖块、钢筋等残骸运出受灾区，履带为机器人提供了更多地形的适应力，可以爬更陡的坡，行动得更稳，能够清除更多的阻碍。

2）懒

人其实大部分都是好逸恶劳的，如果人们可以坐着的话，其实通常也会尽量减少站着的机会。当我们肚子饿点了外卖时，如果外卖小哥能够准时将餐点送到房间门口，我们就不会下楼去拿餐。

所以当我们有了这个送餐服务机器人的时候，其实就可以帮人们把外卖送到家门口，完成从社区门口到楼上家门口的这段服务旅程，节省人们下楼、等电梯、等外卖小哥的时间，所节省的这段时间就是智能送餐机器人所产生的价值。

所以未来我们有可能人人在家中完全不用下楼拿外卖，餐点直接送到门口，能够多快享受到方便就要看社区、大厦与智能机器人共同合作推广的程度，目前世界各国许多高端的社区或是旅馆都已经普及了智能机器人送餐点、送快递的服务，融入了我们日常生活中。

3）烦

我们人类很容易对重复、千篇一律、太简单、太难的工作感到不喜欢，当人们不喜欢或厌烦的时候，就容易情绪产生波动，提升做事的失误率，或者导致做事的精度变差。

但是智能机器人是没有感情的，所以智能机器人可以重复做同样的一件事情，不厌其烦，做得很准确，所以如果使用智能机器人做一些需要员工重复劳动的无聊工作，就可以帮人们从这种劳力密集或是重复性高的工作中得到体力的解放，而解放劳力后的员工，可以从事更有创造性的工作，为自己或是投资方带来更多的价值。

4）精

现在科技很发达，对精度的要求更高，不像以前我们人类可以去手工加工、制造就能达到标准。现在很多零件或机器都是纳米级，人们很难去做如此精细的加工，一个手指抖一下可能就会把这些精密的仪器碰坏。因此，许多精密制造就必须由机器人来完成。这些工业机器人会有什么样的功能或外形，要根据场景当中的需要，然后再去设计制造相关的机械，而不一定都是机械臂的样子。

5）省

虽然智能机器人投入的研发成本或者是购买成本很高，但是如果最终能有比较大的投入产出比，其实从长久来看，这些研发成本还是比人力节省非常多的，而且会免去很多人事的复杂问题，并且如果软件的流程设计良好，出错率也低，那么整体效率可以提升好几倍。

6）快

智能机器人通过各种不必要流程的软件优化后，能够不断提升一些生产的效率，例如，拣选鸡蛋的机器人可以一小时处理成百上千个鸡蛋，但是我们人类可能一小时只能处理一百个，所以有些领域中，机器人相较人力有明显优势。

在未来，人类完全可以去专注在比较创造性或者是想解法的重要白领岗位上，而机器人就是承担类似于帮助执行岗位、蓝领劳工的工作，如此搭配之下机器人会是人类很好的合作伙伴。所以，未来生活我们人类应可以用更少的时间或是用更少的钱，通过过驾驭机器人获得更高的产出比，进而提升我们的生活品质，未来，生活的节奏会越来越快，越来越智能。

3. 智能服务机器人概述

大家在生活中看到机器人的地点可能是在工厂或是商场百货公司。不知道大家看到在商场的智能服务机器人时，有没有发现大部分都长得姿态各异，没有一个统一的外观设计？比如说有的服务机器人是没有舱门的，有的是有舱门的；有的有屏幕有的又没有；有的是有手的，有的没手；有的轮子大，有的轮子小。基本上，你会觉得看起来好像都是机器人，但其实细看又都长得不一样。

与智能手机行业发展已久、已有成熟的设计规范相比，智能机器人行业还在初期阶段；而且机器人与其他领域交叉涉及的维度更复杂，因此全行业统一的设计规范尚未完全形成。

因此，如果大家未来想加入智能机器人公司，所参与的机器人设计大多会根据业务需求的侧重点，与跟产品经理、工业设计、结构设计、电子的同事们去做一些斡旋讨论来产出设计，才能决定智能机器人外表要长什么样、有什么功能，以及如何操作。

虽然各行业的智能服务机器人可能长得都不一样，但就外观而言，我们可以稍微抽象出智能机器人共同模块，共同模块之外，就是各公司视业务情况再去叠加传感器，或更改特定的外观设计。

1）基本构成模块

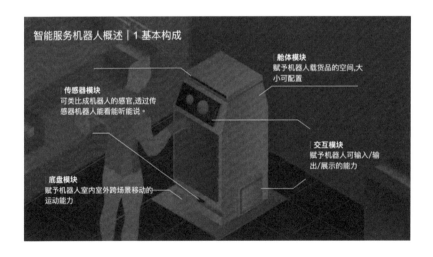

（1）底盘。

首先，服务机器人如果要移动，那么基本上会有一个底盘，机器人底盘又分成室内与室外。未来你所参与的机器人底盘要用室内或是室外底盘，除了看公司的预算外，也要看需不需要让机器人去户外跑腿。

那如何去区分底盘室内还是室外呢？通常我们如果要在户外使用，会是地形比较多变，会有泥土路、石子路、水洼、草皮或是比较难以预测的地形。为了能在户外行走，室外底盘的动力和轮子大小就要非常讲究，而且底盘也是室外机器人研发的第一步，因为使用的底盘是这个室外机器人运动能力的天花板，决定机器人能够走到多远。

如果说这个机器人只能在你这一层楼室内移动，那轮子就可以使用一些能减震防滑的从动轮，具体使用什么样的轮子型号，就需要合作的伙伴一起针对硬件进行选型。

如果需要机器人从A栋到B栋楼之间移动送餐，中间会经过室外，那么机器人所使用的轮子最好是能越野更厚实的。当然，推动大轮子搭配的电动机动力也可能会大些，因此购买轮子时请注意配套的电动机型号，适当配置才能推动智能机器人运动到更大的任务范围。

由于底盘的选择掌控着机器人整体的运动范围，底盘选型是机器人最重要的一点，所以在团队初期，所有参与人共同讨论底盘选型是非常重要的。比如某公司高层们初始目标是主攻室内机器人，但半年后可能高层们主攻方向又变成室外机器人或者室内外业务都有，那么可能整个公司研发团队又要重新针对业务做机器人的选型搭配，而设计师们可能之前所做的用户体验设计规划也要全盘推倒再来一次；这推倒重来的时间就意味着浪费了一段原本能优化机器人各个软硬件模块的时间，整个团队要花更多时间才能打磨好产品。

有的公司会选择自己内部工程师自行研发底盘，自研底盘的好处是可控性高，若决定这么做，会需要公司自己有相应的研发团队来支撑，比如需要大量电子、电控、算法、结构、机械、质检等相关的工程师合作，与研发汽车底盘的流程相仿。

自研需要做各种实验、考虑各种硬件堆叠方案、制作EVT方案、打样原型等，当每个版本原型出来后做各种极端情境测试，如-50℃~50℃、压力、碰撞等测试，为了进行这些测试以保证安全与耐用度，都需要建置配套的场地、机台、人员，也需要寻找相关的供应商支持，这无疑是一笔巨大的支出。

有的公司则会选择直接购买其他无人驾驶相关供应商的开源底盘来快速推动自家公司其他机器人模块的研发。购买别家的解决方案时，应记得看清楚供应商提供的底盘能力描述，是否符合自家业务的要求。比如，公司想做能够一小时行驶80千米的机器人，就不能选择最高速度40千米/小时的机器人底盘。

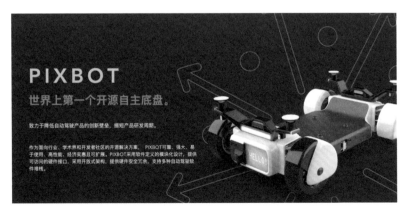

（2）传感器。

我们会在机器人身上会搭载一些传感器来使机器人具备"感受"能力，至于传感器具体放在底盘、舱体、交互模块的哪些位置，也是各方讨论后，由工业设计师/结构/电子/软件工程师讨论后决定的，因此通常机器人公司如果有自研底盘的话，就可以根据业务会预算做出最适当的配置。

如果是买供应商套装贩卖的模块化底盘，那么在交互模块或是舱体模块的开发上或许会受到一些限制（如供应商所提供的底盘承重负载最大不能超过800千克等）。

传感器就像我们人体的五官，可以帮助我们看到、听到一些东西，位于下位机的传感器将收集到的一些数据传送到上位机，上位机再把判断后的控制命令传给下位机，令下位机做出反应。

举例来说，在旅馆工作的智能机器人，身上的智能镜头传感器捕捉到某A的身影，将某A的影像资料传送到智能机器人上位机软件中，开始在今天登记的客人资料库中比对是哪个客人，结果得知某A是王小明，然后上位机再告诉机器人要执行什么样的反应与客人互动，如语音播放："王先生您好，有什么可以为您服务的吗？"

由于透过系统比对能知道客人是谁，因此如果客人经常光顾，甚至可以根据客人喜好去做一些客制化的互动。比如说发现客人是男性，那智能机器人的语音音色就用女性的声音去做互动，反之，遇到女客人，则将语音交互改为男性的音色。

（3）舱体。

智能服务机器人可以帮我们跑腿或者是承接一些体力活的任务，如果说是外卖机器人要送餐饮，为了效率高，就会希望同时能够拎很多东西，一次送很多人来提高效率，所以也会影响到机器人舱体的设计。

假设每次外卖机器人只送一单外卖，每送一单来回需要十分钟，那一天一台机器人也送不了几单。所以外卖机器人的舱体大小须由业务方计算研发、开发成本、运营周期、推广成本等各类因素，来决定到底是要让机器人一趟出发送货时最多能承接几单。外观、结构和电子等设计师再根据不同目标去做一些器件选型搭配。

（4）交互。

机器人的交互模块有一大部分是在屏幕的互动设计方面，再者还有机器人身体上的灯光显示、语音交互、手势交互、触觉交互等。透过传感器，机器人能得知人们对它说了什么，机器人在上位机处理后听懂了人类的意思，在给予用户信息反馈时，使用预先配置好的交互方式。

尤其在疫情期间，人们希望在特殊时期能减少人与人的不必要接触，所以其实在机器人的操作上也建议不要用这种荧幕点击界面按钮操作方式，毕竟曝光在工作场合的服务机器人会有很多用户因为好奇去抚摸，而荧幕UI的交互也是人们最主要的接触点。

我待过的机器人团队当时在做医疗机器人时也希望能借由特定手势操作机器人，不管是特殊手势控制机器人动作或是机器人一感应到挥手一下就开关舱门，这样不仅更安全，更具科技感，也是去推广机器人产品一个很好的宣传卖点。

所以身为智能机器人的设计师，其实在这一块的交互方式、机器人功能用途、与传感器的创新是可以好好去构想的。当然身为设计师，我们不用对传感器了解得巨细靡遗，我们最重要的是要知道机器人到底能为人类做哪些，是更好地完成任务，还是更友善的体验。了解目标之后，再为达到目标设计方案和交互方式，提取想要的功能需求，邀请共事一起根据交互方案做硬件的选型搭配。

2）构成原理

如果需要机器人能移动，那么传感器比较可能会使用到激光雷达，然后还有一些视觉感知、超声波、毫米波雷达，这些传感器其实都是要帮助智能机器人在行走时可以实时地识别它走到哪里、哪里有障碍物、会不会撞到人等。

那为什么光是要测个距离，传感器就需要激光雷达、毫米波雷达、红外传感器好几种传感器的组合呢？因为有的传感器是横向的扫描，有的是纵向，因此如果单纯使用一种测量距离的传感器会有盲区。所以对于设计师来说，需要根据业务需求向电子、结构、外观设计师们提出需求，描述这台机器人需要能在行走时看到的可视范围（实际角度视个别业务而定）。

至于要怎样去达到要求，电子、结构、外观设计师会彼此协调尽量达到，如果真的因为预算限制、时间急迫等因素而没有办法达成的话，那么产品经理、体验设计师们可以视情况调整需求。

有时候我们可能会遇到一些有玻璃、反射强的地板或有水的场景，又或者是有些楼梯是往下的，可能在没有醒目标示是遮挡的情况下，机器人看不到地上有个往下的楼梯，结果经过时可能会掉下去，所以我们需要各种摄影机与传感器去360°地把这个危险地区都看清楚之后，再让上位机去自主调度评判来控制避障，这个导航避障部分就与自动驾驶的技术雷同。

对于做各种传感器搭配组合的原因，刚刚提到第一点是要减少盲区，接着还有节省预算。

为何透过传感器的不同搭配可以节省预算呢？当我们设计好第一个智能机器人版本的时候，一台智能机器人的成本可能不是很贵，但可能只增加了一个传感器突然变得很贵，所以这时候也许拿掉这个贵的传感器，然后替换为其他两三个便宜的，可能可以降低预算。

但是这时候又会有一些问题，就是加了一些传感器可能又会影响外观设计的部分（可能要加大、加高），外观设计师可能就要改进3D模型，那么改进模型后之后再打样制造，可能又会因为模型变大增加成本。

实务上，传感器的搭配与外观设计师、结构工程师是会需要来来回回两三个月的调整，然后根据最终成员们的妥协和创意做出了一个比较结论性的经过验证的成品，在打样后，初步将机器人运营在业务内，根据跑通后的数据，然后再来一轮研发与设计的迭代。

但是因为那个硬件设计的迭代相较软件设计的步伐会比较慢。一般软件开发可能迭代两三周改版，但是像硬件的迭代可能至少要半年或一年。所以，有时即便有新的创新想法，但眼前受制于硬体规格，并不能够轻易地去做改变，需要非常慎重。

因此，初期的产品也需要去严格定义，比如产品预计设计一台桌上型陪伴机器人，可能是比较小巧的，它不能太大或者太重，但是为了实现某些功能，各种妥协增加了其他的传感器，就会导致原本设计小巧的机器人体积变大，甚至超过规格，那可能就不符合一开始的设计目的了。

有了传感器后，机器人可以协助我们去感知环境，去做3D绘图，就等于说有了这些传感器之后，我就会知道我在哪里的哪一点，比如我知道我此刻在台北车站的北一门。当你知道你目前所在的地点北一门之后，其实后续在自主导航到台北车站的南二门也是轻而易举的。有了3D绘图和导航，机器人就能顺利完成从a点到b点到c点等任务，不会丢失它的这个定位，然后它才能够准确地到达它的一些任务点。

所以，定位是非常重要的，那么如果机器人在任务当中迷路呢？这样一来，后续的运送工作就没有办法完成，会耽搁到后面的大批订单，影响品牌甚巨，造成整个产业有一些负面影响，所以定位、算法是至关重要的，定位准确后就能让机器人自动导航和避开障碍。

3）落地应用案例

下图分别是笔者负责且已落地运营已久的四台机器人。图中左上为阿里巴巴太空蛋机器人Space Egg；左下为阿里巴巴太空梭机器人Space Shuttle；中间为阿里巴巴福袋机器人Lucky Bag；右侧为阿里巴巴谷神星机器人Ceres。

Space Egg太空蛋机器人目前在杭州阿里巴巴的未来酒店服务，太空蛋机器人主打高端科技感，又因为是阿里巴巴智能机器人团队的第一台机器人，因此当时负责工业设计的同事设计了数十版外观草稿，在外观上建模打样花费了许多心力。而当时在体验设计上也为了营造科技感，加入了手势识别的相关传感器，让人们可以在舱门附近轻轻挥一下手，就可以用手势打开舱门，比较有科技感，而且可以人脸识别成功后才打开，它可以辨识出你是谁，然后说出如"306号房客你好，你的某某餐点来了"之类的语言。

除了太空蛋之外，其他这几台机器人主要都是在这个未来酒店服务，谷神星机器人Ceres主要功用是收取餐厅客人用餐后的餐盘并将餐盘送到回收处，当客人用完餐之后，可以把餐盘放到这个收餐机器人的盘架上面，然后这台机器人再送去洗盘子的地方。

可以看到图中除了这台谷神星机器人之外，其他的机器人都是有舱盖盖住舱体的，谷神星舱体盖子是开放的，其主要原因是收餐阶段我们不用考虑到对于新鲜餐品的防护。因为其他机器人是送餐，因此一定要有舱体盖子，不然餐品上就会掉落一些灰尘或者是一些飞沫，所以我们当时做了这样的处理，而且有舱体盖就可以控制餐品在一定的温度范围内。比如，机器人如果出去园区绕一趟送餐要20分钟，那为了防止送到客户手中的餐点已经凉透或融化，可以将需求限制为保持机器人舱体内的夏天恒定温度为10℃或冬天为40℃等，透过特定的温度相关硬件配置传感器，就可以实现冷藏、保温或加热，可以根据业务需求灵活调整，做一些特制化的机器人设定。

机器人在不同场景中有不同需求，一定要根据机器人的应用场景甚至不同时段来调整规划机器人的产品功能，可以规划一些常用的功能为通用模块，然后适当地留一些可扩展的接口。

不同场景的机器人所需要的功能自然是不同的，但我们可以将一些诸如旅馆酒店或是邮局送一些公务文件等场景抽象出通用设计并将其组件化，就可以复用功能。比如，机场场景可能就会需要迎宾机器人去帮人们登记等，但机场场景可能就能用到机器人与人聊天交互的基础模块，所以每个场景案例其实都有好多通用的部分和各自业务的特殊模块，将其特殊场景抽象出来成个别案例后，这个案例可能又会成为下个案例中的通用模块，渐渐通过不断的分门别类和再延伸，就能拓展出更多的应用场景。

4. 机器人全链路

机器人设计师从项目开始到结束这个过程当中，其实会有非常多的任务节点。把这些节点全部跑通，就是我们所谓的这个业务相关的全链路。

1）双钻模型看设计流程

以设计流程为例，我们的全链路指的是哪些呢？我们可以先把它拆成两块来看，可以先分为前半段和后半段。

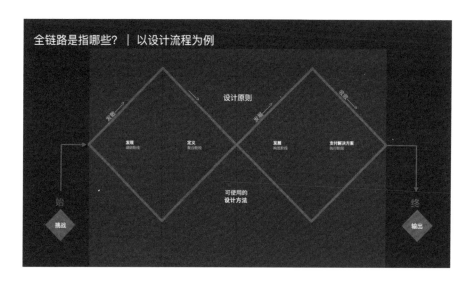

前半段是蓝紫色的部分，从开始阶段需要发现，调研阶段需要去不断地发散想法，去调研竞品、产品的竞争对手、业务上的竞争对手，去思考可能的解决方案，收敛聚焦可行的方案；接着需要简单写出PRD大纲，先初步与你要对接的人口头沟通，没问题的话再细化PRD。

再来看后半段红紫色的部分，偏向于需要实际解决的方案，透过视觉或者是开发方式，需要在收敛之后的节点去做二次发散。发散时就要去做可能方案的调研，看实际已经落地的产品方案有哪些可以借鉴，或是有哪些不好的地方可以避开，在这个基础上再次发展与构思。

在红紫色的后半段就需要思考如何做一些原型验证后再去收敛，要在有限的资源时间内，由人力去做一个可以执行的方案，在发展解决方案的时候可能会有非常多想法，假设你发现了100个功能，但是实际上没时间做那么多功能，就需要聚焦有哪些功能是可实现的。因此需要大家一起做收敛，需要一整个运营产品设计、项目经理、工业设计同仁团队参与，因为机器人的设计是比较复杂交叉领域集合，所以需要每个部门负责人互相去做资源上的协调，达成共识后再拍板定案，输出一个可行方案。

全链路是指哪些？｜机器人设计师须在业务中不断多方沟通与产出					
始					终
阶段	**项目需求**	**调研梳理**	**原型方案**	**设计制作**	**测试走查**	**推广宣讲**
	项目成员聊需求 参与功能脑暴 参与软硬件选型	了解客户需求 了解市场/竞品 了解使用者	与产品经理共创 PRD文档 根据PRD制作方案 设计技能学习	专心产出设计 与外包商沟通	是否精准还原 设计方案	了解客户感受 了解市场反馈 了解使用者感受
对接	所有项目成员	项目经理 产品经理 工业设计 交互设计	项目经理 产品经理 工业设计 交互设计	项目经理/外包商 产品经理 工业设计 交互设计 开发&测试	项目经理/外包商 产品经理 工业设计 交互设计 开发&测试	客户 产品经理 工业设计 交互设计
设计师 产出物	脑展提案 软硬件需求	客户访谈报告 竞品报告 用户报告	交互逻辑图 原型设计 多模态设计方案	视觉走查 互动设计 示意影片设计	设计走查报告 走查纪录影片 专案复盘报告	客户访谈报告 竞品报告 用户报告

2）多终端的智能设计

有非常多不同种类的智能服务机器人，有的有手有的没有手，有的有屏幕有的没有屏幕，屏幕有大有小形态各异，会影响到这些规格的原因可能除了是不同厂家品牌之外，也是因为使用目的不同，因此会出现不同的外观设计，而外观设计就是如果没有就会很容易影响到交互设计的部分。

举例来说，如果设计没有屏幕的机器人，那就不太可能会去做到UI、表情、信息显示的部分；如果有屏幕的话，就可以朝这几个方面去做一些设计。智能机器人设计师能够接触到的智能终端的设计，如计算机、手机、平板电脑、音箱，还有AR/VR眼镜等。

（1）计算机：如果说从机器人品牌方面去设计，所要设计的内容就比较多元了。设计师可能就会涉及智能机器人的品牌和官网、前后台设计、运营设计、拍摄机器人运营短片等，所以如果喜欢做影片类也是可以加入智能机器人这类的公司。

（2）智能手机：智能机器人有时在运作的过程中会突发很多状况，比如说定位丢失或者是突然无法联网，这时候可能就需要用控制器去手动地把它遥控回来。运维人员可以用这个东西去解锁机器人屏幕，一般用户可以借由智能手机的第三方小程序去做机器人点单下单，让机器人来送饮料。

（3）平板电脑：其实设计师能够在平板电脑上做的与智能手机上差不多，只是智能平板会被搭载在这个机器人的本体上，跟着机器人走，因此可以显示机器人的表情或是机器人相关的一些资讯。比如，当机器人是运作在一个餐厅时，可以广告现在下午茶什么时间打折这类的，有客人看到就会去点餐，或者也可以宣传一些最新的优惠等。

（4）智能音箱：用户可以借由语音交互方式在智能音箱进行机器人下单，机器人送物品来的过程中可以播放这个机器人品牌的相关歌曲，也可以讲解一下机器人的功能或宣传。接着机器人可以借由语音通知用户某饮料已经被送到了哪里，通知用户去取。

（5）手表：主要是使用信息推送类的功能，比如这个在手表的部分通知用户的东西已经送达赶快领取，以及通知机器人货品的取货码等。

（6）智能车：智能车配合作为送货品的载体，而智能机器人可以借由一些机械臂分拣或是人工分拣，把这个智能车所送来的货搭载在机器人身上，再由机器人自己送到用户手中。

（7）智能门铃：与智能音箱类似，会播放一些可语音交互等的信息推送。

（8）AR/VR设备：操控智能机器人运作时，可以实时看到机器人运作的状态，可透过虚拟手势打开机器人的虚拟舱体，实体机器人也会根据AR/VR内机器人模拟的动作，打开机器人舱体，或者做其他业务相关的模拟，甚至为远端用户进行服务或模拟培训。

5. 智能设计专属的多模态交互设计

过去我们主要是以纸质媒介来传递讯息，所以以前平面设计是比较大众的设计人员聚集的岗位，然而在2010年移动互联网网络兴起之后，大部分都是网页、手机App之类的，所以目前比较大众的设计人员岗位就是UI/UX设计师，接下来我们处于从现在到未来的时代，未来设计会比现在更加复杂但又能向下兼容。比如，现在的设计向下兼容于过去的平面设计，那未来设计也将向下兼容于现在屏幕载体的设计，当今我们又加入了一些语音交互、IoT等多设备软硬结合的交互。对于交互设计师来说，能开脑洞的机会变得非常多，未来还有很多没有成熟广泛使用的技术，如脑机接口，能够使想法心想事成地实现交互，甚至是更大规模发展眼动仪、唇语，可以动嘴但不用发出声音来为用户执行功能。

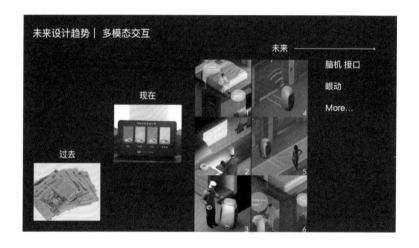

我们最好能把设计都做系统化，有个统一的呈现，我们可以让这些不同的机器在某一个状态或同一个状态当中做得一致（如灯光表达一致）。

比如说同一公司有6台不同种类的机器，如果每一台机器在同一个状态闪不同的灯，看起来就特别乱，所以根据机器人在运行的场景去设计机器人状态，执行任务发生错误的时候都是红色、充电的时候都是绿色等设定，因此就能加强数台不同型号机器人之间的一致性。因此，即便机器人外观都不一样，但可以从灯光颜色的色值闪动频率、TTS系统音效、屏幕UI/UX设计等让品牌DNA连贯在数种不同机型的机器人中。

我们不可能去设计一个与业务不相关的设计规范，所以我们一定要先有业务沉淀，然后才能制定相关的设计规范。下图右边红紫色的部分是我之前接触到酒店、发布会、社区商场、养老院等的这些业务设计规范，需要让机器人跟着这些业务设计规范，去简单地做个微调。

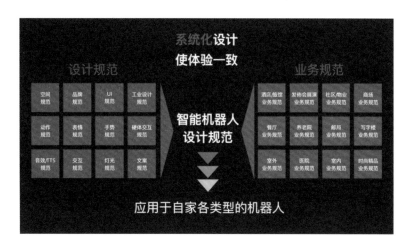

每一间酒店旅馆室内软装的配置是不一样的，有的有地毯有的没有；地毯又会分成长毛/短毛，如果机器人的轮子太小过不去，这时候可能就要换成大一些的，我们内部需要去制定如果地毯的毛超过多长要换什么样的轮子等规范和标准。这样就可以根据不同场景所需，设计机器人行走在不同空间不同策略的轮子规范。

比如说时尚精品场景下，智能机器人如果要运作在比较高档的环境当中，就不能让机器人出现一些比较喧闹或娃娃音那样的声音，因为这样就显得太轻浮幼稚了。如果机器人的灯光太花俏，那么也会让时尚精品感变差，所以设计师们需要适度地根据一些业务规范、品牌色去调整，所以我们会在跑通上述不同场景，如酒店、写字楼、医院等这些不同业务之后，慢慢动态调整并沉淀出业务规范。

再聊聊医院的业务规范，医院的药品分为标准药与非标准药，非标准药的瓶罐大大小小，有的还是袋状，这样就会造成原本设计的机器人舱体都是统一规格，但又需要依据医院实际业务药品容器做一些定制。而且医院有很多都是患者，怕打扰静养，因此可能就会减少使用语音或是灯光等交互。

这些机器人设计的方案中，许多都会包含业务甲方的一些特定要求，这时候我们就需要把业务区分成可以通用的部分和不可通用的部分，不可通用的部分就是为甲方去做定制化。

6. 总结

机器人有几个重要的体验设计要求。

首先，一定要保证机器人是安全的产品。如果我们用的传感器配合得不好，可能就会发生机器人因为看不到路跌落撞到东西，轻则导致机器人本体的损坏，重则可能会压伤人的结果。所以需要透过多种传感器去提升这个精准度；如果你做的交互设计再好，但是你的机器人不安全，其实一切也都是枉然，所以首先要确保机器人安全，再求交互顺畅和友善。

其次，机器人一定要是可靠的，基本上所设定的功能和软硬件都要有良好搭配，方能顺利执行任务，不能机器人只能用一段时间就坏了，也需要防止很多意外状况，如设计室外太阳太足时机器人不会因过热而故障的方案。所以我们一定要在安全可靠的范围内设计任务，关于机器人怎样的操作，与用户去做一些连接，直接借鉴或者比如平常都是怎么开冰箱怎么拿东西怎么取物，我们也是借由这些实体生活中这些好的经验复用。

此外，还可以让智能机器人也能够接入2023年大火的ChatGPT，让机器人在语音交互时可以辨识人们的意图，流畅回复用户的问题，也可以不断地学习业务和用户特质后，更了解他所要服务的用户的一些喜好和倾向。如智能机器人能够互动时变得更加具有一些人格特质，其实就是一种画龙点睛的特色。

人工智能技术高速发展的未来，希望可以通过人机协作让机器人成为人类的好伙伴，而不是威胁，人类可以使用机器人来大幅降低成本、生产提效和避免危险。通过机器人分担人类繁重劳动工作，减轻各类人员来回走动处理任务的体力负荷后，让人们可以将省下来的时间用于人文关怀、创造发明，为人类社会带来更高的福祉。

吴雨涵

字节跳动设计专家，曾任职阿里巴巴、鸿海精密。专注于软硬件整合的人机交互设计，思考跨平台且兼具无障碍体验的智能设计解决方案，作品曾获iF设计奖、IDEA、DIA等奖项。拥有多行业多领域的设计经验，曾经历制造/教育/互联网产业，在智能机器人/无人车/VR/AR/游戏等业务线拥有多元设计经验。设计理念：未来，致力于用智能设计的力量+复合的设计手段为人们生活打造美好便捷的体验。

车载信息中文字体：打造智能网联出行新体验，让出行更智慧

◎ 高雪

在汽车产业进入智能网联出行新时代的今天，车载信息娱乐系统发展迅猛，车辆内出现的信息内容逐渐增多，这虽然大幅提高了驾乘人员在出行时的舒适度，但也带来了潜在的安全隐患。作为承载信息沟通的关键载体，文字在车载系统中发挥着重要作用。好的字体可以提高信息沟通的效率，也能在出行环境中提高驾驶环境的安全性。本文将从车载、内嵌字体规范入手，讲述《车载视觉信息汉字显示规范》的制定内容以及方正字库推出的车载系统用字产品——方正悦驾黑的特点及优势。最后，本文将以方正字库为汽车品牌打造的定制字体为例，展示车载、内嵌字体和可变字体在汽车领域的实际应用。

1. 车载内嵌字体规范——《车载视觉信息汉字显示规范》

随着互联网技术在汽车领域中的应用，近年来，车载信息娱乐系统快速发展。作为连接车与人互动的枢纽，车载信息娱乐系统为驾乘人员提供了地图导航定位、车辆系统信息、多媒体影音娱乐等大量信息，较大程度地提升了购车者的驾乘体验。对于消费者而言，车载信息娱乐系统会对他们的购买决策产生重要影响。根据相关研究结果，近一半的受访者表示，技术比品牌甚至车身风格更为重要。事实上，三分之一的购车者表示，如果汽车的车内技术难以使用，那么他们会放弃购买。这些购车者还提出，影响用户体验的关键因素是信息识别性。

由于驾驶环境的特殊性，车载信息娱乐系统所展示的多样化信息可能会导致驾驶者分神，并带来安全隐患，因此，车内人机页面中车载内嵌用字的设计标准更为严格，需要更易识别和辨认。但此前在中国国内并没有车载系统中文字的统一标准，这导致了企业在生产相关产品时没有科学的依据，无法合理解决当下出现的问题。

为了解决这一问题，助力汽车行业在智能网联新时代中更加安全地高速发展，制定车载屏幕中文字新标准势在必行。方正字库携手中国汽车工程学会，以及中国第一汽车集团有限公司、上海汽车集团股份有限公司技术中心、北京汽车股份有限公司汽车研究院、重庆长安汽车股份有限公司等17家汽车制造商、服务商，联合起草发布了《车载视觉信息汉字显示规范》。

《车载视觉信息汉字显示规范》以方正悦驾黑为实验蓝本，详细规定了车载中文最小字符高度视线夹角显示要求、单次消息提示的最多字数要求、驾驶次级任务显示的最多字数和相关实验方法等，为汽车行业车载显示器的中文信息呈现提供了科学专业的视觉规范。《车载视觉信息汉字显示规范》建议：车载文字的最小物理字高不小于4.4mm；单次信息显示文字较多时（大于等于9个），采用不小于5.5mm的字号；车载文字单词消息提示不超过12个字；完成单次任务消息提示总量不超过30个字。

119

《车载视觉信息汉字显示规范》的发布，实现了车内文字设计标准带来的风险规避，填补了中国车载屏幕中文字显示标准的空白，是一种规范化定位出行显示标准的选择，将对今后我国的车载屏幕中文字设计工作起到指导作用，促进汽车品牌在智能网联阶段的高质量发展。方正字库欢迎更多的汽车品牌都能够加入并使用《车载视觉信息汉字显示规范》，为用户打造更加安全的驾乘体验。

参与起草《车载视觉信息汉字显示规范》的企业

2. 为车载系统用字而生——方正悦驾黑

《车载视觉信息汉字显示规范》使用方正悦驾黑作为测试字体，这款字体是由方正字库设计开发的一款专为车载视觉信息显示而打造的字体。作为一款优秀的车载系统用字，方正悦驾黑以均匀的布白、合适的字距、略粗的笔画、较大的字面、简约清晰的轮廓，满足了驾驶环境的严苛要求，提高了信息沟通的效率，提高了驾驶环境的安全性，为车内人员提供了高质量的阅读及驾乘体验。

方正悦驾黑

方正悦驾黑源于方正第二代屏显字体方正悠黑，保留了汉字书写的笔锋特征和间架结构，单字形态鲜明，笔意舒展、气韵连贯，适合长时间阅读。为了满足车载内嵌字体清晰易识别的要求，方正悦驾黑在方正悠黑的基础上，根据不同字重内白与字距的关系，对字面、中宫做了适当的调整：字面率放大至104%到106%，同时放大了字面和中宫，大大提升了文字的可识别度。

方正悦驾黑字面率放大

除此之外，方正悦驾黑去除了传统黑体的"喇叭口"设计以及笔画末端的装饰，令撇、捺、钩等笔画更为简洁；同时去除了"口"字部件的下部出头，将简约做到极致，使文字内部笔画的呈现更加清晰。方正悦驾黑的简约设计与主流设计风格相契合，也令此款字体更加适应屏幕的物理特性，具备兼容不同屏幕载体的能力。

方正悦驾黑笔画减省

考虑到驾驶安全问题，文字的易读性也成为方正悦驾黑的另一个设计重点。方正悦驾黑增强了字体内部笔画之间的黑白空间以及字体整体轮廓与背景的对比度，令读者在快速阅读时仍能较为轻松地识读出每一个文字。此外，方正悦驾黑加大了文字排版时的默认行距，在小屏幕显示时也能帮助读者清晰流畅地阅读每一行文字，减少模糊、错行等阅读混乱的障碍。

为了匹配多种类的车载系统，实现多场景下的应用，方正悦驾黑被设计为字重可变字体。字重的无极变化，可以为车载系统多层级的信息提供不同效果的字体样式，令车载系统画面更加清晰，提升驾乘人员的阅读体验。

3. 方正字库定制字体，让出行更智慧

在汽车工业电动化、智能化的新趋势下，汽车品牌正在进行全方位的升级变革。作为视觉升级的重点，字体往往承载着传递品牌理念的重任，一款合适的品牌专属定制字体不仅可以更好地传递品牌声音，同时还能够帮助企业树立强烈且统一的品牌形象。

近年来，方正字库将智慧出行、智能制造、科技创新等汽车领域的新浪潮融入字体的设计中，用字体书写品牌新形象，先后为一汽红旗、广汽传祺、广汽埃安、长安汽车、理想汽车、吉利汽车、零束、易车等多家企业和品牌提供了字体定制服务，定制类型涵盖品牌字体

定制、系统及可变字体定制、标识字体定制及小字库微定制等多种业务类型，为汽车品牌书写全新形象。

2022年，方正字库为一汽红旗打造了品牌定制字体——红旗旗妙体。这款字体包含了多字重、多语种，并且支持字重无极可变，可以满足品牌国际化全品类的需求。在字体细节的设计中，方正字库将"尚、致、意"的设计理念融入字体基因，以典雅高尚、精细极致的卓越形象创领时代之道。红旗旗妙体将汽车造型融入字体设计，字形结构清爽利落，字体弧线优雅流畅，字体风格大气典雅、亲和端庄。

2022年，方正字库受广汽设计邀请，为广汽传祺、广汽埃安两个品牌分别打造了西文定制字体。传祺体的设计灵感来自于对广汽传祺车型设计理念——科技工业美学的传承。作为一款融合了工业力量与未来科技的无衬线西文字体，传祺体以汽车工业的发展为血脉，顺应时代潮流的审美趋势，营造极致精工和电气化特征的理性科技美学特点。

方正字库为一汽红旗定制的红旗旗妙体　　　　方正字库为广汽传祺定制的传祺体

作为广汽集团旗下的高端智能电动车品牌，广汽埃安品牌中有着与众不同的硬核科技感，埃安体的设计灵感来源于对广汽埃安车型设计理念——人机共生美学的完美诠释。埃安体字形宽扁圆润，字腔饱满开阔，笔画曲直相协，呈现出爽快清新的个性风格。

2021年，方正字库为理想汽车打造了"理想"品牌标识字体和西文品牌定制字体Licium Font。"理想"品牌标识字体延续了现代标识字体设计的主流风格，简洁的无衬线设计保持了字型的朴素清秀，舒适流畅的线条保证了阅读时的感知和共振。基于理想汽车多媒介广泛应用的需求，西文定制字体Licium Font被设计为一款造型简洁、线条流畅、识别度高的字体，不仅适用于车载内嵌环境，也同样适用于印刷、导视和其他屏显环境。

08

Intelligence
Safety
Quiet Luxury
POWER
Continuation of the Journey

方正字库为广汽埃安定制的埃安体

方正字库为理想汽车定制的西文品牌字体Licium Font

　　2021年，方正字库与合作伙伴、专业西文字体厂商TypeTogether共同为吉利汽车打造了一套包含多字重的西文家族字体——GEELY TYPE。这款字体明显地参考了吉利的标志，但没有形成简单意义上的复制，最终打破了现有字体的设计空间，并做了一系列字母形状的变化，塑造出一个有知识含量的经典和现代的混合体。在面向吉利汽车用户时，它能够创造一个有着良好阅读体验的用字场景。

　　2020年，方正字库与长安汽车共同开发设计了品牌专属字体——长安引力体。长安引力体基于长安汽车全新的品牌定位"科技长安，智慧伙伴"，通过字体设计传递长安品牌"有温度的科技感"和"伙伴式的关怀感"。在黑体的基础上，长安引力体通过对字体笔画、结构的个性化设计，实现了科技感与人文气息的统一。

方正字库为吉利汽车定制的西文字体GEELY TYPE

科技长安
智慧伙伴
智能出行
TECHNOLOGY
INTELLIGENT
自信 真诚 睿智 活力

创新 引力体

方正字库为长安汽车定制的长安引力体

在定制字体成为必然趋势的未来，方正字库定制字体团队将深度挖掘企业的品牌字体需求，通过匠心设计和专业服务，聚焦于汽车行业特性，帮助品牌打造更加鲜明、独特的品牌定制字体，助力品牌视觉升级；为用户打造更加安全、便捷、智慧的出行服务。

参考资料及推荐阅读请扫描二维码查看。

 高雪

毕业于中央美术学院视觉传达专业，现任方正字库产品市场部副总经理兼定制业务部部长，主要负责方正字库定制字体、品牌与市场推广、产品营销等相关工作。曾牵头负责2022年冬奥会、冬残奥会定制字体、新华新闻体、京东朗正体、可口可乐在乎体、美团体、长安引力体、壹基金壹家人体、喜茶灵感体等项目。

B端体验评估-洞察-管理体系，驱动数字化业务

◎ 项宇　黄霞君

1. 从体验设计到体验管理

　　继技术研发实力、服务能力、行业积累成为B端业务关键壁垒后，业界越来越认同产品体验也是塑造核心竞争力的重要影响因素。优秀的体验可以让用户维持使用习惯，产生稳定心智，对产品形成认同并乐意推荐，从而在市场中形成良好口碑，成为客户采购续费的考量因素。

　　如何打造好的B端体验？设计师往往会面临很多困扰。例如：

- 这是好的设计吗？在行业中产品体验处于什么位置？
- 产品体验短板在哪？哪些问题对用户口碑影响最大？
- 如何主动且持续挖掘用户痛点，而非被动灭火补救？
- 在产品中如何衡量体验价值？如何持续改进产品体验？

　　设计师的视角不能仅仅局限在微观的体验设计层面，而更应该是全局的体验管理者。我们也相信在产业数字化的时代，体验要成为产品的核心竞争力，很大程度上依赖于全旅程的产品体验管理，从而助力产品实现可持续的经营发展，为业务贡献价值。

　　体验管理这个概念很多人可能还比较陌生，我们类比一下医生看病这个"健康管理"场景中包含的元素来进行理解：首先医学检验、化验辅助医生判断患者健康情况，这依赖于各种指标以及诊疗工具，如CT和B超；同时，医院有挂号—分诊签到—化验—复诊的就诊流程和机制；健康管理是一个周期性的过程，我们可能每年做一次体检，来动态评估自己的健康水平；最后，做出诊断的医生需要有丰富的经验。

　　对标体验管理，其本质就是体验设计师及管理者对产品进行诊断，设计师扮演的角色和医生是一样的。在这个过程中，需要科学专业、可落地的体验度量评估体系以及工具平台，需要体验团队协作流程和机制，同时需要周期性的监测追踪、优化效果评估机制，需要组织建设体验文化，来锻炼和培养设计师。

1）体验管理的目标

　　体验管理就是让产品体验工作更科学化、规范化、高效化和体系化。通过体验管理提前发现预警体验问题，避免对用户工作过程产生实质性损害。目标包含以下几点。

　　①确定基准，横纵向对标体验数据，评估在行业定位。

　　②明确体验短板，分析用户心智，挖掘体验问题及需求痛点。

　　③明确优先级和优化方向，达成体验共识，制定设计策略。

　　④动态监测优化，及时预警，持续迭代循环。

2）体验管理的内容

①从体验主体来看，分成客户体验、用户体验、员工体验、合作伙伴体验等。

②从体验层级来看，分成全生命周期的关系层体验、产品核心体验链路的旅程层体验，以及产品交互节点的触点层体验。

③从体验环节的角度出发，分成产品体验、服务体验、销售体验以及售后体验等。

数字化让场景、交互和感知等体验组成要素变得非常多维和复杂，作为设计师，要根据所在企业经营重点来确定体验类型。此外，从由点到线到面的角度，怎样从数字化产品体验衍生到全链路用户全生命周期的体验，以及延伸到服务体验，把用户整个生命周期的体验管理好，这是个考验。

2. 当前B端产品体验工作面临的困境

1）用户客户类型多样化

首先，B端既有SaaS用户，也有私有化部署的企业客户。其次，用户的角色和权限不同。第三，私有化部署的客户，由于采购的产品功能版本、部署的网络环境不同，导致在不同的客户视角下，同一款产品的差异性很大。如果是片段式碎片化的体验反馈，就像盲人摸象或管中窥豹，无法从整体角度评估体验现状。整体体验与单个客户的体验像是一块存在重叠交叉的拼图，需要体验管理者裁剪、拼贴和整合。

2）产品类型的跨度大

以网易数帆为例，既有数据可视化产品，也有编程可视化工具，也包含数据管理平台、云原生、中间件、PaaS层等，是一个产品矩阵。各平台内部有众多的子产品，即使同一款产品也区分工具产品及其制品（通过工具平台开发的产品，如通过低代码平台codewave生成的企业网站）。

3）体验评价维度多，工作滞后性强，价值感缺失

与C端差异性最大的是，B端不仅仅是数字产品，更是融合了线上线下的服务行业。从完整的交付周期和客户旅程来看，体验的定义也不能局限于"用户与界面的互动操作"，售前阶段的市场营销咨询、POC及客户试用，售中阶段的采购及部署、使用，售后阶段的升级维护服务等都是用户体验的一部分。

B端体验工作大多是被动善后型的，往往先由售前沟通确定用户需求，产品经理完成逻辑功能界定之后，再交由设计师完成设计。用户触点非常少，导致体验工作很被动。体验反馈的信息渠道单一，多以二手信息为主，影响体验设计的效果。同时，缺少行业参考数据，无法定位体验在行业中的现状。

没有将设计前置到用户需求沟通环节，滞后性对产品的用户体验产生实质性损害，只能被动修修补补，而不能提前改善。体验问题优先级评估主观性强且碎片化，缺少客观的评估度量标准，一般以大客户优先，无法科学定位体验短板，确定优先级和方向。

体验缺少效果评估反馈的机制，一般设计完成即项目终止，无法持续追踪监测优化效

果。体验一般都是用户视角，但采购和决策往往是客户的关键决策者，体验的商业化价值难以衡量。

3. B端体验管理的价值

体验对B端产品商业价值的影响分为三个方面：一是增加收入，通过体验优化改善用户的留存，提升用户的推荐及续购意愿；二是降低成本，通过良好的体验打造口碑降低市场营销成本，通过降低上手难度降低培训的成本，通过提升线索转化率降低销售成本。在降低风险方面，通过优秀体验形成用户的操作壁垒和使用黏性，通过情感化的方式建立工作的信心和获得感。

用户体验是形成客户口碑、促进业务增长的要素之一，它并不像产品功能、性能一样，是摆在台面的采购决策因素，而是关键、间接的隐形力量，是客户认同和信任的催化剂，最终会影响到客户的决策。

通过内容呈现、服务体验、产品操作链路以及业务场景优化，优秀的B端体验能积累忠诚用户，实现业务增长，依托于忠诚用户形成口碑传播，形成品牌形象和品牌影响力，助力营销，提升整体市场占有率。

4. 如何进行体验管理

1）设定体验战略和愿景

设定明确的体验战略和愿景，作为体验行动的纲领和目标，需要来自业务战略层面、目标客户需求层面以及体验现状方面的全面洞察。

从业务战略的层面，产品的总体战略是什么？品牌承诺有哪些？核心用户是谁？目前市场机会有哪些？体验的影响和作用是什么？要打造怎样的产品体验？如何定义体验成功的标准？其次需要分析用户需求痛点有哪些？客户忠诚度的驱动因素是什么？客群角色存在哪些差异？情感需求有哪些？在体验现状方面，要分析目前产品的体验现状、内部资源的支持条件，关键实现路径和设计资产有哪些？通过这些洞察设立明确的体验战略目标，并根据市场竞争环境的变化、客户需求行为变化、品牌重塑需求，以及体验战略落地绩效，结合责任体系，对体验战略进行审查优化。

设定体验战略，能使体验优化工作更加积极主动，形成体验工作的焦点和共识，并指导产品行动计划和资源分配。

2）建立体验度量体系

我们深知数据对于决策的重要性，如果体验无法通过数字来衡量，就难以融入数字化生产，难以管理及验证价值。体验度量可以避免主观性的判断。要通过非常科学、大家认可的方式衡量体验水平，首先需要搭建体验度量指标体系。

从宏观角度，用户的推荐意愿（NPS）和满意度都可以作为衡量产品体验的综合指标，也是北极星全局指标，能与业务目标、产品目标和商业化形成挂钩，使体验战略吻合业务预期和商业价值。

中观层面聚焦的是全流程体验，包括POC体验、部署体验、产品性能体验、服务体验等，不仅仅局限在产品的操作体验层面。不同生命周期体验的侧重点存在差异。开发期更关注基础功能的完善度、可用性和系统可靠性。成长期主要关注功能操作的易用性。成熟期在有一定量级客户之后，更关注全链路的性能体验、服务体验。

在微观层面，聚焦在产品的设计体验，如易用性等，具体指标如操作效率、上手难度、美观度、一致性、容错防错性等。基于福格行为模型，通过"动机、能力和触发"这三个影响因素来分析对行为体验的影响。动机分成三类：求速、求实和求美。工作场景中追求快速、方便、高效，同时要求功能强大，满足预期，需要产品美观契合品牌。体验的第二影响因素，要为用户消除阻碍，简化流程，预防用户发生错误，降低使用门槛，节省用户时间，减少脑力和体力劳动。第三是场景触发和情景关联，让用户在工作过程中实现确定性和获得感，也就是用户知道每一步操作的结果，在长期使用中加深用户对产品的认可，而非积累矛盾。最终搭建从可用易用、想用到复用的体验指标体系。

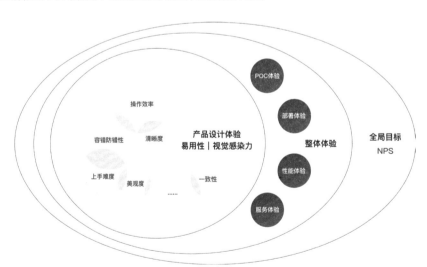

体验战略和体验指标体系最大的作用，就是能形成整体的行动纲领和方向。通过前期的体检和问诊定位梳理，后续通过眼动实验、启发式评估、情绪体验地图、参与设计等方法深入挖掘用户的需求痛点，才可以有效地形成体验策略，而不是碎片化地修修补补。

3）完善用户体验反馈机制

　　体验数据的收集依赖于用户体验反馈机制，B端的难点在于数据获取方式和数据量级与C端不同，尤其是私有化部署的客户。B端产品是效率工具，如果像C端通过场景触发弹窗推出问卷，虽然能获得大量的数据，但或多或少对用户工作会产生干扰，反而影响用户体验，这是得不偿失的。

　　传统的用户反馈渠道，一般包括客户访谈、在线问卷、实时聊天、社交媒体、网站行为、服务热线、公开评论、焦点小组、电子邮件和后台反馈等。B端需要搭建覆盖多个渠道、匹配多种度量方式的反馈体系。比如，通过售前和售后服务支持的渠道搭建体验反馈的问题库。针对内外部用户，通过产品反馈入口、微信群，定期问卷和测试获取反馈；针对专家用户，通过体验缺陷大扫除（bug bash）、专家专项走查对问题进行追踪。

　　用户体验反馈机制不仅仅是反馈渠道的整合，也包括了采集—分析—分发—行动—监控完整的链路闭环。

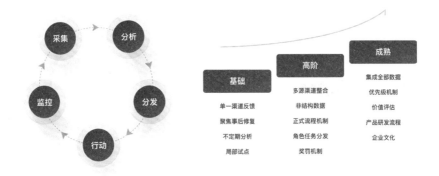

4）确定监测周期

　　网易数帆建立了周期监测机制，每半年度进行循环。年初进行摸底和整体体验测评，年末进行数据对标和分析，形成大闭环，其主要的目的就是定问题和找短板。

　　"小闭环"的执行一般结合版本迭代节点来推进，按照细分功能模块拆分用户触点，确定体验驱动要素，找出原因，尝试不同的优化策略，制定解决方案，是一个敏捷、快速迭代的过程。

5. 体验管理的文化土壤和机制保障

1）体验效果评估机制

为了避免闭门造车，使体验优化能对商业效果以及组织目标产生助力，建立了三位一体的体验效果评估机制来衡量改版效果。三位一体指行为、态度和商业指标能形成关联。行为指标包括用户后台行为数据，类似于点击率、跳出率、停留时长等。态度指标是专家评估和用户态度数据，包括满意度、推荐意愿、易用性、视觉一致性、元素清晰度等维度的数据。B端商业指标包括付费意愿、续费率、成交金额、线索转化率等。

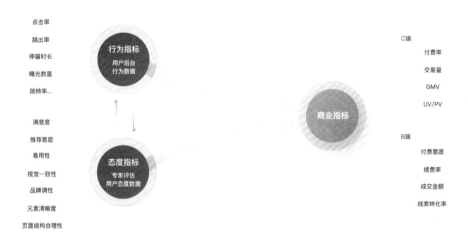

2）团队协作机制

由用户研究、交互、视觉组成体验优化小组，承担体验责任。从开始的体验优化需求池，通过问卷测试、访谈、开发、产品反馈等过程，搜集用户体验问题，分析问题优先级，进行需求评审。体验优化小组负责从前期到后期的一系列跟进，以及产品上线前的走查和验收，确保还原的质量。

体验任务一种是日常体验优化，另一种是专项体验研究。优化小组除了进行体验日常的优化之外，还需要主动发掘体验问题，对产品的体验进行前瞻性的设计，跳出现在的产品框架，对功能需求场景进行重新梳理，推动体验飞跃。

通过共创和协作流程，把各个职能卷入到体验工作中，实现从职能孤岛到集群协作，扩大体验范围和重视度。通过体验目标的实现，推动商业化价值的落地。此外，定期进行分享交流，通过参与式设计等方法，为组织打造良性的体验文化。

6. 总结

体验管理逐渐从一个量表衍生出一套系统。与体验战略相匹配的体验度量评估体系是核心，体验反馈体系、体验周期监测的机制、体验效果评估机制和团队协作机制是保障，最底层的体验文化和团队能力是基石。

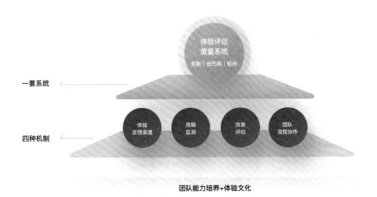

在体验经济时代，所有的操作场景都与组织和战略环境有关。对业务的理解深度决定了体验和商业的上限。明确的体验战略可以支持组织和业务的商业目标。

将体验这一不确定性、模糊性的主观表达，通过可测量的评估体系实现标准化，是企业数字化转型过程中形成核心竞争力的关键。同时B端体验不是个人的审美，而是由行业和市场以及客户共同建构的。为了实现这一点，需要关注组织文化和体验文化的氛围来保障体验创新。

"日拱一卒无有尽，功不唐捐终入海"，B端的体验优化源自于水滴石穿的点滴积累，希望体验管理可以帮助企业不断打造数字化行业新标杆。

项宇

网易杭研用户研究负责人，资深用户研究员。负责网易大数据、低代码、内容社区、创新孵化等多个领域相关产品的用户研究工作。拥有丰富的B端和C端经验，以用户体验研究洞察为原点，结合群体研究、行业分析，驱动产品成功。

黄霞君

杭州研究院设计部负责人。2012年加入网易，有丰富的社交、文创、新零售、企业产品设计经验。先后负责网易数帆、网易智企、网易易盾、网易味央、LOFTER、蜗牛读书、网易云阅读、考拉等产品体验设计。

08 多元环境下的电商体验探索

◎ 肖菁

1. 多元环境对电商设计的影响

　　近20年来，电商行业发展迅猛，环境和技术日新月异，电商体验设计也在持续不断地进化，为了能更好地阐述多元环境对电商体验设计的影响，我先简单介绍一下中国整体电商行业的主要发展阶段和特征。

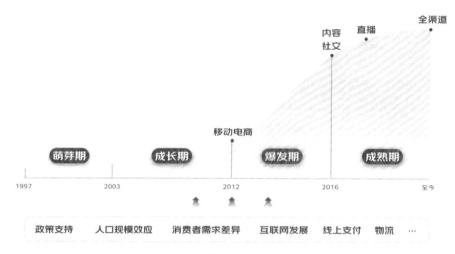

电商行业主要发展阶段

　　我将电商行业的发展主要划分为四个阶段：萌芽期、成长期、爆发期、成熟期。萌芽期处于野蛮生长的状态，中间一度发展非常困难，但在一场突如其来的"非典"之后，行业逐渐回暖，线上支付悄然兴起，网购消费在一、二线城市逐步渗透，江浙沪包邮一时间也让各地消费者羡慕不已，2008年的金融海啸又让一批外贸企业转战国内电商市场。随着移动互联网技术的发展、手机的普及、物流网络的初步建设，行业进入了发展的爆发期，全国各地的商家都如火如荼地加入。在2016年之后，其体量还在增加，但发展速度已经显著变慢，快速地进入成熟阶段，整个行业类型更加细分，出现像垂类、内容、社交电商等不同类型，也衍生出直播带货、全渠道等一些新名词，揽客方式越来越多样化，但受目前经济环境下行的影响，已经进入一个休整期。

　　基于整个发展趋势，我总结出了电商体验设计三个方面的变化。

1）业务模式

　　从专注于搜索和商品的场景化组合包装到大力发展个性化能力，再到现在越来越丰富的内容、直播的产品设计形式，更即时、更动态，模式和概念层出不穷。

2）思维方式

设计的思维方式也会随着业务模式进行变化，从单一考虑"我们有什么，要以什么样的设计形式去展示商品"，再到"打造多品类、强爆款的卖场环境"，现在再回归到用户身上，"以用户为中心"，结合更细分的品类进行精细化运营，除了一味地迎合用户，也要通过大数据分析找到未来消费趋势的新亮点，对供应链进行反向建议。

3）能力要求

对于设计能力来说，在基本的设计技能之上，更要会换位思考，能洞察用户的真正诉求，最重要的是要懂业务，了解业务的生意模式，才能更好地统一考量产品、用户和业务的诉求及目标。

2. 如何在变化中快速找到设计发力点

1）看环境，找问题

设计不能是盲目的、脱离现实的，任何时候都需要考虑当下的发展阶段，发现最核心的问题，提供最合适的解决方案。因此，通常在制定项目目标之前，我们会从宏观、中观、微观三个层次进行观察，由外向内地进行全面分析，发现环境变化下的核心问题。

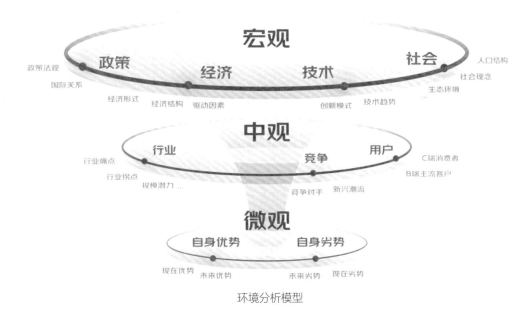

环境分析模型

首先，在宏观层面，关注国家政策、宏观经济形势、经济内部结构变化，挖掘驱动因素，甄别有价值的技术、新趋势或者创新模式，观察人口结构变化，找到最具有购买力的人群，利用新的消费趋势，如朋克养生、宠物经济等。其次，在中观层面，除了整体行业发展、竞对动向，最重要的是对用户和客户的研究。作为零售商的角色，上游连接着供应链，下游连接C端消费者，这两个方向的发展和诉求都需要考虑到。最后，在微观层面，看自己的能力范围，以及现在的优劣势、未来的优劣势，以便进行能力的提前储备。

2）用要素，定架构

在动态变化的环境下，可以通过抓住电商最重要的不变三要素"人、货、场"，进而确定产品的基础产品设计架构。

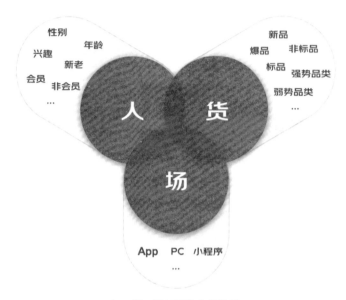

人、货、场三要素分析模型

人：明确用户是谁，提炼刻画出性别、年龄、兴趣等详细人群图谱，还可以从新老用户、是否是会员等能更加体现用户所思、所想的行为特征中提炼。在产品初期，没有较多用户数据积累时，可以从一般性出发，通过常识和文献总结出人群特征，为产品的差异化设计提供参考依据，争取最大化地满足核心用户群体的诉求。

货：对货品的特性和优势进行最大化的设计表现，从标品/非标品、新品、爆品等维度进行差异化设计，让用户能一眼看到货的不同，形成鲜明的对比，留下深刻的印象。

场：指的是用户所处的场域，如App、小程序、PC端等。因为，在不同的场域内的引流、分享方式会有很大的差异，所以，需要明确场域形式，进行针对性设计。

3）搭台子，填内容

基于过往的实战经验，我们总结出一套流量场域设计模型，可以应用在电商的流量场内容建设中。除了环境模型中提到的行业趋势、战略导向和用户分层等维度外，这个模型更加聚焦于用户来源、用户购前/购中/购后的行为、时间维度、热点事件等维度，能够建立更丰富的流量场内容。比如，在大促时期，如"618""双11"或者年货节等，会有呈现专属的大促氛围和活动，营造热闹的促销气氛。同时，也会加入更多复杂的内容，如店铺、频道、直播、互动活动等。最终，通过定量的数据指标和定性的用户满意度，去衡量设计是否达到产品或业务目标。

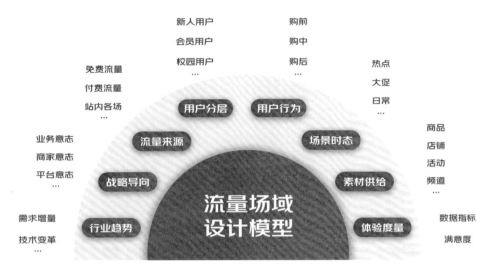

流量场体验架构设计模型

　　为了既能建立用户相对固定的产品心智，又让场域更具有生命力，我总结出了流量场稳态与敏态的平衡机制，在一般日常场景下有70%~80%的内容结构是不变的，有20%~30%的内容依据热点事件进行动态变化，如世界杯、冬奥会、品牌的新品发售等，提供动态营销承接。

3. 如何精准、高效地提供高质量设计服务

1）体验洞察

　　在提供设计服务之前，需要对面临的问题进行体验洞察，我列出了整个流程中的关键步骤。当然，并不是所有项目都需要从头到尾走一遍这个流程，我们可根据事情的大小或者紧急程度进行适当的调整。

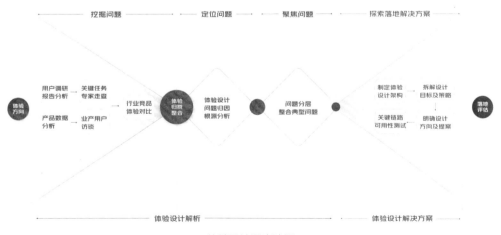

体验设计洞察流程

为了更精准地找到问题根源，在体验设计解析阶段，我会利用用户调研、专家走查、数据分析、业务访谈、竞品分析等方法手段尽可能全面地识别出体验设计问题，很多时候会发现大大小小上百个问题，然后，我会将问题进行合并归类，依据问题类型提炼出典型问题，再根据问题的影响范围和解决的难易程度进行排序，优先解决影响范围广、解决成本低的典型问题。

在提供体验解决方案时，也不是一锤子买卖，在输出完成方案后，需要进行用户测试，并与业务和产品进行沟通，保证解决方案在用户层面和业务层面的可落地性。

2）项目全景图

从整个项目的视角来看，关键的动作和产出会分为四个主要的阶段：发现问题、共识目标、输出方案、落地和复盘。

项目阶段	发现问题阶段		共识目标阶段		输出方案阶段		落地和复盘阶段	
关键动作	产品反馈		共识问题		设计提案		产品需求	
	业务反馈		业务规划	产品规划	业产研沟通		落地方案	
	用户测试		产品定位		提案收敛		研发评审	
	设计走查		确定目标		用户测试		设计验收	
	竞品对比		明确策略		敲定方案	提炼规范	案例沉淀	数据追踪
关键产出	体验问题清单	用户体验地图	项目目标	视觉情绪板	关键页面提案	用户测试报告	落地设计方案	还原度走查表
	可用性测试评估	竞品分析报告	设计策略	核心关键词	沉淀设计规范	提炼设计系统	数据分析报告	案例沉淀文件

项目全景图

发现问题阶段：优先与产品、业务人员进行预沟通，了解他们所关心的问题，再结合这些问题进行对应的用户测试，更加精准、高效。识别到问题之后，再进行设计专家走查，分析问题背后的原因，同时，对比各项竞品的情况，综合逆向推出更合适的解决方案。这个阶段的关键产出是体验问题清单、用户体验地图、可用性测试评估报告和竞品分析报告。

共识目标阶段：为了更好地匹配产品发展阶段，在制定提升目标时一定要提前明确业务和产品的未来规划，包含定位、未来展望等，从而更精准地明确设计目标，拆解出可执行的设计策略。通常，会提供一些具象的情绪板和核心关键词进行目标的共识。

输出方案阶段：一般会分为两轮或两轮以上。第一轮，从之前收集到的问题和共识的目标出发，输出一份完整的设计提案，包含关键页面提案、基础设计设定等。随后，针对提案与业务、产品进行评审，再根据反馈意见进行提案收敛，并进行用户测试。第二轮，结合用户测试反馈修改设计提案，同时，制定基础设计系统规范，为输出落地方案作准备。

落地和复盘阶段：之前的设计提案是整体性的改动，在这个阶段，会根据产品和业务具体的节奏安排，结合新增功能进行落地方案的输出，与常规的设计支持流程相同。研发评审时，要将设计改动点的数据埋点沟通清楚，方便上线后的数据追踪。在这个阶段关键的产出有落地设计方案、数据分析报告、还原度走查表和案例沉淀的文件。

3）设计服务

设计服务除了狭义的设计稿之外，还可以包括以下十个方面的内容。

体验报告	体验策略	产品设计	运营设计	品牌设计
用户调研反馈 用户体验地图 竞品分析 设计趋势分析 体验问题清单	设计关键词 产品关键词 体验架构 设计策略 设计目标	交互框架重构 视觉风格定制 动效系统设定 关键页面提案	设计主张 运营梯度设定 设计打版 素材要求	品牌VIS 品牌IP设计 产品界面渗透 品牌宣传推广设定
体验模型	用户报告	设计系统	运营规范及仓库	品牌应用规范
易用性模型 兴趣模型 效率模型 传播模型	用户画像 用户满意度 可用性测试 体验度量表	栅格布局 颜色字体 组件资源 设计语义化等	运营设计规范 运营审核机制 运营素材仓库 资源位设计模版	LOGO及IP应用规范 品牌审核机制 品牌素材库 文案品牌化传达

广义设计服务所包含的内容

在体验洞察的阶段，会输出一系列体验报告，如用户调研报告、用户体验地图、设计趋势分析和体验问题的清单。为保证解决方案的完整性，会制定一个更完善的体验策略，包含设计关键词、产品关键词、体验架构和可执行的设计策略、设计目标。同时，也会构建符合产品阶段要求的体验模型，如易用性模型、兴趣模型、效率模型和传播模型。为保证以用户为中心的出发点，针对用户也有专门的调研分析，如用户画像、用户满意度、可用性测试和体验度量表等。

在输出设计阶段，将提供包含产品设计、运营设计、品牌设计等在内的体系化设计方案。

产品设计方面，不仅提供交互框架的重构、视觉风格的制定，还有动效系统制定和关键页面提案。有条件的情况下，通过组件化和语义化的方式，与研发一同建立一套设计系统，让设计还原度的问题降到最低。

运营设计方面，基于设计设定输出一套设计打版，在排版、颜色、字体上提供建议和参考。同时，对不同级别的运营活动进行梯度划分，建立有节奏、清晰、可感知的运营规范，建立运营设计仓库，沉淀积累更多运营素材和模板，帮助产品建立自己的气质和调性。

品牌设计方面，除了基础的品牌VIS设计、IP设计和IP在产品界面的渗透外，还有品牌宣传推广设计，保证品牌对内、对外的一致性，更好地建立用户心智。

4. 如何在快速发展中寻找设计创新

首先，对产品能力进行分析，找到产品的优势项，总结其中可以规模化的设计需求，结合不同的目标对设计方案进行规律整理。其次，将设计方案进行标准化，沉淀可复用的组件化设计，有条件的话，还可以进行线上化、智能化的设计生产，从而释放更多的时间和精力去关注设计创新。最后，因为创新通常需要一定的成本投入，基于成本的高低划分为两种创新类型。对于成本限制比较大的项目，我们可以尝试从表现层，比如说视觉交互形式、包装层面去进行设计新颖性的探索，这样的开发成本是比较低的，同时，也可以让用户感受到明显的变化和惊喜。对于成本限制不大的项目，可以考虑从业务模式功能或者是新的技术上进行一系列的创新。

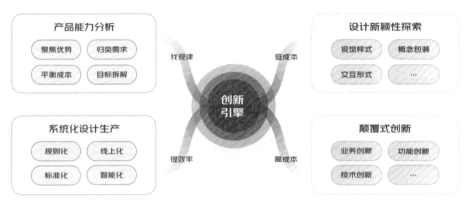

设计创新模型

5. 京东App 11. 0设计升级

结合理论知识，我将以京东App 11.0设计升级为例进行案例讲解。设计升级从五个方面识别设计挑战。

（1）看行业。通过分析2022年的设计创意趋势和设计理念，持续在引导创造更充满活力、有趣、有机、自然的设计内容，在表现手法上追求极简、扁平，在产品的设计创作上需要抓住有趣的极简。

（2）看竞品。从品牌、产品、运营设计三个维度对行业竞品进行分析。在品牌设计方面，成熟的App在核心场景内有利用IP形象进行场景化的渗透，统一且丰富，也非常好地强化了品牌心智。在产品设计方面，为了适应现在千变万化的业务策略，会更倾向于打造无感知的页面框架，减少不必要的装饰，最大化地突出丰富多样的内容。在运营设计方面，产品内各触点的运营设计整体性和一致性非常好，在表达上还会引入更多故事性，吸引用户参与互动。

（3）看用户。现在的环境下我们所面对的用户人群跨度在持续增大。过去，我们只是简单在追求相同的年龄层，未来会更加倾向于年龄的泛化，追求精神上的共性。同时，基于对用户的调研，了解到在"惊喜感、亲民性"要继续提升。

（4）看战略。提炼关键的战略方向，持续建设多样化的场景和生态型的流量场，提升运营能力，让购物变得简单快乐。

（5）看自己。对10.0版本升级的各模块数据进行分析，识别出优化点。

通过"五看"的洞察，可以明确11.0版本升级的设计策略。设计主张就是让购物变得简单快乐，视觉的核心关键词上就是"京东感、有趣有料、有机隐形"，产品的关键词是"多元、生态、简单"。

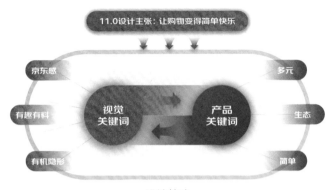

设计策略

基于以上设计主张和关键词，拆解出三大设计升级目标。

在框架层期望建立有机隐形的产品设计框架，在内容层打造有趣有料的运营设计，在心智层强化独一无二的京东感，最终实现让购物变得简单快乐的目标。

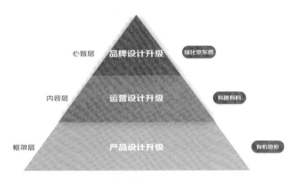

三大升级方向

（1）在品牌设计方面，对App启动图标和启动页的设计手法进行简化，整体的设计由品牌设计团队进行主导。日常状态下的JOY采用和大家打招呼的形象，亲和力和互动感更强，大促状态下，放大与日常状态下的差异，用一个奔跑的JOY更好地烘托整体大促热闹的氛围，带来更多动感。

品牌设计升级成果

（2）在产品设计方面，首先对设计系统的视觉语言的形、色、质、构四部分进行简化，简化视觉形态，如图标形状，让其更简单、轻巧，颜色体系更加纯透，简化质感，在结构上更轻量。

形、色、质、构

在模块交互重构上，以首页动线升级为例进行分析。首先，在首页动线重构的过程中，主要从两个视角TO C和TO B出发，希望给用户打造一个多元懂我的动线，包含"可观性、新颖性和懂我性"，同时，希望联合业务和商家打造丰富的兴趣圈层。以店铺为例，在首页的推荐模块进行店铺内活动的联动，以相同的视觉样式进行统一设计，吸引用户进店逛逛。

其次，在动线上，基于人群、时态和场景提供多种动线组合，比如有标准动线、新人、大促等不同场景。特别是在大促阶段，根据预热期、专场期、高潮期、返场期进行定制化的动线设计。在预热期，以一个弱氛围的形式让用户微感知到即将到来的促销。在专场期，每天会有一个主题日，为各大品牌预热。然后在高潮期，也就是大促当天，会烘托出特别强的营销氛围，让用户明确感到促销来了。最后，返场期还会保持部分促销内容。

首页大促各时期参考

（3）在运营设计方面，我们希望以更简单的设计直接与用户对话，在简化运营设计标准的同时，尝试加入更多有京东感的元素和"小心机"，让用户感觉到趣味性。

以平台红包为例，通过加入品牌化引入JOY形象，或者结合运营主题进行趣味化，比如采用"浪漫七夕我送你花"等语言加上图像组合的形式去吸引用户。

运营设计升级

在登录模块，结合不同的时间和季节对品牌形象进行差异化，让新用户和登录用户感受到京东的年轻和变化。

情感化运营案例

6. 总结

电商设计已经处在一个成熟、稳定的阶段，作为设计师要保持一个开放、多元的心态，持续与业务同行。期望本篇文章能够对你有些许的帮助和启发。

肖菁

　　交互设计专家，北京理工大学硕士。现任京东交互设计专家，负责京东App的体验研究及设计工作，带领团队专注于平台流量场域的构建。从0到1完成京东产品设计系统、羚珑智能页面、京东智铺购物小程序的产品孵化，有丰富的电商全栈设计经验。

用户研究及测试在用户体验设计中的价值与应用

 ◎ 郭洋

随着近年来社会经济水平的不断发展和文化建设的不断丰富，消费者对产品需求已经不止于单纯的实用性，而是需要整体上良好的使用体验。出于这样的背景，用户体验设计这一学科在过去的一段时间也展现出了它对产品设计开发的显著贡献。而用户研究及测试是作为用户体验设计的重要工具，通过在设计不同阶段的介入，以确保产品设计符合用户需求。

故而本文针对用户研究的目的，以及所代表的价值，尝试展开，并结合相关案例，尝试探讨用户研究及测试在复杂产品的设计过程中如何应用。

1. 用户体验理论发展

我们常说说用户体验设计是一门相对比较新兴的学科，尤其是近二三十年随看互联网和移动互联网的蓬勃发展，更加强化了这一印象。但与此同时，我们也注意到，关于产品与体验这两者的讨论远远要早于近期这一学科的蓬勃发展。

活跃在20世纪上半叶的哲学家G.E.Moore曾经提出观点："光制造一个产品是不够的，我们需要创造令人满意的体验。"因为公司与用户在商业上的成功，其本质应当是提供了令人满意的体验，这才是公司与用户之间交互最本质、最有效的元素。

而在学科理论逐渐发展的过程中，我们有了完备的用户体验设计理论、定义，以及相关方法。Nielson Norman Group针对用户体验给出的定义是："用户体验包含了最终用户和公司以及公司的服务和产品交互的所有方面"（UX encompasses all aspects of the end-user's interaction with the company, its services, and its products）。[1]

如果我们再进一步更具体地讲，怎么才算是以一种用户体验的方法和理论去设计一个产品呢？ISO国际标准化组织有相关的定义，对以人为中心的设计（human centered design）定义了六条关键准则，去判断设计是否是以用户体验的方法、以人为中心的方法去做的。[2]

在这六条关键准则中，除了最后一条是关于设计团队本身的，其余内容都在陈述设计的过程中需要持续性地、自始至终地将用户考虑在设计流程当中。

故而用户研究必然会在用户体验设计的过程中扮演不可或缺的角色。Mike Kuniavsky对用户研究给出了定义："用户研究着眼于通过观察技术、任务分析和其他的反馈手段，理解用户的行为，需求和动机。"[3]

2. 用户研究的方法

接下来我们需要探讨用户研究包括什么样的具体方法。*Research Method in Human Computer Interaction*一书中提到："在人机交互领域的研究是复杂的，这是因为我们从多个不同的领域借用了它们的研究方法，修改它们，然后建立了我们自己的判断研究是否合适的方法。"[4]

我们经常提到用户访谈、可用性测试、埋点分析等方式，确实都是从不同的角度在尝试理解用户对于产品需求、看法以及使用的过程、效果与反馈。这里我将一些常见的用户研究方法以两个维度做了归类。

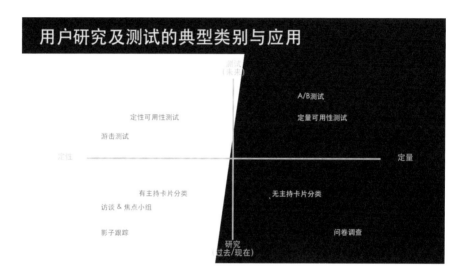

第一个区分的维度是关于研究的目的。一类是着眼于用户既往（过去/现在）对产品、功能和现象的观点和感受，以及对特定问题的观点，称之为"研究"；另一类是着眼于用户在尝试使用新产品时的使用效果与感受，称之为"测试"。要注意的是，在一些语境中，测试也是研究的一种，因为测试就是对于使用新产品效果与感受的一种"研究"。

第二个区分是关注于研究是定性还是定量。定量分析回答"多与少"问题，定性研究则是回答"是什么""怎么样"和"为什么"等问题。人类行为异常复杂，变量过多无法只依赖定量数据来理解。对于帮助我们理解产品的领域、情景和受约束的方式，定性研究更加有用。与此同时，定量分析可以指导设计研究，并且单靠定性分析无法获取行为模型的市场规模，可以采用量化技术来填补空缺。[5]

3. 产品的衡量维度

上文讲述了用户研究的方法与分类，然而在开始制定具体的研究方案之前，我们还需明确的一点是研究的目标，是产品的可用性、功能丰富度，还是某种产品使用的主观感受。

探讨这一话题，首先要从作为用户的人本身的需求出发。我们以马斯洛的五层需求模型为例，人的需求起始于生理需求，而后如同金字塔一般，在底层的需求得到满足的基础上，进而再有安全需求、爱与归属、尊重，以至于最终自我实现的需求。当然，这些层次的需求，是通过多种多样的方式满足的，并非是我们所说的某一类"产品"就能满足的。

对于产品能够在哪些方面满足人的需求Hancock同样将其分成了金字塔形排列的五个维度，分别是安全性、功能性、可用性、愉悦性和个性化。[6]通过对这些维度的分割，可以让我们对产品使用效果的衡量有清晰的指导，所以在用户研究的设计中也要依照相应的维度设计研究的目标。

4. 汽车相关产品的需求维度

在这一部分，我们开始尝试通过一个具体门类的产品，也就是汽车相关的产品研究作为案例，来介绍用户体验设计和用户研究的理论可以如何应用在实际项目中。

汽车作为在19世纪被发明的交通工具，历经了岁月的磨砺，不断地迭代技术与形态。保时捷创始人费利·保时捷曾提到："当我环顾四周，却始终无法找到我的梦想之车时，我决心自己亲手打造一辆。"随着工业化和现代化的浪潮，汽车已然化身为重要的消费品，承载了千家万户平凡抑或富有激情的梦想。

那么结合上文提到的产品满足用户需求的维度，汽车作为一个相对复杂的产品，该如何与这些维度进行对应呢？这里我列举了汽车设计中与用户产生交互的几个主要模块，并将它们和需求维度进行了对应。

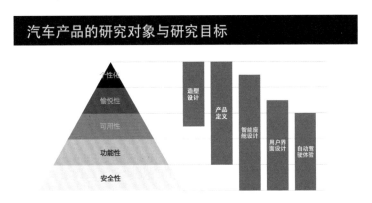

比如，我们经常谈论的汽车造型，也就是内饰外饰的设计，它很少会触及到功能性这一部分，而是更多地关注于个人的个性化以及愉悦性。例如，用户看到一个美的事物、优雅的设计而感到愉悦，加之一部分的可用性，尤其是内饰，如是否有足够的地方放杯子、手机、饮料、方向盘的握持是否舒适，包括仪表能不能看得清楚等。

除了造型以外，还有更多的子类会在汽车产品研究中涉及。比如，通常是市场部关注的产品定义，在这里它所贡献的需求层次明显就更多了一些。产品定义横跨了从功能性开始到可用性、愉悦性再到个性化的所有这四个层级。当然安全性不是传统的产品定义所关注的，它更多地是一个工程学上的问题。

接下来我们谈谈智能座舱，这也是近几年被热烈讨论的一个名词。智能座舱它会关系到用户什么样的需求呢？这里我做出了从我个人视角出发的描绘，它基本横跨了从最底层的安全开始（因为智能座舱包含了界面的内容，对驾驶注意力的分散等都是与安全相关的），再到功能上（很显然，智能座舱的功能丰富与否也是非常重要的），再到其人机交互的友好性、可用性、愉悦性，以及它在一定程度上也涉及了个性化的这部分。当我们将一个车的智能座舱的智能性当作它品牌或者产品的一种特征时，实际上就已经产生了人与产品情感上的联系。

这也回应了刚刚提到的，智能座舱在市场上是一个被讨论的热点名词，因为它确实关系着用户对产品方方面面的需求。

关于用户界面设计，它涉及从安全性一直到愉悦性。尽管"个性化"是在设计取向中常见的描述，但是从普遍意义上来说，由用户界面来彰显用户本身的"个性"，这一点尚未明显存在。

最后提到自动驾驶，我们今天能够使用的产品，还不是非常高等级的全自动驾驶，甚至有些时候只是驾驶辅助的功能，故而其愉悦性或是情感上的联系还不被作为关注的重点。

5. 汽车相关产品研究案例

接下来用一个车载导航娱乐系统的用户测试案例，尝试说明如何将理论应用于实际项目当中。

项目背景：在车载导航娱乐系统的设计过程中，通过用户测试迭代设计概念，以确保交付开发的定义符合用户需求。

研究维度：导航娱乐系统的驾驶兼容性、功能性、可用性和使用愉悦性。

方法：可用性测试结合特定问题访谈。

测试环境：座舱模型，驾驶模拟系统，用户界面开发原型。

测试样本：入门用户、主流用户、专业用户三组，每组7人，共21人。测试参与者社会阶层与品牌定位一致。

在以上项目信息中，可以留意到几点信息，首先是用户测试在项目中是在设计交付开发之前，而非开发完成之后，这一点即对应ISO用户体验设计准则中的"以用户为中心的评估应当驱使和完善设计"。

而后，我们可以注意到导航娱乐系统的研究也就是上文提到的智能座舱的主要衡量维度（驾驶兼容性是安全性的一部分），这是因为导航娱乐系统很大程度上贡献了智能座舱的使用体验。

最后关于测试环境，除了用户界面原型外，案例中还使用了座舱模型，驾驶模拟系统。这是车载产品特别需要的条件，其目的是给予用户充分的沉浸感，能够尽量完全带入产品真实的使用环境。通过这样的测试过程，可以在设计的过程中，形成"设计—原型—测试"的闭环，通过用户研究的手段，很大程度地确保了最终产品是能够满足既定的用户需求的。

6. 设计与定量研究的结合

上一部分的案例，由于研究目标的多样性与复杂性，选择了偏定性的研究方法。接下来讲述的第二个案例关注于如何通过定量研究指导设计，涉及的产品是一个汽车品牌的电商小程序，也就是提供新车和二手车库存展示，以及品牌周边产品购买的小程序。

项目背景：存在A、B两板设计方案，难以从定性的角度判断优劣。

研究维度：转化率。

方法：定量A/B测试。

测试环境：灰度发布。

测试样本：小程序既有用户。

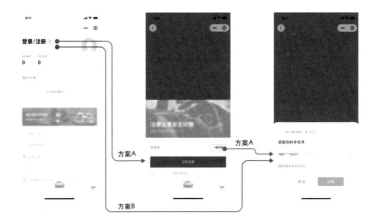

方案A：分两步获取用户手机号信息，再点击注册按钮后跳转至过渡页面，在用户点击"一键获取"后弹出微信格式的授权获取手机号窗口，再次请求确认。其假设优势是源于说明了获取手机号的用途容易建立用户的信任。

方案B：一步直接微信格式的授权获取手机号窗口，其假设优势是源于减少了交互环节，更容易完成交互任务。

测试指标：点击"注册"按钮之后完成注册全流程的成功率，即功能的转化率。

测试结果：方案B结果更好，有约22%的转化率优势。

从定性的角度，A/B两方案各有其设计目的，难以通过经验判断或分析来区分优劣。这一定量测试结果成功地解决了这一问题，作为设计方案选择的有效依据。

7. 结语

上文阐述了用户体验理论的发展到衡量产品的标准，以及如何运用理论和方法，在设计中运用用户研究的方法，指导设计的方向，实现设计与验证的闭环。随着智能化、网联化的发展，产品的复杂度也在逐步上升，希望本文内容可以帮助和启发我们在产品设计过程中，规划实施合适的用户研究方法，促成产品体验上质的飞跃。

参考文献

[1] Don Norman and Jakob Nielsen.The Definition of User Experience （UX）[OL].
https://www.nngroup.com/articles/definition-user-experience.

[2]Ergonomics of human-system interaction — Part 210: Human-centred design
for interactive systems[S]. ISO 9241-210, 2019.

[3] Mike Kuniaysky. Observing the User Experience: A Practitioner's Guide for
User Research[M]. Morgan Kaufmann, 2003.

[4] Jonathan Lazar, Jinjuan Feng, Harry Hochheiser. Research Methods in
Human-Computer Interaction[M]. Morgan Kaufmann, 2017.

[5]艾伦·库伯等. About Face 4：交互设计精髓（纪念版）[M]·北京:电子工业出版
社，2020.

[6] P. Hancock, A. Pepe, Lauren M. Murphy. Hedonomics: The Power of Positive
and Pleasurable Ergonomics[J]. Ergonomics in Design: The Quarterly of Human
Factors Applications, 2005.

郭洋

具有超过11年的汽车行业从业经历，有跨工程与设计的多元化背景，曾担任某欧洲知
名品牌汽车制造商座舱用户体验团队经理，目前在某欧洲豪华品牌汽车制造商负责车载以
及汽车相关数字化产品的用户体验设计与创新工作。

他对以用户为中心的设计流程有完整的理解，并且主导了在多个端到端的设计项目中
应用以用户为中心的设计流程，对于设计流程在产品开发的中的价值有较深入的理解。

设计基建助力设计提效

◎ 林鹏飞

近年来很多企业都在缩减业务、节省开支，提效降本被提到了一个重要的战略位置。在这样的时代的背景下，设计如何提效也越来越被重视，而建立完善的设计基建是设计提效的一种方法与路径。

1. 为什么要设计提效

着手设计提效这个课题的时候，我们会面对一些疑问：设计是创造性工作，创造性的工作是否需要提效？这还要从我们设计工作的内容说起。

从设计工作的流程来看，我们接到一个设计需求后并不是直接开始创作，而是有大量的其他工作。

比如，从需求沟通到需求管理，在设计执行中才包含了设计创作，且很多时候是设计复用，设计执行完成之后还有设计评议、设计交付、设计走查，以及最后的跟踪评估。可以看出，设计创作在整个设计工作中只是其中一部分，但却是价值很大的一部分。设计提效可以让设计师投入到高价值的设计创造中去，这也就是我们为什么要做设计提效的原因。

2. 设计提效的必要性

无论是从行业发展，还是从时代环境及个人发展角度来看，设计提效都是非常必要的。

首先从行业发展来看，一个行业的发展基本会经历几个阶段，先是形成规模，然后形成行业标准，再往后就会向集约化、精细化发展。我们可以看一下发展较久的一些行业，如汽车行业等，都是极致地追求效率。

其次从时代环境来看，面对宏观环境的挑战和经济下行的压力，各企业都在寻求提效降本的方法；同时远程办公越来越多，设计如何实现高效的线上协同并完成工作等。

最后从设计师个人发展角度出发，大家都更愿意投入到高价值的工作中去，不想做重复枯燥的工作，从高价值的产出中获得成就感，是每一位设计师的期望。

3. 设计提效的路径

通过我们对设计流程的分析，设计提效的路径大致有两个方向：一是流程环节提效，通过删减或减少流程的耗时可以提升我们的效率，如需求的沟通、需求管理，在市面上有很多提效工具，这些产品可以帮助我们更好地跟进和管理需求。

提效的第二个重要方向就是资产复用，我们发现不论是界面设计师还是运营设计师，我们日常工作的很大一部分场景都是在复用资产，资产复用可以减少我们的重复劳动，大幅地提高我们的设计效率。

基于我们对两个提效方向的分析，我们开始着手设计基建的建设，分别对应运营设计复用的"设计资产平台"，对应界面规范复用的"设计系统"，还有对应设计流程环节的"设计工具和插件"。

服务于设计提效的设计基建

4. 设计资产平台——运营类资产复用提效

1）运营类资产复用痛点

通过我们对设计团队的调研发现，在UED组织中，各团队均有一定数量的资产沉淀，但大多为小团队或小组内复用，资产并没有得到有效的流通与利用。在团队内资产流转存在一些共性问题，如存储方式分散、不知道有哪些资产、资产靠人与人的单线传递、版权图版权字体信息不互通等。总结下来就是当前的存量资产不好找，复用率低。

2）设计资产平台

针对上述问题，我们搭建了设计资产平台，将我们优质的设计资产上传至平台，平台提供筛选和检索的能力，提供直观的资产预览，让资产平台成为设计团队内设计资产的统一集散中心，提升资产的复用。

设计资产平台

3）满足不同设计角色对资产使用的诉求

同时我们调研了设计师日常所需的资产使用场景，规划了八种类型的资产，满足不同角色设计师的使用诉求：运营素材、品牌素材、版权资产、规范、图标、工具插件、研究报告、设计教程。

4）满足团队的资产沉淀诉求

在资产平台建设的过程中，我们发现，面向团队的资产平台与外部的设计素材平台存在很大不同，面向团队内部的资产平台除了在满足个人的使用外，也需要满足团队方面的功能。

例如，为了满足设计素材的聚类能力，我们设计了"专题"功能，可以使多个资产归类于一个专题下，且可以自定义目录分类，方便团队中成体系的资产积累，同时还支持跨团队的协作和共建，满足一些跨团队的设计项目多人、多团队地展开合作。

再者，我们设计了面向团队的组织与权限能力。例如，个人上传的资产是归属于团队的，所以不受个人转岗或者离职的影响，其资产会永远保留在平台上。同时平台的组织结构也与实际的团队结构保持一致，便于团队的划分以及管理员的配置和权限的设置。

5）资产平台建设心得

第一点是数字化，包括资产、数据数字化、线上化。云端化是一种大的趋势，可以让资产价值得到更大的发挥。无论是设计资产，还是其他的团队资产，数字化都可以进一步扩大它们的价值，这种价值具有长期而深远的影响，我们应该坚定地去做。例如，很多公司在倡导的文档线上化也是资产数字化的一种体现。

第二点，资产数字化的达成需要一些机制去保障，要在团队内建立资产沉淀的机制也是更为重要的，通过一定的机制去促使这些资产完成线上化的转移。

第三点，选择适合自身情况的资产沉淀载体，并不是每个团队都有资源去建设一套自己的资产平台，但是可以先从容易获得的载体入手，如在线的云盘，甚至互联网、局域网内的共享硬盘，先进行资产的统一存放，形成统一存放的机制，培养设计师的使用习惯，后期跟随团队发展去调整载体，再去做一些资产的迁移都是可以的，目前市面上也出现了不少设计资产管理的工具，最近也有类似的产品涌现出来，大家也可以关注一下，选择更适合自己的资产沉淀载体。

5. 设计系统——界面类资产复用提效

1）界面类资产复用痛点

界面类的资产复用，除了设计侧的复用之外，在下游研发侧也会延续复用。界面类的资产在设计侧的复用相比运营类资产会更好获取一些，但存在的问题在于同步的及时性上。例如，我一个组件更新了，其他设计师能不能及时地获取到并应用在项目中，这是我们之前经常面临的问题。

同时设计与研发之间的资产复用一直以来都会存在比较多的问题，由于设计研发分属于不同团队，因此研发侧会存在重复开发，且沟通成本高的问题。

面对比较大规模的产品，统一的迭代或升级会非常吃力，所以我们必须要通过组件化的方式，通过设计系统来做底层支撑，进而提升我们整个搭建以及迭代的效率。

2）界面类资产复用提效基建：设计系统

设计系统建立统一的设计、研发组件库，减少设计研发的重复建设，降低不同角色间的沟通成本。设计侧组件库与研发侧组件库保持高度一致，设计师使用组件库构建页面，研发通过研发侧组件库进行页面开发。例如，基础体验统一的迭代或者升级，各业务更新组件库的版本就可以实现，这个效率是非常高的。

3）百度商业设计系统

为了服务百度商业平台产品，我们建设了百度商业设计系统Light Design，经过我们多年的建设，逐步形成了一套完整的体系。

我们建立了相对完整的规范，为我们的组件建设以及组件的使用提供指导。资产方面，我们在基础组件之上继续封装了一些业务组件、模块以及模板，同时我们也将图标、插图、插画等图形资产沉淀下来，便于设计师进行复用。

在配套的工具上，我们提供Figma组件库和Sketch的组件库，方便设计师调用，同时我们也在积极探索组件库的设计插件来进一步提效。

最后为了能让我们的设计系统良好地运转，我们还建设了一套设计系统度量体系PATS来监测设计系统的健康度。我们通过问卷调研的方式，向设计师及研发工程师去了解使用设计系统的反馈，我们会对设计系统的情况做主观的评定。我们还建立了组件库看板，来监测组件库的应用情况，可以收集到在各产品、各业务使用的数据情况，帮我们更好地掌握设计系统的应用情况。

4）设计研发的共同语言

设计到代码的实现，经常出现的问题是设计表达不完整、不准确，导致最终的研发结果与设计意图不匹配。

那如何消除这种信息传递的损耗与偏差呢？这时就需要建立设计与研发的共同语言，这里我们通过Token建立设计样式与代码的联系，通过API建立功能与代码的联系。通过共同语言的建立，来减少设计到研发的信息传递缺失与不准确，形成设计到代码的完整闭环。

5）Design Token

Design Token是设计系统中的视觉设计原子，它们是一组有着统一命名规则的实体，用于存储视觉设计部分的具体参数，如色值、间距、尺寸等。使用它可以为UI开发工作维护一套具备可扩展性、一致性的视觉体系。

Token其实是语义化的样式节点，用它去描述色彩在具体组件上的应用，我们可以通过修改全局变量或者全局变量与Design Token之间的映射关系，就能实现组件的样式风格变化，这样我们的组件就不需要有任何改动，大大降低了更改设计风格时的组件修改成本，同时对样式的控制也更加灵活。

Design Token建立了设计与研发对设计样式的共同语言，可以灵活高效地管理组件库样式。

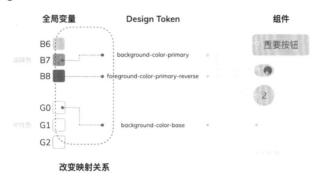

Design Token

改变映射关系

6）应用程序接口

在组件的功能层面，我们则是通过API与研发保持设计意图的准确传递。

API是一些预先定义的接口，开发人员可以利用这些接口快速实现不同的功能。在研发文档的API说明里，可以看到不同的API以及它们的属性和可配的参数。

既然在研发侧组件可被配置的能力是由API定义的，那我们的设计文档对组件功能描述就可以落到具体的API上面。组件的交互方式每一项都会与最终的API对应起来，这样设计侧在考虑组件功能的时候就会更加全面和细致，研发侧也会更准确地实现，中间的信息损耗与理解偏差也减少了。

7）设计系统插件

随着Token、API的引入，设计施行起来仿佛变得困难了，增加了设计侧的应用成本。

为了应对这样的问题，包括减少设计侧对代码层的认知负担，进一步提升设计研发效率，我们开始探索C2D2C的可行性。C2D2C是指代码到设计再到代码的过程。

8）C2D2C探索

在常规使用组件库开发页面的流程中，设计组件库和研发组件库是分别建设的，是两套不同的实体。由于本身的载体不同，因此它们之间总是会有一些差异。同时设计师在用的时候，可能也会有一些偏差。这就导致设计师产出的文件与研发从组件库里调出的文件很有可能会产生一些差异。这种差异就会导致研发与设计出现更多的沟通成本，信息的传递还是会产生损耗。

常规使用组件库开发页面流程

C2D2C的流程是在组件完成设计之后，不再需要设计组件库的建设，而是直接去进行研发组件库的开发。之后通过C2D的方式，通过插件把研发组件库直接引入到我们的设计工具里去。设计师通过插件，调取研发组件库里的组件，同时配置好组件的功能（API）。在设计完成后的页面输出上，会带上组件的配置信息，也就是D2C。由于设计稿里已经包含了一些组件及其配置的代码片段，所以开发的效率也可以得到提升，设计与研发的沟通成本也降低了。

C2D2C开发页面流程

9）设计系统监控

如何掌握设计系统在研发侧的应用效果及数据呢？这就需要组件库看板。通过组件库看板，我们可以掌握有哪些产品在使用我们的组件库，它们使用版本的情况，以及使用具体组件的情况。这其中有一个重要的数据，就是组件的hack情况，hack是指对一个组件进行了定制化的修改，其实这样的修改是对组件的一种破坏，组件产生了hack，很有可能说明这个原生的组件无法满足业务的使用。掌握到这些信息之后，我们就可以跟踪这个问题的原因，是功能不满足，还是使用不规范导致的，可以帮助我们定位问题并做出针对性的优化。

6. 设计流程环节提效基建：设计工具

设计工具对设计流程环节提效有非常大的影响，通过我们的实践证明，选择更高效的设计工具确实对团队效能的提升帮助非常大，所以我非常推荐使用协作型设计工具。这样可以让我们的设计同步、设计协作、设计评议、设计交付的效率得到大幅提升。

单机设计工具的协作主要靠人，要以人为中心，文件是通过人与人的传递来实现的。比如同一个文件，文件协作通过人与人互传，不同人的手里有多个版本，协同成本会比较高。

协作型的设计工具，是以文件为中心，文件存储在云端。任何角色访问的都是同一份云端文件。在协作型的设计工具里，任何角色查看或编辑文件都通过一个工具完成，并且可以实现文档内容实时同步。

设计工具区别

设计
设计
产品/研发
单机设计工具
以人为中心，文件人人传递
版本管理难，协同成本高

设计
设计
产品/研发
协作型设计工具
以文件为中心，文件云端存储
协作便捷

在通过详细测评及长期的使用体验来看，协作型设计工具除了具有在协同方面的优势外，还有一些能力也很大地提升了效率，如标注导出、文件的集中管理、组件变体、强大的自动布局能力等。

7. 设计基建协同提效

不同的设计基建之间也可以相互协同，提升设计提效的程度。例如，C2D2C插件实现了部分设计系统与设计工具间的协同提效。那么设计资产平台是否能与设计工具有协同提效的空间呢？答案是肯定的。

以图标的使用来举例，我们通过图标平台，将设计师上传的图标生成API接口和开发资源包，研发侧通过接口调取相应的图标。这样就做到了所有产品群使用的图标来源唯一，使得可维护性大大增强，统一更新替换变得更加高效可控。设计师与研发之间就不再有图标资源的直接交付，而是通过图标名称的Token来调用图标平台中的资源，实现图标资源的来源唯一。

我们发现设计工具中的插件会是连接不同基建的通路，我们也在计划通过设计插件，直接调用资产平台中的资产，甚至在设计工具中就可以完成资产的上传。也就是通过插件的方式，连接起不同的设计基建，让资产与工具的衔接更加便捷。

8. 工作模式提效

除了通过以上的设计基建提效之外，我们设计团队的工作模式也存在着提效的空间。

例如，我们商业B端平台的设计团队，不同产品间相对独立，曾经我们对一些通用体验缺乏考虑，导致不同平台的体验不一致。这种不同实际上也意味着存在重复建设，使得整体的设计研发效率比较低。

这种模式下，设计师的价值在日常的需求支持中会比较零散，设计师的专业价值、专业高度都比较难以体现。

所以我们通过设计系统及横向的项目，建立横向的虚拟项目组，把各平台间的设计师连接起来。设计系统/横向的设计项目又能为不同的产品提供基础层的设计支持。各产品间的基础体验自然会被拉齐，重复建设的情况便可以得到改善。同时设计师在基础体验上产出的内容会被大量复用，且会持续跟进效果反馈进行不断迭代，使价值感得到提升。在产品上更专注业务流程，解决业务问题，专业高度也可以得到进一步提升。

从工作模式上来看，我们底层通过设计系统、横向项目，促进设计师间的横向协同，为产品群提供全面高效的设计支撑，顶层设计工作更加侧重于聚焦解决业务问题，底层和顶层的设计价值也能更清晰地体现出来。

9. 结语

设计提效是一个综合课题，希望未来可以探索更多的设计提效方法，让设计师专注于设计与研究，扩大设计的价值和影响！

 林鹏飞

从事设计行业10余年，现任百度资深用户界面设计师，百度商业平台产品群视觉设计负责人，百度商业设计系统Light Design项目负责人。致力于通过设计系统建设、平台建设、工具建设，实现设计提效。任职百度期间，负责建立了百度商业设计系统Light Design、设计资产共享平台。同时负责在团队内推行Figma的使用，通过设计工具为团队提效。设计理念：设计即是寻找美的规律。

BtoGtoC新模式下生态系统
思维设计为交易流程增效

◎ 林智

随着大数据时代的发展与成熟，以及用户版权意识的提升，版权内容也逐步开展了数字化转型之路。目前被大家熟知的版权交易平台基本都是某一垂直领域内的版权交易，"版权桥"作为第一个线上全作品品类、全流程的版权交易平台，打通了全部的流程。而体验设计在这个过程中，需要考虑B端、G端、C端三方用户的使用场景以及不同的版权特性，重塑规则，创造新的功能。接下来，我将以一站式数字版权服务平台"版权桥"为例开始分享。

1. 行业背景

数字经济发展对国家发展有着重要作用，我国数字经济已经取得了令人瞩目的发展成就，国家也正在加快推进数字产业化和产业数字化，推动数字经济蓬勃发展。

数字版权产业是数字经济的重要组成部分，数字版权是指各类出版物、信息资料的网络出版权，可以通过新兴的数字媒体传播内容的权利，包括制作和发行各类电子书、电子杂志、手机出版物等版权。根据《中国网络版权产业发展报告》中2013—2020年中国网络版权产业市场规模的数据显示，2020年中国网络版权产业市场规模首次突破一万亿元，达到11847.3亿元，同比增长23.6%。可以发现，数字版权产业规模是在不断壮大的，而根据世界知识产权组织的相关数据，全球数字版权管理的市场规模在2019年已经达到85亿美元，预计可能在2026年达到146亿美元。

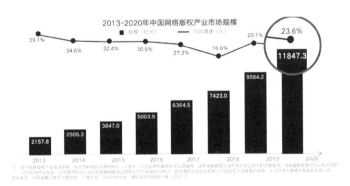

我国版权事业从无到有，历经波折，特别是盗版行为会严重打击创作者的创作热情，成为数字经济发展的重大阻力。

数字版权保护是数字版权行业发展的重要保障。而数字版权服务就是围绕数字版权保护展开的，是数字版权行业的核心，对于激发数字版权原创者创作热情，推动数字版权行业健康快速发展和促进我国文化繁荣具有重要意义。

目前版权服务行业存在着诸多问题，如版权确权难、版税结算难、侵权监控难、内容广泛传播受限、维权取证难等。

2. 设计赋能

这个板块会以一站式数字版权服务平台"版权桥"为例，分享如何用生态系统思维重塑规则，创造新的功能，为交易流程增效。设计过程可以分为以下四个阶段。

1）阶段一：做什么

在我们接到项目进行制作之前，需要明确项目属性以及服务对象，一般会用toB、toC、toG来进行项目划分。因为面向的用户不同，所以产品设计的核心也会有所差异。toB的B取自Business的首字母B，指服务对象为商业、企业用户的项目，本质上是满足"老板需求"，核心目标是降本增效；toC的C取自Customer的首字母C，面向的是一般个人用户，本质上是要挖掘"人性"，以用户为中心，赋予更多的"同理心"；toG取自Government首字母G，指服务对象为政府或相关事业单位，是toB衍生出来的一种特殊划分，指标驱动、有明确的项目诉求。

案例"版权桥"就是以浙江省文化产业投资集团为主导，和网易联合打造的一个toG项目，它有明确的项目诉求——做数字版权交易系统。同时因为版权交易平台自身的属性，比如作品上传、作品审核、作品交易等功能，它又兼具了toB和toC的一些属性。最终在交易流程上形成了一个比较复杂的BtoGtoC新模式。

2）阶段二：竞品分析

在正式设计之前，逃不开的一步就是竞品分析。据不完全统计，全国各种类型的版权交易平台有百余家。而目前被大家熟知的基本都是某一垂直领域内的版权交易平台，例如图片版权领域的视觉中国、千图网等平台。

3）阶段三：生态系统思维设计

在竞品分析结束，对市场有了更深一步的了解后，就可以进行理论加实践的环节了。生态系统思维设计不仅仅是解决某个环节的问题，更是能提出产业和生态的解决方案。

生态这一概念来自于生物学，是指不同类型生物种群及其所处环境通过相互支持与制约而形成的动态平衡的统一整体。大至一片森林、草原，小至一个池塘，都可以构成一个完整的生态。而生态系统思维，也可以称为全局思维，把我们的产品、要做的事情当成一个生态来审视，思考各环节之间产生的影响及对应关系。

通过分析各垂直领域的版权交易生态链，我们得到了下图所示的数字版权交易生态链。

数字版权交易生态链

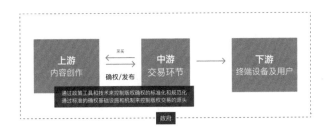

生态系统构建下，我们就可以根据需求在生态链的"上游""中游""下游"对各个环节的功能进行体验优化。版权交易平台本身兼具toB和toC的场景，并且在交易过程中有政府机构的介入，导致项目形成了复杂的BtoGtoC新模式，在各环节都需要考虑到B端、G端、C端三方用户的使用场景及用户体验。

（1）生态链上游：作品登记溯源。

针对版权登记，我们对接浙江省版权局，将传统的线下版权登记变成了在线登记。数字登记是一个典型的B端产品应用场景，糟糕的表单设计会带来令用户抓狂的交互体验，极大地影响用户信息录入的效率。首先要标准化设计，制定表单类设计规范，保证用户体验的一致性。另外表单内容存在两个问题：第一是表单填写项较多；第二是表单中存在较多的复杂信息或敏感信息。所以，标签设计采用了左右结构，减少页面的垂直占用空间，让用户可以放慢速度、仔细思考。将提交和保存按钮在顶部内容的旁边进行了固定，方便用户审核内容，随时可以保存提交。

确权存证难是个行业性的问题。第一是由于技术限制，数字作品版权登记往往需要准备材料，流程烦琐，时间长，耗费较多精力，无法满足当前市场作品量多、传播快的需求，也导致数字版权拥有者登记意愿低。第二是数字作品形式多样，目前业界尚无统一的规范化的版权存证体系规范，加大了数字作品存证登记流程的耗时和成本。第三是由于网络作品发布的便携性，很难对作品发布的作者进行追溯，进而导致无法确定真正的权利人。版权存证归根究底也是可信存证的一种，在可信存证服务方面，我们有着深厚的技术和项目积累。用区块链技术，创造行业首个版权登记数字标识，为用户提供"作品版权溯源证书"和"作品登记证书"，二者具有法律效力，可以证明版权归属，达到双证合一的效果，解决"登记证书的滞后性""溯源追踪难"等一系列问题。

（2）生态链中游：全流程交易服务。

复杂版权常见交易流程一般是线上或线下发布版权内容，线下完成签约。比如，一些小说授权给影视作品时常常就是这样的流程。优化目标是达到线上发布—线上签约这样的效果。

首先，基于上游版权登记功能的搭建，用户已经有了自己的作品版权信息，在发布版权内容交易时，用户只需要在自己的作品页，单击"上架出售"按钮，就可以实现快捷的一键登记交易。

在交易时，通过模板的设计降低用户的使用成本，在其中置入自定义的功能去支持用户更多的使用场景，用户也可以针对不同的版权交易方式制定不同的价格。

在自定义交易的基础上，为保证该交易的法律效力，增加了官方核验的步骤，基于区块链进行版权归属验证，杜绝欺诈交易。

考虑到复杂版权交易，嵌入了在线签署—下载作品的功能，将复杂的线下签约转化成方便的在线签约，支持用户全流程的交易服务，即使是复杂版权，也可以在这里轻松完成版权交易。

（3）生态链下游：全流程交易服务。

因为平台的特殊性，用户既可能是卖方也可能是买方，所以需要全平台搭建统一的视觉规范，让用户拥有统一的视觉体验，无形中也可以提升平台的品牌感。

版权交易大厅在上方做了一个大面积的搜索功能，方便用户进行检索。中间从版权权益和作品种类两个角度出发，做了模块划分，方便用户结合自己的需求进行查找。版型作品区域以瀑布流展示，一方面可以告诉用户我们有丰富的作品储备，向他们推荐更多作品；一方面也可以提升首页的画面丰富度，让用户有内容可以看。

买家、卖家、审核三方对于设计作品详情页的需求不同。为了保证用户体验的一致性，在结构上我们采取了一样的设计，左边区域展示作品，右边区域展示详情。但是针对三方不同的操作内容，我们在作品名称下方做了一些差异化设计。

生态链的最后一环是制作数据可视化大屏，方便政府进行全产业链监管。数据可视化就是把一些相对复杂、抽象、看不懂的数据运用图形化的手段清晰有效地进行解读和传达，帮助用户发现其中的规律和特征，挖掘数据背后的价值。这里值得注意的是，To G项目的大屏优先要保证功能性，展示关键指标，最后才是视觉的设计产出。

4）阶段四：设计验证

设计的最后一个环节就是设计验证。在生态系统思维设计下，可以对整个产品生态进行查漏补缺，加入更多的版权服务内容，让服务生态更加完整。

最后，我们回顾产品可以发现，不仅完成了最初的目标"版权交易平台"，同时因为生态体系的搭建，对B、G、C三端用户操作效率都进行了有效提升，版权行业现存的一些问题如确权存证难等，也都得到了解决。

版权桥不仅成为"浙江省文化和旅游科技创新示范项目"，也成功落地成为团队标准并发布于全国团队标准信息平台。

3. 总结

通过上述的案例详解，可以总结得出：在项目前期，要充分了解行业背景，发现业务问题；在进行项目设计时，利用生态系统思维探索问题与产业生态的关系，不局限于眼下的问题，制定一个生态系统目标，再去优化各个环节的内容；最后是进行设计验证，从功能和用户体验两个方面入手，查漏补缺，完善生态链和生态系统。

林智

自2015年入行以来已有超过6年的工作经历，现任网易雷火用户体验中心资深视觉设计师，在职期间作为主设计师，从0到1完成了浙江省的第一个数字版权综合服务平台设计。同时主导了雷火多个区块链相关产品的设计，包括网易未来大会门票系统、网易星球数字藏品平台、网易数字文化中心等，帮助产品取得用户量增长和口碑提升的双丰收。并为用户体验中心B端产品打造了统一的设计规范，具有丰富的B/C端产品体验设计实战经验。设计的作品获2022年中国设计智造大奖"佳作奖及以上"。申请了多项交互发明专利。

儿童输液过程游戏化设计实证研究

◎ 周游天

1. 游戏化理论与八角行为模型

1）游戏化理论与八角行为模型概述

Deterding S提出的游戏化理论（Gamification），是指在非游戏情境中应用游戏设计元素[1]，即通过创造类似游戏的体验来增强服务、改善用户过程体验的设计方法。行为设计学专家Chou Y认为人类所有行为背后都存在一个到多个核心驱动力，在动力引领下用户将更容易在类似游戏过程中找到乐趣，从而达到预设的行为效果与结果[2]。在此基础上，他提出八角行为框架（Octalysis Framework），即以使命、成就、授权、拥有、社交、稀缺、未知、亏损八大核心驱动力建立的游戏化技术接受模型。该模型可帮助从动机角度建立和评估服务与体验的游戏化过程，并以此影响行为、优化体验[3]。

2）八角行为模型与儿童输液过程的关系

静脉输液是儿科的常规操作之一，直接关系到患儿治疗的有效性[4]。研究表明，患儿易动、哭闹、抗拒都将影响护士工作效率，如患儿静脉注射的首次穿刺失败率为远高于成人的44%[5]，输液过程中儿童较成人也更易发生输液外渗、意外拔管等情况[4]。反复拔插在增加患儿痛苦和抗拒心理的同时，也将导致护士操作过程中心理压力增大、陪护家属情绪紧张等问题。

另一方面，游戏对儿童而言是快乐的活动。将快乐的游戏过程与痛苦的输液过程结合具有一定的天然契合性。通过八角行为模型，输液过程中产生的医疗行为可以由核心驱动力合理转化为游戏行为，如通过构建童话故事将儿童带入叙事情景使其沉浸式投入（即核心驱动力使命）[6]；通过具有象征意义的徽章、奖状唤起儿童渴望被表扬的心理（即核心驱动力成就）[7]；通过探索不断解锁新玩具激起儿童好奇心（即核心驱动力未知）；通过共同做某事激发"和好朋友一起玩"的交际快乐（即核心驱动力社交）。基于此，本文针对学龄前儿童输液过程展开研究，以期通过游戏化设计理念增强输液过程中的趣味性和互动性，达到提升患儿配合度、降低护士操作难度、提高陪护满意度的目的。

2. 基于八角行为模型的儿童输液过程游戏化设计与效果验证

1）研究对象

本研究从某三甲医院儿科门诊中，招募了6位护士协助实验。患儿纳入标准：①年龄3~6岁；②需连续多次输液；③病症较轻，具有认知、理解和沟通能力；④至少有一名家长陪护；⑤陪护人知情且同意。最终在12天的实验周期内，共有效观察追踪30位患儿，包括实验组15位、对照组15位，并对护士及部分陪同家长展开问卷及访谈调查。

2）评价指标

实验过程中，本研究采用频率记录法[8]，将记录过程分为第一次输液前、第一次输液后、第二次输液前、第二次输液后四个时段。实验组和对照组护士持相同内容的记录表单，根据预先规定的行为定义（见表1），在四个时段分别通过现场观察做出判断与登记。

实验结束后根据累计的行为数据进行患儿行为配合度分析，其中每题选项1赋值1分、选项2赋值2分、选项3赋值3分。评价标准：①1级（3~4分）：患儿拒绝进入输液区、避免碰触设备与材料、避免与护士接触，配合度较低；②2级（5~7分）：患儿勉强进入输液区、有限制地碰触设备与材料、勉强与护士接触，配合度中等；③3级（8~9分）：乐意进入输液区、主动碰触设备与材料、乐意与护士接触，配合度较高。

表1　患儿输液前后行为反应

行 为 类 型
（一）对环境的一般反应
1. 拒绝进入输液区
2. 勉强进入输液区
3. 乐意进入输液区
（二）对设备、材料的一般反应
4. 避免碰触设备与材料
5. 有限制地碰触设备与材料
6. 主动碰触设备与材料
（三）对护士的一般反应
7. 避免与护士的接触
8. 勉强或中断与护士接触
9. 乐意与护士接触

3）实验方法及过程

笔者在前期调研中通过观察与访谈发现，在输液过程中，作为护士，操作流程会使用较为温柔的语气，并利用玩具等道具转移患儿注意力，但大部分患儿依旧不同程度哭闹、抗拒，一旦发生渗液、脱针等情况，又易引起患儿更大反抗，并激起陪同家长焦虑情绪，此外，部分连续治疗者对医院环境与医护白大褂产生记忆，引起更强的本能抗拒，带来更大的操作难度；作为陪同家长，大部分愿意在治疗过程中配合安抚患儿，但其一不知应如何配合，其二担心配合不当影响治疗，此心理在长达数小时的输液过程中尤为典型。由此可见，如何与患儿有效沟通、护士与陪同家长如何有效配合是双方共同痛点，通过建立更符合患儿身心特征的沟通方式与易于执行的配合策略是提升患儿、护士、家长三方输液医疗体验的有效途径。

前期调研后，研究进入策略设计阶段。笔者首先梳理了现有静脉输液流程，然后根据三方利益者期望，基于八角行为模型，提出了设计方案（见图1）及使用道具（见图2）。

阶段	输液前							输液中	输液后	
	事前准备 >	核对信息 >	连接输液器 >	调节滴速 >	再次核对 >	开始穿刺 >	细节整理 >	巡查 >	拔针/提醒	
护士行为	- 给患儿看绘本	- 给患儿介绍能量徽章及游戏规则			- 奖励患儿第一枚能量徽章			- 奖励徽章	- 颁发星球证书	- 展示感谢英雄墙
护士语言	- 现在我们来充电补充能量，等待起飞！	- 集齐5枚能量徽章还能获得星球的神秘礼物！			- 小朋友棒棒哒，阿姨奖励你一个徽章！ - 隔壁小朋友已经有三枚徽章了哦！			- 棒棒的！马上就能再得到一枚徽章了。 - 小朋友不想要星球证书吗！	- 恭喜小朋友获得了一级/二级证书！明天继续努力！	- 把你的专属徽章贴到感谢英雄墙上吧！
家长行为	- 协助讲绘本	- 配合护士，对患儿进行鼓励						- 奖励不同等级徽章 - 阅读绘本	- 配合护士，对患儿进行鼓励	- 协助患儿写名字粘贴徽章
行为目的	- 创设故事情境，触发使命	- 集齐能量徽章触发成就神秘礼物出发未知 - 与其他患儿比较徽章数量触发社交						- 集齐能量徽章触发成就星球证书触发稀缺	- 星球证书触发成就、稀缺	- 感谢英雄墙触发成就、社交

图1　小儿静脉输液流程游戏化设计旅程图

图2　部分游戏化设计道具

随后的实验阶段，6名护士分A、B两组，A组为实验组，B组为对照组。实验组与对照组在静脉输液流程上均与医院现有流程保持一致，即准备、核对、连接、调节、再次核对、穿刺、整理、巡查、拔针、提醒，在此常规流程基础上实验组加入对本组患儿的游戏化设计干预，具体行为：①输液前，护士提供"能量星球"绘本，家长可协助阅读绘本，帮助患儿进入"在遥远的地方有一群可爱的小朋友想返回他们的星球，现在我们需要通过补充能量来帮助他们"的故事情节，将输液的医疗行为转换为"帮助小朋友返回星球"的任务，以故事情节激发患儿想象力，触发使命；②核对信息后，护士告知患儿，"集齐5枚能量徽章还能获得来自星球的神秘礼物"，并在穿刺后奖励患儿第一枚"棒棒哒"徽章，触发未知和成就；③护士或家长可引导患儿与其他小朋友比较徽章数量，触发社交；④输液过程中，护士通过巡查或家长根据患儿表现奖励不同等级的"能量徽章"；⑤家长可协助患儿阅读"能量星球"绘本；⑥输液后，护士颁发"星球证书"，感谢患儿认真输液，为拯救星球宝宝做出的贡献，触发成就；⑦离开前，家长可帮助患儿将自己的名字写于徽章上并贴于"感谢英雄"墙上，为下一次输液做好情感铺垫。

4）实验结果及数据分析

本文采用卡方检验对两组数据进行统计分析。两组患儿第一次输液前行为配合度比较见表2，可见在干预前两组患儿的配合度基本处于同一水平，随着实验的逐步推进，实验组配合度呈上升趋势，第二次输液后数据表明实验组的配合度已明显优于对照组，且具有统计学的显著意义（$p<0.05$）（见表3、表4、表5）。

通过组别内部比较还可发现，对照组数据在实验中期略有上升，随后下降，这也表明常规治疗下治疗频次与对治疗环境熟悉程度的增加能够提升一部分患儿的配合度，但绝大部分患儿配合度反而降低，可见治疗频次增加与患儿配合度上升没有直接关系，这与前期调研中护士的访谈内容保持一致，从另一方面可证明本实验数据的可靠性。

表2 两组患儿第一次输液前行为配合度比较

题 目	名 称	组别（%）		总 计	χ^2	p
		实验组	对照组			
行为配合度	1级	4（26.67）	3（20.00）	7（23.33）	0.343	0.842
	2级	9（60.00）	9（60.00）	18（60.00）		
	3级	2（13.33）	3（20.00）	5（16.67）		
总计		15	15	30		

* $p<0.05$ ** $p<0.01$

表3 两组患儿第一次输液后行为配合度比较

题 目	名 称	组别（%）		总 计	χ^2	p
		实验组	对照组			
行为配合度	1级	6（37.50）	8（53.33）	14（45.16）	0.854	0.652
	2级	9（56.25）	6（40.00）	15（48.39）		
	3级	1（6.25）	1（6.67）	2（6.45）		
总计		16	15	31		

* $p<0.05$ ** $p<0.01$

表4 两组患儿第二次输液前行为配合度比较

题 目	名 称	组别（%）		总 计	χ^2	p
		实验组	对照组			
行为配合度	1级	2（13.33）	4（26.67）	6（20.00）	1.667	0.435
	2级	10（66.67）	10（66.67）	20（66.67）		
	3级	3（20.00）	1（6.67）	4（13.33）		
总计		15	15	30		

* $p<0.05$ ** $p<0.01$

表5 两组患儿第二次输液后行为配合度比较

题 目	名 称	组别（%）		总 计	χ^2	p
		实验组	对照组			
行为配合度	1级	3（20.00）	7（46.67）	10（33.33）	6.667	0.036*
	2级	7（46.67）	8（53.33）	15（50.00）		
	3级	5（33.33）	0（0.00）	5（16.67）		
总计		15	15	30		

* $p<0.05$ ** $p<0.01$

5）实验后续用户访谈研究

本研究还对实验组护士及部分实验组陪同家长进行了用户访谈，以期获取更多反馈（见表6和表7）。受访者对整体情况满意，访谈结果可归纳为以下几点：①操作流程易上手，护士不需刻意记忆流程，可利用道具根据患儿不同表现进行自然引导，以保证在有效转移患儿注意力的基础上不增加护士的额外工作量；②易于家长配合，家长不需额外学习，可根据护士指引及绘本、贴纸、英雄墙等道具自然配合；③道具方面可根据主题增添视频、玩偶、图画本等更多类型。

表6　实验组护士访谈整理

访谈主题	访谈问题	访谈结果
操作体验	操作过程是否顺利？可简单说明最满意和最不满意部分	操作过程初看复杂，做过一两次后很好上手，有道具也不用刻意去想怎么和患儿沟通了； 科室平时也会准备玩具帮助转移注意力，但实际操作中手忙脚乱很难挑选合适的玩具，有这样全套的工具确实工作更好开展了
操作建议	可改进的地方有哪些	道具可以更丰富

表7　实验组家长访谈整理

访谈主题	访谈问题	访谈结果
操作体验	孩子输液过程是否顺利？可简单说明最满意和最不满意部分	徽章的设计很好，孩子把三个徽章贴在胳膊上，出了医院还不愿意拿下来； 孩子看到其他人的证书也想要，这给了我们鼓励他明天再来的好话头
操作建议	可改进的地方有哪些	建议增加绘本数量，还可以有配套的视频； 建议增加道具种类

3. 基于八角行为模型的儿童输液过程游戏化设计方案优化

如前所述，医疗行为的目的是治愈疾病，其过程不可避免地伴随负面体验。本文针对此场景设计了一套流程化方案，即引入游戏化设计让患儿将注意力从治疗本身转移，以故事、情节等方式帮助其更主动地融入过程。经过上述实验，笔者根据实际情况对设计方案进行了整理（见图3），其优化遵循以下设计策略。

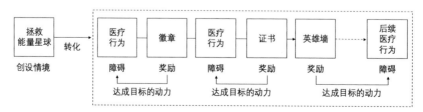

图3　儿童输液过程游戏化设计方案

1）创设情境形成世界观，建立使命感

核心驱动力使命指的是玩家相信自己在做一件意义重大的事，典型案例如蚂蚁森林将用户的日常行走、生活缴费上升为在沙漠中种下一棵树的绿色公益使命。在输液场景下，使用一个易于儿童理解、能够释放其想象力与使命感的故事载体是唤起其进入游戏的最初动机，也是带出后续游戏机制的关键点。本文设计方案使用经典的"拯救星球"作为故事蓝本，输液过程中需经历的穿刺、打点滴等行为转化为获取徽章的途径，徽章越多意味着越多的星球宝宝可以被拯救，儿童在故事及奖励引导下不自觉地沉浸，达到配合状态。

2）提供阶段性障碍与奖励，形成挑战性

在确认"拯救星球"的大任务后，设置"障碍-奖励"循环的游戏机制。护士或家长可用"再坚持10分钟就能获得下一枚徽章""5枚徽章可以兑换证书"等语言进行引导和鼓励。越过障碍（阶段性治疗）后，患儿获得表扬和奖励，得到战胜困难的成就感。此外，奖励以徽章、证书、英雄墙阶梯式递进，不同等级的奖励使治疗过程的体验由线性转化为螺旋上升，帮助患儿在闯关过程中不断产生新的核心驱动力，提升其参与与完成动力。达成一定目标后患儿还能获得个性化奖励，如可涂画的填色卡、写有名字的徽章等，使其产生不断闯关探索的欲望。同时，鼓励患儿间进行协作、邀请等社交行为，以社交乐趣进一步优化游戏体验。

3）设置意犹未尽的游戏结尾，预设期待感

因儿童输液频次通常大于一次，方案还需考虑后续治疗情绪。治疗结束后，家长协助患儿整理当次战利品，颁发感谢证书，同时展示未来可获战利品，配合"下次可以登上英雄墙了"等鼓励语言，引导其对后续医疗行为产生期待感。

4. 结语

游戏化设计运用于儿童医疗领域的实质是以患儿为中心、通过优化患儿的感受和动机来提升其配合度和参与度。本文结合游戏化理论与八角行为模型，针对护士与患儿沟通、护士与陪同家长配合痛点，为小儿静脉输液提供了一套实践性强的设计介入方案，帮助提升患儿在输液过程中的配合度，从而有效提高护士工作效率、改善医患氛围。通过实证证明该方案使用过程中患儿的行为配合度呈上升趋势，拓展了游戏化设计的实践研究案例。在此基础上对设计方案进行了优化并提炼设计策略，为以游戏化视角改善儿童输液体验提供了新的思路与经验。

参考文献

[1] Deterding S，Dixon D，Khaled R，et al. From Game Design Elements to Gamefulness: Defining "Gamification"[C] / / In Proceedings of the 15th International Academic MindTrek Conference: Envisioning Future Media Environments，New York: ACM，2011:9-15.

[2] 周郁凯.游戏化实战[M] .武汉：华中科技大学出版社，2018: 19-20.

[3] 陈鹤阳.国外游戏化公众科学研究综述[J].现代情报，2022,42（06）:160-176.

[4] 虞露艳，应燕，王秋月等.小儿外周静脉导管敷贴固定和更换的最佳证据应用[J].中华护理杂志，2019,54（03）:356-362.

[5] 贾丽华，张菊芳，蒋丽莉.降低门诊输液室穿刺重注率[J].护理与康复，2013，12（4）：380-381.

[6] Spitz R，Queiroz F，Pereira C，et al. Do You Eat This？ Changing Behavior Through Gamification，Crowdsourcing and Civic Engagement [M] . Marcus A，Wang W. [Lecture Notes in Computer Science] Design，User Experience，and Usability: Users，Contexts and Case Studies，Las Vegas: Springer，2018:67-79.

[7] Hamari J. Do badges increase user activity？ A field experiment on the effects of gamification[J] . Computers in Human Behavior，2017（71）:469-478.

[8] 王坚红.学前儿童发展与教育科学研究方法[M].北京：人民教育出版社，1991：98.

 周游天

现任教于广西师范大学设计学院。于新加坡从事设计工作八年，为联合利华、宝洁等一线品牌提供线上解决方案。作品曾获得The FAB Award（London）手机交互类银奖、MMA Smarties Vietnam营销策略类金奖、MMA Smarties Indonesia移动产品服务类银奖。擅长服务设计与用户行为设计。

第3章
方法与实践

设计元宇宙以解决现实问题

◎ Apurva Shah

　　元宇宙真的是一个非常流行的话题，我们公司通过创建元宇宙来解决现实世界的难题。我在现在的公司工作了四年，但在那之前，我主要是做电影和动画的。我工作过的工作室和公司主要是在梦工厂和皮克斯。为了讲好故事，我们创造了许多有趣的、动态的、高保真的虚拟世界。

　　我做过的电影里有一部是《海底总动员》，在那部电影里我们创建了非常多的水下珊瑚礁场景。这是受到了澳大利亚大堡礁的启发，它是专门设计的，用于讲述一条名为尼莫的小鱼的故事。

　　我们给自己提出的问题是，能把我们如今用于娱乐和游戏的工具和技术用在建立虚拟世界上，然后通过创建元宇宙，用它们解决现实世界的难题吗？在过去的四年里，我们一直专注于找到这个问题的答案。

　　现在，在这一点上，我想稍作改变，把更多的交互设计引入元宇宙中。我们通过讨论交互核心循环来实现这一点，你们中一部分人已经对这一概念很熟悉了，但是核心交互循环仍然是每次互动体验的核心。不管是游戏、手机应用、网站，还是医疗设施，核心交互循环始终存在于所有这些人机交互中，它的工作方式是由机器描述世界状态。

　　不论是应用或虚拟世界，还是与这种体验互动的人，从经验中获得某种感知流，通常它是来自于屏幕或耳机的某种形式的视觉或听觉感知。随后，我们的大脑分析接收到的信息，然后总结虚拟环境中发生的事情，接着大脑据此做出决定，可能会发送驱动命令或者动作，我们在这里将它称为操作流。某种形式的动作发送回元宇宙或任何可能类似的地方，然后元宇宙会对以上的动作做出反应，自动更新当下产生的信息，紧接着这个循环会重复。

核心交互循环

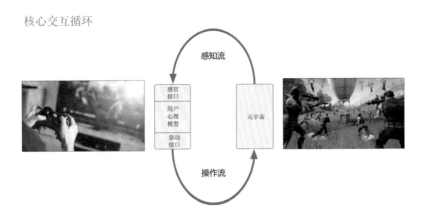

元宇宙的有趣之处在于这些环境不仅可以被单个用户使用，还可以实现多个用户同时同步共享。你们可以把它想象成Zoom会议，我不仅本人在，还可以与多人交流。这就是网络，这就是我们的互联网。计算机网络链接不同的计算机，我们可以用同样的方式，让不同的用户连接到这个共享的同步元宇宙，并意识到其他用户的存在以及他们在做什么。需要注意的是，每台计算机在某种程度上都在运行它自己的副本，它们努力确保所有这些副本彼此保持同步。

同步共享

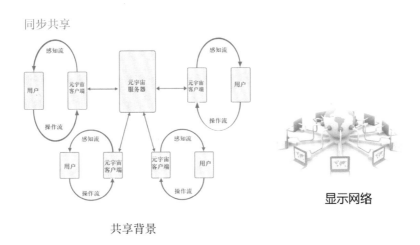

共享背景

显示网络

我们讨论过，核心交互循环想要运行的话，它必须运行得非常快，也许每秒60次，也许每秒120次，并且要让所有这些不同的元宇宙彼此同步。再者是化身其中的用户，当下我们想到移动手机应用或网站时，没有用户的具象化表现时使用者可以控制鼠标，但是用户却无法实现与鼠标保持一致性。元宇宙则不同，我们的用户实际上在元宇宙中具象化了，这通常叫作化身。作为具象化的用户，他们有同一外观却有不同的行为。还有一种观点，我们处于第一人称视角，所以，摄像机实际上在我们眼睛的位置，我们甚至看不到自己的身体，也许我们可以看到自己的手或者采用第三人称视角，这种是游戏中常用的视角。用户化身这个想法对于实现元宇宙体验非常重要。

当我们与一款应用互动时，我们可以点击屏幕，应用可以显现虚拟形象。通常它可能是拟物化的，但我们和现实世界的确实存在进行交互时，我们不需要任何表现物，也可以直接与之交互。唐·诺曼在这一领域的作品以及他经常使用的茶壶形象，显然非常具有标志性。如果你看墙上的电灯开关，不管在哪个房间，那个电灯开关都很明显，或者某物上的调音旋钮也是如此。这些本质上都是直接互动，然后当你按下开关，你立刻就能看到电灯发生变化。作为UI/UX设计师，在某种程度上，我们已经脱离了那种着眼于直接存在互动的经典工业设计形式。

直接存在

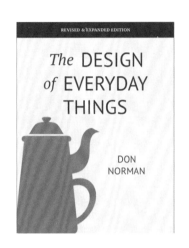

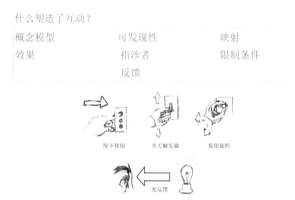

我认为要成为一个成功的元宇宙设计师，重新认识设计就非常重要。元宇宙是一个同步共享的虚拟环境，化身的用户与直接存在进行交互。我们来看一个关于导航的简单例子，导航是一种可能发生在元宇宙中的操作。

为了对比，我展示了在移动应用程序中导航的样子。其中有很多点击、放大的动作。而在自然界中，我们在空间中移动，这就是我们导航的方式，很明显，这就是元宇宙的前景，我们可以通过直接存在进行互动。

哪种形式的空间导航更自然？

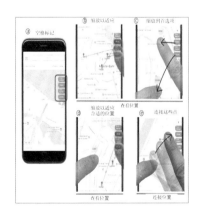

如何才能创造出沉浸感十足的元宇宙呢？加强我们的感官体验不失为一种方法，你可以戴上耳机，更进一步，你可以穿上一套全身套装，甚至会有触觉反馈。你可以戴上手套，这样你就可以为动作流创建手势。我认为这当然是营造沉浸感的一种方式，但还有许多其他方式可以让元宇宙体验更让人享受其中，这对作为设计师的我们来说既是挑战也是机遇。

如何让元宇宙身临其境？

感官黑客

游戏机制

心智模型

游戏机制是游戏设计中非常重要的概念。角色如何与虚拟世界互动可以非常简单，因为可以遵循一定的物理定律。这使得体验更令人满意，更身临其境。

也可以运用心智模型提升沉浸感。就像当我们读书时，我们甚至没有与世界互动，坦率地说，我们只是观察者。我们的感知流只是在白纸上看到黑色的标记，但我们的大脑会将这些信息整合到核心交互循环中，即用户心理模型中。

从元宇宙这个概念出发，我们稍微谈谈不同类型的元宇宙。元宇宙有很多不同的类型，最常见的、规模最大的是游戏元宇宙，如《堡垒之夜》《Roblox》《我的世界》等。这些游戏有核心机制，如《堡垒之夜》是一种大逃杀游戏，会有某种形式的价值产生。还有一种比较典型的以内容策略为核心，也可能是一种专有策略，可能是《Roblox》这种开放策略。

框架示例：游戏元宇宙

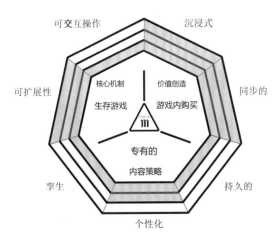

《堡垒之夜》

《Roblox》

《我的世界》

游戏元宇宙之外，还有社交元宇宙及模拟元宇宙。

框架示例：社交元宇宙

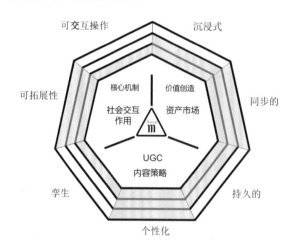

框架示例：模拟元宇宙

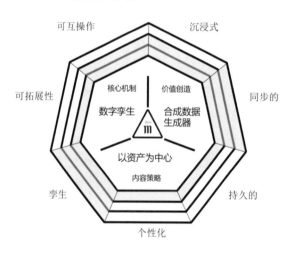

　　企业元宇宙也有着一定的价值。首先，我们知道人工智能和机器学习非常需要数据，在现实世界中有时候收集数据是很昂贵的、耗时的，甚至是十分危险的，有时根本收集不了。所以，这个企业元宇宙的妙处在于它是虚拟的，也是完全仪器化的，是收集准确、可预测数据的很好渠道。另一个是机器人领域，在现实世界中测试和验证软件的变化是非常耗时、危险、昂贵的，花费时间很长。所以企业元宇宙提供了一个机会。只要你想，它就像一个沙盒，在里面你可以异常快速地测试这些机器人系统。在某种程度上，你可以把企业元宇宙想象成一个教室或大学，用于训练这些系统。

　　元宇宙的发展需要我们设计师去共同努力。比如，思考元宇宙到底是什么，怎么让用户有沉浸感？此外，还有很多关于道德的重要问题。比如，在元宇宙中欺负人意味着什么？让元宇宙对所有参与者公平公正意味着什么？我想会出现一些非常具有挑战性的社交和互动话题，我希望看到更多的设计师参与到对话中来。

Apurva Shah

Duality的创始人兼总裁，他领导团队建立了一个企业元宇宙，并以此解决现实问题。他曾任职第一资本金融公司（Capital One）的创意技术和设计主管，节奏特效公司（Rhythm & Hues Studios）的全球技术高级副总裁，皮克斯公司（Pixar）的视觉效果主管和技术智囊团成员。他的电影作品包括《料理鼠王》《怪物史莱克》《海底总动员》和《玩具总动员3》。在模拟、渲染和数字支付方面，他持有多项创新专利。他还曾在SIGGRAPH的委员会和美国视觉效果协会（Visual Effects Society）的董事会任职。

可持续办公园区的环境空间营造要义

◎ 邹裕波

当代社会，办公空间的环境品质对人们的身心健康非常重要，好的园区环境能带给人们更多活力和创造力，为企业提升经济效益。

近年来，我们先后承接了阿里巴巴南湖园区、菜鸟云谷、京东总部等办公园区的景观设计，收获了许多经验和心得。本文将与大家分享如何从可持续景观角度创造让人充满幸福感的生态办公园区。

1. 办公园区的环境空间发展变化趋势

近些年，办公园区的环境空间发展经历了哪些变化趋势呢？

一方面，园区设计逐渐从基本功能的满足，到包罗万象的空间呈现，直至对人性的关怀。以亚马逊新总部为例，整个办公园区仿佛在植物园里，人们在此研发、工作，在自然中获取能量，获取灵感。

另一方面，园区设计从最初的只讲究形式美学，慢慢转换到注重建筑景观一体化空间延伸，再到运营管理、活动组织，时至今日，则更关注人与人之间的交流互动，以及人与自然充分接触的返璞归真状态。以Metal旧金山总部为例，滨海边上的覆土建筑与周边环境融为一体，就像在原生自然之中。

由此可见，今天的办公园区中，室内外已经界限模糊，呈现出一种互补、切换和平衡的状态。室内外空间相互融合渗透，人们可以在室内进行高强度的脑力劳动，在室外进行修复放空，吸取自然灵感，体验生活和工作的乐趣，形成能量循环。这种可持续场域的营建，能够更好地支持可持续行为的发生。

2. 可持续景观

那么，什么是可持续景观呢？

本质上，可持续景观（Sustainable landscape）是一种基于自然系统自我更新能力的再生设计，包括尽可能少地干扰和破坏自然系统的自我再生能力，尽可能多地使被破坏的景观恢复其自然的再生能力，最大限度地借助于自然再生能力而进行最少的设计。

我国先后提出海绵城市、碳中和、碳达峰等政策，这都是可持续景观设计中的重要指导政策，这就要求我们尊重自然、顺应自然、保护自然，以达到一种回归自然的状态。让自然回归城市，让人回归自然，我们希望营造出可循环的、熵减的、自我迭代的、延续性的、自我生长的景观，形成低碳、低投入、低维护、低影响的开发原则。

在可持续办公园区环境空间营造中，我们提出五大设计要义，分别是环境友好、多元复合、自然赋能、智慧活力、文化内涵。这些要素是我们设计思考的出发点，也是我们所认为的可持续空间营造的关键点。

1）环境友好

可持续办公园区环境景观的营建，首先需要满足场域的基础功能。环境友好的几个基本要点如下。

①满足绿化、消防、安全、便捷的基础功能诉求。

②对消极空间进行积极处理，让空间具备本质性的影响力。

③关注弹性空间，打造城市开放性。

在北京某头部互联网企业总部园区景观设计中，我们结合基础功能，构建了针对园区的碳中和金字塔，制定相应的设计策略和目标，如源头减排、回收利用、生态碳汇，让环境变得更加生态可持续。

我们将室内的三个大中庭与室外融合，营建出自然放松的景观环境，让室内外空间相互融合，希望少一些人工雕琢痕迹，多一些自然健康的乡土植物。例如，将下凹绿地与旱溪结合，形成满足海绵城市功能的绿化空间，让环境变得更积极、更开放、更富有弹性。

2）多元复合

当今的办公园区业态趋于多样化，除了办公外，可能还包含商业、展览、餐饮、居住等复合功能。多元复合的几个基本要点是如下。

①关注景观与规划、建筑、室内等各专业间的衔接与平衡。

②生态场景一体化，进行政策导向的生态拓容。

③关注设计之外有关投资、建设、维护、运营的综合要素。

以菜鸟云谷产业园为例，设计之初，我们便将生态可持续的应用和不同业态的统合作为设计的出发点，使园区所承载的各类企业形成产业生态链集合，汇聚、链接和赋能成为了重要设计理念。

以主入口空间为例，我们设计了一个弧形拱桥，将交通、物流等基础功能整合其中，拱桥既是园区门面，也是两侧建筑的主入口，延续了建筑造型，使空间协调一致。同时，在各出入口设计与此呼应的主题水景、雕塑等招引性空间，将外来人群有效地引导到园区当中。

　　园内独栋办公区和北侧高层区之间的中央绿谷是重要的开放空间，我们将足够多的绿色空间引入，原汁原味地模拟自然种植关系，以消解两侧高密度建筑带来的压抑感，利用高架连桥将二层、一层和地下空间衔接，布置共享长桌、休息坐凳，以促进人们的交流。此外，我们还将会议空间移到户外，在绿色中办公，让自然赋能。

3）自然赋能

　　据研究，人每天接触30分钟的自然环境是一个健康的、必需的剂量，因此，设计师应在居住区、办公园区、校园、街道等各类场景中充分应用自然要素，打造亲自然空间。我们认为，这种健康之美、生态之美比纯粹的形式之美更重要。

　　从自然赋能角度营建景观的几个基本要点如下。

　　①环境友好、山水相依。

　　②自然感知、发现美好。

　　③生态展望、未来畅想。

　　在长沙的爱尔眼科眼健康产业园区，我们把山水自然引导到园区之中，使景观与建筑形成强烈的对比、对话和互补，以满足不同空间的使用模式。我们将山间的泉水引导到景墙之上，把树、石头植入到台阶之间，形成拾阶而上的自然情境。这种处理手法保留了场地原地形的魅力，人们在此既能感受到高科技的便捷，也能感受到纯自然的放松。

4）智慧活力

智慧活力指的是充分激发环境活力，营造并触发互动场景，增加人们的户外交流频率，进而激发人与人之间的创造性思维。智慧活力的几个基本要点如下。

①多维立体，界面交融。

②情感链接，互动体验。

③韧性场地，能量空间。

在北京京东总部园区设计当中，我们将促进人们的相互交流与碰撞作为设计关键点。在建筑楼间设置功能平台，满足弹性活动使用；在架空层下方连廊增设雨水花园、自然感知节点，让人在此有更多观望和停留……凡此种种，在这占地将近2万平方米的空间中，营造出复合的、弹性的、多维的空间场景。

5）文化内涵

文化内涵是企业文化和精神的重要表现。文化内涵的几个基本要点如下。

①地域风貌，文化自信。

②企业文化，精神信仰。

③自然科学，人文艺术。

在阿里巴巴南湖园区中，我们希望在杭州——中国的园林故乡，做一个富有文化意蕴的项目。

首先，南湖湿地与杭州的山水融为一体，是珍稀动植物栖居地，非常多元、珍贵，因此可持续的生态自然是我们必须抓住的设计内涵；其次，我们梳理杭州的城市气质，认为它是一个有历史、有文化、有传统，也有未来、有现代、有科技的城市，因此需要植入地域性的文化符号；同时，我们充分考虑园区使用者，为他们量身定制工作生活方式，园区是一个高效能研发机构，我们希望使用者在园区中放松身心，获取能量。

因此，我们借鉴南湖周边景致，在园区中设计了能够收集雨水的、可自然净化的人工湿地湖，让建筑的高冷、理性、纯净的风格与景观的温暖、有机、丰沛的风格形成互补，通过景观的营造，吸引和保护南湖的珍稀鸟类，使人们在园区中办公的同时便能体会到在自然中的幸福感。

同时，我们设计了很多公共文化空间，应用一些如茶山、茶园的要素，把地域文化借鉴到园区中来。

此外，我们还设计了一些精神场所。例如，在园区最重要的下沉中庭，用一颗悟道之树来表达企业精神——相比于今天用大量人工雕琢的营造方式，一棵有生命的树，更能体现精神和文化的传承。

3. 总结

新时代的办公生产场景日新月异，园区设计需要具备可持续发展的眼光以及面向未来的新生代价值。办公环境应该促进人们享受工作状态，从工作当中获得成就感和幸福感，快乐的人更容易投入到工作当中去，也更具有创造力和生产力。除此之外，我们还须考虑招商引资、活动组织、运营维护等全生命周期因素，综合应用、因地制宜，营造可持续的办公园区环境。

参考资料

俞孔坚、李迪华·可持续景观【J】.城市环境设计，2007（1）:7-12.

邹裕波

阿普贝思（UP+S）景观设计机构创始人，拥有建筑与景观双专业背景；美国IFLA会员，英国BALI会员、CSUS景观学与美丽中国建设专委会委员，在景观行业从业20余年。作为建筑、景观及海绵设计的领先人物，将可持续设计真正应用于多年设计实践中，开创性地构建国内首个可持续雨水花园设计理念及体系。曾接受CCTV、香港卫视等多家媒体采访，获园冶杯最佳设计师、中国景观先锋人物等多项荣誉。

近年主要作品包括：阿里巴巴南湖园区、菜鸟网络西湖云谷综合园区、京东D-2合作伙伴大厦办公区、万科雄安建研中心、威克多北京总部等产业办公园区景观设计等，作品曾获美国MUSEDesignAwards金奖、英国BALI奖、GBE办公建筑大奖年度最佳产业园、IFLA国际大奖等国内外知名奖项。

产业互联网行业中的多维设计：
在物流行业中的实践

◎ 王琛

先请大家思考一个问题：一个包裹从上海邮寄到广州，现在需要多少钱？十年前呢？

在这十年间，人力、运输、材料成本都发生了显著提升，而物流费用却没有发生显著变化。这是由于产业互联网的发展，而带来的行业效率的极大提升。

共享单车将骑行体验数字化，社区团购将生鲜零售体验数字化。在物流行业，我们将包裹运输体验数字化。多角色、长链路、线上线下高度结合，是这些产业互联网行业的共性。

本文将带领大家从链路、维度两大视角展开，呈现产业互联网视角下设计师解决问题、创造价值的路径。

1. 链路视角：从下单到收货，这中间到底发生了什么

先带大家了解一下整体物流链路：从消费者视角看，用户的感知主要是下单—等待—收货。但在这其中，还发生着商家打包、将包裹送至物流服务商仓库、干线运输、尾程分拨、配送等环节。

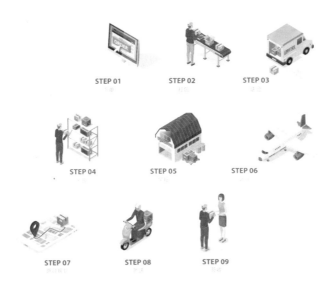

这些复杂的物流环节，在消费者侧的感知则凝聚于物流轨迹页面。在这个页面中，设计师需要思考许多问题。例如：什么是用户关注的物流轨迹信息？如何降低用户等待包裹的焦急情绪？疫情期间，如何让用户感知我的包裹是安全的？能否减少快递废弃包装导致的浪费？

例如，设计师将消费者最关注的预计送达时效以深色卡片形态呈现于页面顶部；将物流

轨迹的重要更新节点以列表形式、时间倒序地排列在页面下方；通过展示快递员的疫苗接种情况来降低用户在疫情期间的担忧；通过"绿色回箱"标记来体现环保理念。在这一个小小的页面中，所需要考虑的因素复杂而多维。

2. 维度视角：设计能从哪些维度着手，探索解决方案

总体来说，我们将可能的设计维度归纳为空间、信息、设备、界面四大类。在思考任何设计问题的解法时，都可从这四个维度出发进行探索。

空间　　　　　信息　　　　　设备　　　　　界面

1）空间

空间指的是用户所处的线下空间。设计师可以着重关注行走动线、空间尺度是否合理，以及视野范围是否宽阔等因素。

以仓储空间的布局设计为例，在宏观尺度上，我们关注整体区域布局，如何使区域间动线流转更顺畅，进而提升作业协同效率。举例来说，在规划仓库内储货库位之间的距离时，如距离过宽，则分拣人员需要走更远的路、且库存容量受限；如距离过窄，则多任务并行时容易导致通道拥堵，因此需要在两者之间平衡，制定一个适中的空间密度。

将视野缩小一步，在单独的功能区域内，可以通过优化货架布局，使用户作业更高效。再进一步，在货架内，通过更合理的层高规划，提升空间利用率，最终完成从宏观到微观，层次递进的空间布局优化。

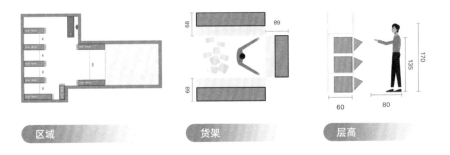

区域　　　　货架　　　　层高

案例：不同空间容积率下，货架布局及操作人员活动空间的差异性

设计原则：尽量减少操作时的走动，只需要抬手弯腰转身即可　思考：不同布局分别适用于何种实际场景？如何达成效率更优？

场地小、包裹少　　　　场地小、包裹较多　　　　场地较大、包裹多

不推荐：操作距离远，步行成本提高　　　　场地较大、包裹很多

2）信息

　　信息是指线下空间内的实体印刷物，如导视物料、包裹面单、拣选单据等。在信息设计过程中，设计师可以着重关注用户视距，信息尺寸、密度、呈现层级等。

　　以仓储拣选场景为例，分拣人员会以"拣选单"作为指导其工作流程的核心载体。先以"库位号"的指引走到仓库内的指定区域，再以"商品条码"进行商品的定位，拣选起指定数量的货品，最后以"拣选筐号"完成商品的投放。如下图所示，单据的信息设计与线下空间逐级映射，在设计拣选单的过程中，需要考虑如何使线下操作效率更高。

"拣选单"作为指导仓库分拣工作的核心载体

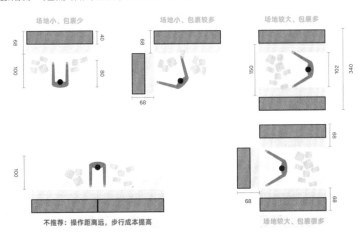

不同平台拣选单样式对比：信息呈现顺序、层级的差异，影响员工作业效率和准确率

3）设备

随着行业技术的发展，在物流场景中，既有小推车、货架、地台等传统的非智能设备，也逐渐引入拣选枪、高拍仪、摄像头、甚至AR眼镜等智能设备。对设计师而言，可以关注设备本身的人机工学设计，如费力度、易用性等维度，以及设备对环境的感知，通过人与设备的互动，无感完成行为记录。

大量线下实操步骤，需要依托于有形的硬件设备完成
探索通过工具的优化，自然带动用户作业方式的改变。好的设计应当是基于用户本能的，一拿到就能知道如何使用的产品。

（小推车　麻袋　货架　扫脸机　手套　电三轮　物流筐　胶带　高拍仪　更多）

在包裹出库时，操作人员会对包裹进行称重。在这里，"称重"动作包含了多重含义：①包裹轨迹节点记录，确认出库无误；②根据包裹实际重量，核实运费；③后续如买家申诉漏发、错发等情况，出库重量也可以作为核实凭证。

4）界面

物流场景中的界面载体非常多样化。除了常见的计算机、智能手机之外，还有扫码把枪、高拍仪等多种物流特色的智能设备。举例来说，在包裹送货上门，配送时用户不在家的"非本人签收"场景下，容易产生配送员未将包裹放至指定位置，或消费者找不到包裹等情况。因此，为配送员增加一项该场景下的操作SOP：拍摄一张包裹放在门口的照片，并在用户端展示给消费者，从而约束配送员操作，并帮助消费者更好地感知自己包裹的放置位置（注：为避免隐私问题，还会在C端标注"仅对您本人可见"）。

"你有一个包裹，现在在家吗？"

非本人签收场景下，如何保证包裹真实送达，且便于寻找

短信触达　　　　　　App内触达　　　　　　照片展示

3. 多维设计方法介绍

　　基于上述空间、信息、设备、界面的维度，我们通过下图这张"多维设计机会自查表"提供了一种思考路径，从用户角色与整体任务链路出发，细化拆解每个环节中的行为动作、内心思考，以及其在多维触点中的交互方式，最终转化为对应的设计机会。在实战过程中，设计师可以结合自身场景，进行全链路、多维度的机会梳理，挖掘设计机会。

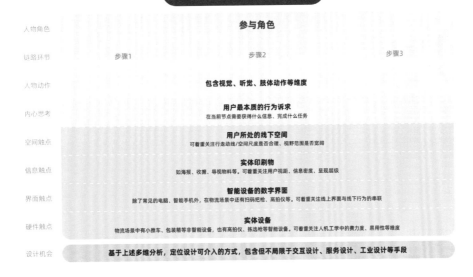

多维设计机会自查表

人物角色		参与角色	
链路环节	步骤1	步骤2	步骤3
人物动作		包含视觉、听觉、肢体动作等维度	
内心思考		用户最本质的行为诉求 在当前节点需要获得什么信息、完成什么任务	
空间触点		用户所处的线下空间 可着重关注行走动线/空间尺度是否合理、视野范围是否宽阔	
信息触点		实体印刷物 如海报、收据、导视物料等。可着重关注用户视距、信息密度、呈现层级	
界面触点		智能设备的数字界面 除了常见的电脑、智能手机外，在物流场景中还有扫码把枪、高拍仪等。可着重关注线上界面与线下行为的串联	
硬件触点		实体设备 物流场景中有小推车、包装箱等非智能设备，也有高拍仪、拣选枪等智能设备。可着重关注人机工学中的费力度、易用性等维度	
设计机会		基于上述多维分析，定位设计可介入的方式，包含但不局限于交互设计、服务设计、工业设计等手段	

　　基于"仓储分拣"这一场景，我们也梳理了一张更具体的多维设计分析实例地图，供大家参考，可扫码看大图。

多维设计实例

4. 总结

　　互联网的发展已经渗透到人们生活的方方面面，越来越多的产业正在互联网化。物流行业作为其中的典型代表，也产生了许多具有代表意义的方法、实例。本文以作者在物流行业中的多年从业经验为例，通过多维设计方法讲述如何深度理解行业形态并推演设计机会点。也希望产业互联网中的设计师们，都能够以不设限的心态，打开更宽广的设计视角，真正致力于解决行业问题，发挥设计价值。

　　最后，有两句话送给大家。

　　①我们对用户理解的深度，将决定我们能提供的体验：深入一线，定义关键节点，洞察真正用户感受，从而切实解决问题。

　　②我们对体验范畴的定义，将决定我们能将打造的设计：产业互联网时代，设计师需要有更加开放的心态，探索软件、硬件、线下空间、实操流程的多维创新。

王琛

　　字节跳动体验设计师，深耕物流行业多年。拥有横跨交互、服务、信息、工业设计等领域的充分设计经验。擅长通过体验视角撬动商业价值。

　　曾任IXDC 2022讲师、Campus Aisa讲师（浙江大学x阿里巴巴）；论文曾获UXPA优秀论文（并参选HCII国际人机交互大会）；Alibaba Design公众号专栏作者；曾获字节跳动·商业产品2022年度最好设计、光华龙腾奖·中国设计业十大杰出青年入围、菜鸟集团小草莓（坚守客户体验）等奖项；多项国家发明专利作者。

腾讯安全B端体验度量与管理实践

◎ 郑茜米

随着企业数字化转型，信息安全问题变得更加复杂和多元化。为满足市场企业安全需求，腾讯安全从C端转型B端，衍生了庞大的B端安全产品体系。由于B端服务对象与场景变化，体验度量涉及的触点多、旅程长、反馈渠道多，因此传统的度量方法和指标已不适用。体验度量在设计领域里并不是一个新的课题，它主要是用于产品设计的评估、设计效果与价值的验证，但是很少有人分享在B端领域里的度量，包括体验度量面临的挑战以及设计师们如何通过思维、技能、方法的提升去应对挑战。

在B端的设计工作当中，大家可能经常遇到这样几个场景：老板说客户投诉体验不好，设计团队来解决一下。我们在经历多次客户回访后，发现B端体验并不仅是使用体验不好，还包含功能不完善、服务响应不及时等问题；业务方或产品经理反馈，设计调研报告很专业，但是不在产品规划中。最终，导致体验度量的成果难以落地应用。是什么原因导致管理者、业务方、设计师对于体验定义、体验调研的价值认知存在差距呢？

首先我们看一下B端与C端体验度量的差异。C端的用户体验度量面向使用者，一般应用在产品上线之后属于设计效果的验证。评估体验做得好不好，如果不好问题又在哪里，通常是用户研究员和设计师负责调研。解决产品设计类的问题，让产品更好看、更好用。B端的体验度量面向的是客户，包含决策者、管理者、使用者等多种角色。它的应用范围更广，包括在产品研发、营销、售后的全生命周期。调研执行方除了设计师、用研之外，也可以是市场部、销售部、产品部、客户运营部等岗位。B端会更系统化，还要解决多角色、多渠道、全链路的客户体验问题。这对设计师提出了更高的要求，从设计思维提升到战略思维，要有全局观和系统化思维，重新理解B端体验，关注B端业务中影响体验的各要素，以及各要素之间的关系。

1. B端体验度量体系的架构

从C端转型做B端或者刚从学校毕业的设计师们，在执行度量体验当中都会面临三大难点。

①分析浅：B端体验度量调研，产品壁垒高、较C端产品更加垂直，需要具备行业与业务经验，如保险公司的B端设计师不了解保险业务流程，不深入业务，调研结果浮于表面，难以有深入的洞察。

②效能低：面对B端庞大的产品体系，采用以往的用户研究方式进行数据收集和分析，每个产品线都自己收集、整理、分析数据，缺乏统一评估标准和方法，耗费大量人力，而且B端

调研通常是产品设计师负责的，既要支撑业务需求又要执行专业调研工作。

③客户干扰：B端体验度量涉及部门多，市场部、销售部、产品部、客户运营部每个部门视角不一样，所以B端调研诉求差异大、客群少，多次执行易对客户产生干扰，严重时还会影响客户口碑。

基于以上的难点，我们的团队在开始启动安全产品体验度量项目的时候，就定义了体验度量的原则：可量化、可分析、可监测、可管理。"可量化"是指不同视角的体验都能量化成数字进行对比；"可分析"是指度量的结果不流于分值的结果，能分析底层动因，解释为什么；"可监测"是指能持续性地进行数据跟踪、趋势的分析，提升决策的效率；"可管理"是指体验问题的发现到解决，以及效果的验证，形成良性的循环。

经由多个项目经验，我们总结出了B端体验度量体系，包含三个要素。

①多视角的度量指标模型：它能够满足不同业务角色与因素的度量诉求，实现全局视角的体验评估和量化，避免头疼医头，脚疼医脚，多方散点式调研，难以形成合力的问题。

②统一的执行机制：能够通过项目启动执行、体验改造的流程化和标准化，实现价值效果的验证，完成体验闭环的管理，来解决常见的、难落地的问题。

③体检度量中台：沉淀出标准化的方法模板和工具，释放设计和用研的人力，赋能团队和生态，提升体验度量的效率和专业度。通过构建这样一个自动化的管理闭环，保证数据呈现整体的高效、安全、规范，而且结果客观。

如何搭建一套对业务行之有效的度量指标体系呢？腾讯安全度量体系搭建思路如下：第一步，先研究国内外的指标模型，进行共性和差异分析；第二步，通过工作坊进行业务指标共创，基于客户旅程，梳理业务触点与度量范围，关联业务指标，梳理模型；第三步，小步快跑，基于标杆产品试点，验证效果，进行指标模型打磨与机制优化，在验证效果之后，再去进行规模化的推广；最后，沉淀方法、模板、工具，搭建中台，减负扩能。

2. 国内外体验度量模型研究

体验度量是受到宏观经济驱动而衍生发展起来的。1999年派因提出市场进入体验经济，企业在产品、商品、服务的单一维度竞争已经不能再获得持续的竞争力，"体验"变成企业新型差异化的竞争策略。随之，从国外到国内各大厂商陆续开始关注体验，以帮助企业打造新的竞争优势，体验度量也开始受到管理层重视，逐渐上升到战略层。

通过国内外14类成熟的度量模型和18篇专业文献的案头研究，以及对模型指标的数据梳理与聚类，共积累了135个指标池，五种指标类型：用户行为、用户态度、服务、功能、技术。用户态度和用户行为维度指标占比38%，技术占比37%，仅次于用户维度指标；服务维度的指标是C端调研中较少使用的指标。

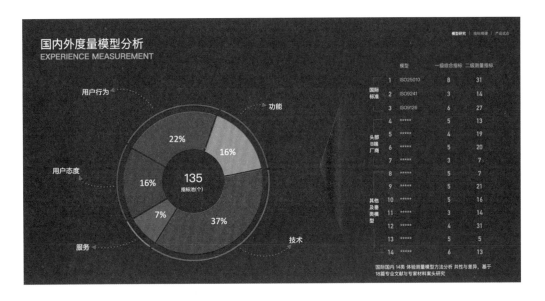

国内外度量模型分析
EXPERIENCE MEASUREMENT

国际国内 14类 体验测量模型方法分析 共性与差异，基于
18篇专业文献与专家材料案头研究

指标测量方法包括定量、定性两类，共有九种常见的测量方式：用户行为监测埋点、量表、问卷、工单、软件测试、可用性、竞品分析、走查、用户访谈。定量与定性方法通常会结合使用；工单是B端产品特别关注的指标，是用于售后阶段客户投诉、咨询、建议等统计次数的指标；软件测试在B端产品技术上的测试使用较多，如数据准确性、AI模型准确性的测试等。

3. 搭建多视角的业务指标模型

B端业务指标采集，需满足所有产品皆可量化的原则，然而腾讯安全产品体系庞大，共有40多款，行业壁垒深，产品之间差异大。如果使用传统的桌面研究法、专家建议法，指标搭建的周期长、效率低。所以我们通过工作坊的方法，共创安全指标池，快速搭建符合不同产品特征的指标池。

通常我们理解的工作坊是授课型，通过练习+互动的方式，提升知识获取效率；另外一种是基于解决某类问题，邀请专家短时间内激发创意的工作坊。度量工作坊属于第二种；工作坊分为四个操作步骤：宣讲准备、执行评估、多维分析、聚类提炼。首先，我们在开启工作坊之前，要准备好基础的指标池与材料，明确邀请的对象能覆盖主要的产品；在工作坊执行过程中，通过宣讲进行概念导入，帮助参与者建立基础认知，明确度量工作坊的目标与价值。同时，提供指标推导工具与案例，帮助大家提升指标推导的执行效率，保证产出的数据结构化，便于后期分析整理。通过数据分析工具结构化地去整理，最终梳理出 31 个高频的安全指标池。

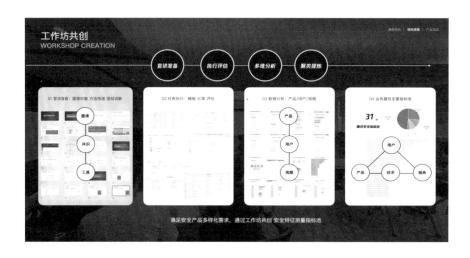

工作坊共创
WORKSHOP CREATION

满足安全产品多样化需求，通过工作坊共创 安全特征测量指标池

我们需要从客户视角出发，梳理客户与企业交互的全旅程和全触点，与安全基础指标池映射，定义不同客户体验触点的测量指标、测量方式、度量范围。以腾讯安全产品为例，它包含公有云+私有化的客户，从了解产品、采购产品、使用产品到售后反馈的客户全旅程，共有50多个触点。我们基于业务的相关性强弱，划定了优先级最高的产品使用维度、服务维度以及内部组织效率维度的指标，品牌会作为未来的拓展维度指标。相较于传统的指标，通过梳理出与团队各职责相关的体验范围与指标，让产品、运营、售前等不同团队都能以此作为体验量化评估和流程优化的指标模型，且作为负责人，实现度量体系中的可管理原则；最终提炼产品和服务共九大指标。服务维度包括售前服务、售中服务、售后服务。产品维度包括功能性、易用性、技术能力、稳定性、文档质量。

除了外部客户评价指标，组织内部的流程效率指标也尤为重要。在专家访谈过程中，我们发现管理者、运营团队的负责人尤其关注内部流程效率的指标。这里的内部流程是指销售流程、交付流程以及客户反馈流程。流程效率也会影响到客户的体验。举个例子，销售与产品交付通常是两个团队，销售为产品价值传递给客户提供承诺，目标是承担；交付团队主要是为产品部署验收负责，目标是一次性完成交付。销售的成单和交付的产品部署之间如果没有流程机制的约束，就会导致销售对客户承诺的信息传递不到位，或者是对客户侧进行过度的承诺，都会影响到整体交付的成功率以及客户对于交付验收的成功率。所以运营团队需要解决不同角色和流程之间的效率问题，要关注效率型的指标。

可能很多设计师都会有疑问，这与设计有关系吗？为什么我们要做运营指标度量？从B端业务诉求和客户诉求来看，服务与运营异常重要，正是缺少了全链路的角色把各个团队连接起来，通过设计洞察能力优化组织的系统层效率，优化流程与流程之间的顺畅度。从服务设计的思维来看，也是在设计师的"只能"范畴，我们需要做向前走一步。

在构建模型的过程中，需要了解不同视角的度量目标，回归到业务中，打磨优化模型，并与不同职能的业务专家达成共识。在经历六大业务部门访谈、14场专家访谈，最终形成了"外+内"的度量模型：外部是指的客户评价指标，与客户口碑和商业增长直接相关，作为体验核心指标；内部是指组织流程效率指标，影响客户体验，作为日常运营性指标。

度量的执行机制：为了指标与模型可落地执行，赋能团队，需要了解不同视角下度量的诉求，从使用者角色、目标、指标分析，输出可落地执行的度量机制。

赋能管理者：管理者希望可以持续监测，通过统一、明确的北极星指标进行考核管理。赋能产品与服务团队：业务希望通过指标指导产品质量提升，定位产品问题，不断优化产品与服务。关注的指标有产品功能、技术能力、系统性能、易用性、功能、文档质量。服务关注售前、售中、售后服务。赋能运营团队：运营团队希望通过指标牵引，提升内部支撑流程的效率，降低成本。

基于三类角色目标和关注指标，可分为宏观、微观、运营三种执行机制。宏观度量包含简单的三道题，客户是否满意、客户是否愿意推荐、是否愿意继续使用，通常以半年度进行考核管理与度量执行。微观度量包含二级和三级指标，如功能性指标，能够针对哪些具体功能进行下钻，定因分析并且提出落地性的计划，基于产品版本研发计划执行。运营度量包含全量的效率指标，通过软件系统获取指标，通常以高频率、月度进行指标监测与管理。

宏观与微观指标都是通过满意度问卷+访谈调研方式，由设计团队承接；运营性的指标涉及各个团队的流程管理，由设计提供技术支持，各团队主负责。

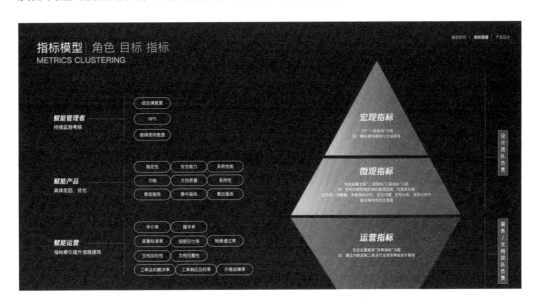

在搭建指标体系的过程中，除了掌握搭建的方法之外，更重要的是思维变化，从设计视角拓展到全局、系统性的战略视角出发，去理解B端体验要素与连接关系，回到业务中，才能创造价值。

4. 产品试点与度量体系优化

基于标杆产品进行试点，小成本验证度量效果，进行度量体系优化，再进行规模化推广。

以安全产品的案例，在B端度量调研整体，执行步骤分五个步骤：①前期准备；②调研执行；③数据分析与解读；④问题定位；⑤建专项。度量执行的方式与C端基本一致，重点差异在画像分析、数据分析与解读、建专项的方法上。

1）画像分析

画像分析主要是解决谁在用、用户评价逻辑是什么的问题。将用户的评价逻辑同他们的问卷各项分值表现相关联，更准确地进行数据解读。B端产品不同于C端产品的一个主要表现是产品需要满足不同客户的要求。客户所在行业、企业架构、业务需求、预算投入的差异，也会对产品的需求产生差异。画像更多是为了提供一个网状视角，去更好地理解企业和用户行为背后的逻辑和驱动因素。基于此，我们的画像分为两种；一种是以了解企业业务诉求，挖掘采购偏好为目标，即企业画像；另一种更偏向用户使用层面的认知和对产品偏好信息的收集，即用户画像。

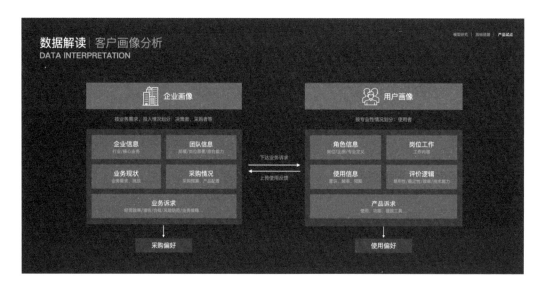

2）数据分析与解读

明确客户画像后，基于客户偏好对调研问卷进行数据分析与解读；通过相关性与回归分析，挖掘影响满意度的核心因子，针对性改善，优化资源投入产出比。

3）建专项

建专项是B端度量执行中尤为重要的一环。整理不同用户旅程图的定位问题，基于不同度量维度与影响程度，进行问题聚类与优先级划分；与传统调研不一样的是，这个环节我们会要求产品、服务、管理者多方都参与讨论，将已有的信息通过可视化的方式共享洞察结论，联合多角色进行讨论，帮助不同职能角色看清体验水平，形成合力，进行客户体验改造。

另外，多视角分析有助于信息对齐，帮助业务挖掘底层原因，除了客户反馈的产品、服务、技术、易用性外，可能底层原因是运营资源不足、流程需改善，以及商业策略等；从战略层面重新思考，调整产品定位，确定产品目标与方向，再到体验改造的解决方案、可落地的执行计划。

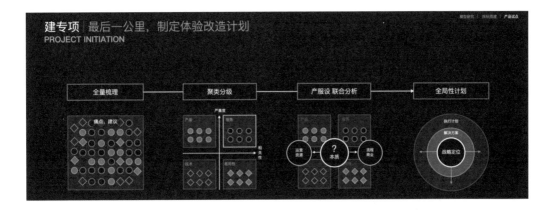

建专项不是设计给出最完美的解决方案，而是通过度量结果与洞察，创造了一个基础，邀请业务分专家角色讨论、共识，促进产出更优的体验改造方案，且建立具体专项计划，为客户体验的优化共同努力，逐步形成良好的度量合作机制。

4）度量执行思路的优化

在度量标杆实践中，从画像分析、问卷发放、数据分析、客户访谈、画像旅程定性分析中，我们发现仍然存在执行周期长、成本高的问题；我们也在反思，资源有限的情况下需要考虑怎么解决效率问题；所以为了达成"敏捷、高效"的目标，我们重新设计了更灵活的、基于不同产品生命周期的体验度量执行思路。

产品初创期，业务核心诉求以产品需求被市场验证，用户是核心的种子用户；业务导向为主，验证需求真伪是主要目标；度量侧重的是产品有效，这个阶段控制人力、预算的成本投入，可以采用易用性测试，针对种子用户的满意度调研，对客户概况定性分析。

产品成长期，产品功能逐步标准化，关注重点行业的客户满意；业务导向开始过渡到体验导向，对产品结构、使用流程有诉求；度量侧重的是定量分析产品服务短板与关键因子；通过定性的方式梳理基础客户画像。

产品成熟期，产品规模化，关注全量客户满意度；体验导向，保证产品界面的易用性，打磨体验优势；度量侧重基于全量客户，通过定量+定性的方式进行客户分层旅程，细分客户画像分析，提出优化建议。

产品衰退期，寻找第二曲线，产品收敛，减少降低成本投入，通过宏观满意度持续观测客户满意度水平，发现异常风险，再启动微观满意度调研，减缓客户流失速度。宏观满意度相对成本较低，可以持续针对产品生命周期每年两次进行监测回收。

5. 体验度量中台

安全的产品线包括基础安全、业务安全共40多项产品，而用研资源是极度缺乏的，因此要实现1到N产品的规模化度量覆盖，只有沉淀经验，实现模板化、方法化、工具化，减负扩能，赋能团队生态，包括产品经理、培训等角色，才能实现度量的规模化。

体验度量中台分为三个部分：第一部分为基于"外+内"多视角的体验度量模型；第二部分为度量的模板、方法与流程，包括满意度问卷、客户访谈框架、易用性测试、问卷、设计自检系统、满意度模板、文档指标与流程、服务指标与流程；第三部分是工具化，减少人工投入，实现自动化数据采集、分析呈现、运营预警、落地优化的自动化管理闭环，保证数据呈现的高效、安全、规范，且结果客观。

以上，从内外模型研究、体验度量体系的构建、产品试点的实践以及度量中台四个部分给大家介绍了腾讯安全体验度量产品的实践经验。最后，我想用腾讯安全设计中心的愿景作为结尾，与大家一起共勉："成为最懂B端产品的服务设计团队，让B端的产品不再难用，让客户感到可靠、安心"。度量中台我们仍在持续建设和完善当中，感谢参与腾讯安全度量中台共建的全体成员。

 郑茜米

入行后已有9年工作经验，现任腾讯安全设计中心三组领导人、腾讯业务安全产品体验负责人，主要负责业务安全产品、数据可视化产品、官网与流程平台、安全体验度量中台等项目。主导过腾讯灵鲲金融可视化项目、深圳疾控数据可视化项目、内容风控平台、安心平台、反诈等项目，拥有20项专利发明，获得腾讯公司级荣誉10个。

通过虚拟空间设计打造生活服务平台体验新势力

◎ 王亮

58同城是一个生活服务的平台，包含了房产、招聘、汽车、本地服务等业务模块。作为一个生活服务平台，提升用户的生活品质一直是我们思考的问题，带着这个目标我们一直在探索新的形式。随着AI、VR技术的日益成熟，用户体验的新形式成为了可能，结合感性设计和理性规则，将想象转换为现实，通过VR的形式构建不同的空间场景，使用户可以链接现在和未来，打造生活服务平台的体验新势力。

那么到底什么是体验新势力呢？体验新势力就是通过虚拟空间关联业务、场景、用户，提升用户的使用体验和获取内容的体验，达到提升业务价值转化的目标。

首先看一下虚拟空间的特点。

①自定义强：可以自由指定不同风格和不同内容的虚拟空间。

②场景无边界：虚拟空间就像是宇宙，可以无边无际。

③无落地成本：虚拟空间不需要去买材料，不需要制作成真实的物体。

④门槛低：虚拟空间的制作门槛相对较低，只要你懂3D软件和游戏引擎，就可以制作一个虚拟的空间。

虚拟空间和生活服务有什么联系呢？接下来通过买房这件事简要讲述一下虚拟空间。

买房前用户会关注房屋的结构、朝向、采光等，大家在决策的时候还会思考买房后的事情，如户型如何改造、空间如何划分、室内如何设计等，而买房后的这些信息是用户看不到的。

首先说买房前，在用户看房的时候，影响用户第一感知、第一印象的是视觉和颜值，感性的视觉认知会影响用户对房源的第一印象。所以综合来看，虚拟空间有以下三个优点。

①可以提升房源空间的颜值，让房子看起来更好看。

②可以重构房源空间的结构，使结构更清晰。

③可以构建每一个人喜欢的美好生活，让用户可以看到美好的生活。

虚拟空间自定义强、场景无边界、无落地成本、门槛低的特点，可以构建出颜值提升、结构清晰、畅想未来的虚拟空间视觉效果，这就是虚拟空间的魅力，它不受框架的约束、边界的限制、成本的管控，就可以给我们带来不一样的效果。

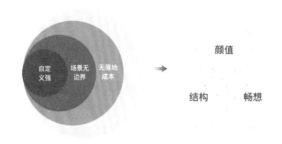

针对前面分析的虚拟空间的特点，推动新形势的体验设计，使体验升级不再只是基于平面上，而是以新的形态来改变用户的体验，主要有四个方面的内容：提升空间的视觉吸引力、挖掘空间结构的多样性、拓展空间的应用场景、升级空间价值。

1. 提升空间的视觉吸引力

在开始之前先看一下买房用户的现状。用户群体多样，有老年、中年、青年、少年，不同的群体对房源的诉求不同。其次是用户的生活场景不同，有的是单身贵族，有的是有一个宝宝，有的是父母同住等，不同的生命周期造就了不同的生活场景。最后是大家的爱好也不一样，有的喜欢现代风，有的喜欢北欧风，有的喜欢轻奢风等。

接下来看一下房源的现状：①有一些房源比较老旧，生活空间比较拥挤，房间非常简陋；②有一些老房子经历了不同住户的装修改动，再加上年代的老旧，房屋结构变得不是很清晰；③想象不到未来的生活，每一个人买房一定是想要美好的生活，一些老房子或者观感不好的房子非常影响用户的第一感受，影响用户对未来生活的想象；④房源户型丰富多样，通俗地说有一居室、二居室、别墅、叠层、开间等，数据不统一、不标准，而构建虚拟空间的基础是房源，我们构建的虚拟空间不只是给一个房源构建，而是对所有的房源都要构建虚拟空间；⑤房源数量庞大。

综合那么多不同的群体、不同的生活场景、复杂的房源数据，如何才能提升空间的视觉吸引力呢？我们主要做三件事：多种类的颜值升级、重建空间结构、感性与理性结合。

1）多种类的颜值升级

虚拟空间是一个不同行业融合的结果，融合了体验设计、室内设计、软装设计，从用户体验的角度出发，构建多种类的设计效果，提升房源的颜值，提升用户的浏览体验。

首先是站在体验设计师的角度，以提升用户体验为目标，通过家装设计和软装设计对虚拟空间进行风格的定义，主要是从色调、材质、配饰进行全面细致的定义，使定义符合用户对不同种类效果的认知。其次，在颜色、材质、配饰的基础上，增加明确的风格倾向，使大家对风格的理解更加具象化，减少由于不同人的想象导致的理解不同。

基于上面谈到的方法，我们制定了六种颜值类型的虚拟空间，去满足不同群体的视觉需求。

2）重建空间结构

我们的方法是明确结构类型，制定结构规则，使规则可以匹配海量复杂的房源数据，我们分析了市场上房源的空间划分和房间名称的命名，最终提取了13个虚拟空间类型，映射到一个户型里就是客厅、餐厅、主卧等一些重要的空间类型。

重建空间结构，通过分析真实房源空间的结构，梳理可以影响空间的结构信息，并制定虚拟空间需要的空间结构规则，以此生成出虚拟空间的结构，可以匹配海量房源。

3）感性与理性结合

大家对于美的理解是感性的、视觉化的，所以从感性的认知中剥离出理性的规则、策略。拿厨房举例，我们可以发现，厨房有不同的布局，而不同的布局影响不同的动线设计，所以我们根据真实的装修明确了虚拟空间的动静空间，根据动静空间去设计动线空间，然后开始规则的设计，开始从感性到理性的转换。

| "L"形布局 | "U"形布局 | "二"字形布局 | "一"字形布局 |

—— 体验即势力

通过感性和理性的转换，提取出了虚拟空间的设计规则，匹配海量的房源，不同类型的空间对应不同的设计规则，并且是一种机器可以学习的规则。接下来就是明确空间尺寸、模型尺寸、位置关系，使模型可以与规则、空间关联。

2. 挖掘空间结构的多样性

随着大家生活的变化，逐渐开始有了买房的需求，在看房的过程中，总是会有各种想法，如我想把一居室改成二居室，这个卧室想换成多功能房，把阳台改成一个卧室等，每个人在看房的过程中都会对生活有一个期望，而其中影响比较大的就是空间的改造。所以户型空间是否匹配自己个性化的空间诉求成为了一个重要的影响内容。

挖掘空间结构的多样性主要有三步：挖掘空间诉求、制定空间划分的规则、制定硬装生成规则。

①挖掘空间诉求。通过用户调研和线上空间改造的需求，我们对需求进行了整理，梳理出了这八大类空间改造需求，分别是一改二、二改三、开放厨房、干湿分离、增加空间、提升采光、动线优化、布局优化。

②制定空间划分的规则。以一改二为例，给大家讲解我们是如何做的。根据真实房源的改造，我们提取了不同房源的空间改造规则，大家可以看一下改造前和改造后的对比效果，空间经过合理的改造，由一居室变为二居室，方便了用户的生活。

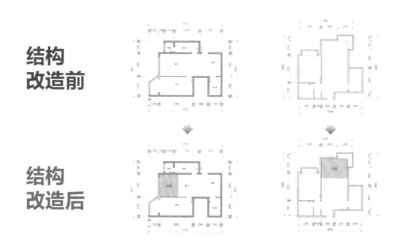

③制定硬装生成规则。大部分场景中空间改造影响的主要是门和墙，通过制定硬装规则即可实现。下图左边是原始的效果，右边是硬装生成之后的户型效果。

• **硬装生成规则**

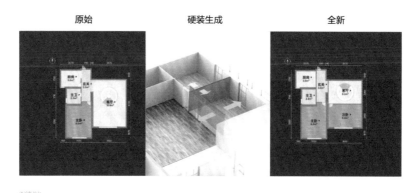

3. 拓展空间的应用场景

首先给大家讲一个我自己的故事，我买过一套新房，买房之前只能看到效果图和区位图，我看中的一幢楼前面有一个小楼，我问销售员是否影响我所购买楼层的采光，销售员说不影响，但收房的时候就不是那么回事。

相信大家也买过新房，大部分看到的都是处理很好的效果图，还会有特别吸引人的规划图，但总体感觉并没有获得非常客观、立体的信息。

整体来看有三个问题：第一个是非全天，看到的只是某个时刻的照片；第二个是不直观，不是一个立体的小区，只是一个静态的画面；第三个是操控弱，不能根据用户的需求查看不同方向、时间的效果。

例如，楼的间距为10米，大家能想象到是什么样子吗？可能大家会有疑问，全天采光怎么样？被遮挡了吗？我想看看中午12点的日照等。

所以我们设计了小区日照虚拟空间，具体有以下三个设计策略。

策略一：采用符合用户认知的设计元素。

①楼盘场景整体感知，下图左边是真实的小区，从真实小区的楼盘效果、俯瞰角度、楼栋位置等进行提取，设计右图符合用户认知习惯的小区日照场景。

•**符合用户认知习惯的楼盘场景**

真实小区　　　　　　　　　　日照场景

②符合用户认知的楼体，在楼体设计中，重点设计了分明的楼层、清晰的楼体结构，以及一些楼体的细节。

•**符合用户认知的楼体**

/ 楼层分明

/ 楼体结构清晰

/ 楼体细节明确

③真实的日照光影，整体光照采用了北半球的光照模式，再加上合理的光影遮挡关系，构建简单易懂的小区日照分布。

• 真实的日照光影

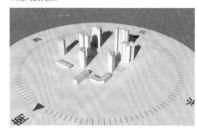
/ 南向的光照

/ 合理的光影遮挡关系

策略二：基于小区真实数据的设计策略。

整个小区日照采用的是真实的地图，向用户传递小区周边的真实信息。真实的楼栋分布和基于小区真实数据的设计，让小区日照的楼栋分布与真实的楼栋分布保持一致。

• 地图真实

/ 采用真实的地图信息

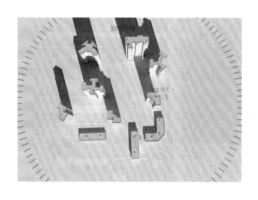

策略三：小区日照采用模块化的设计资源。

结合算法，让日照虚拟空间覆盖到所有的小区、楼盘。

首先是楼体的模块化，在小区日照中有20多个楼体模块，如下图右边是一个塔楼，左边的小图就是不同的结构，如楼顶边、楼层分割线、楼顶面等，这些都是楼体结构模块化的一部分。

• 楼体的模块化

20+
楼体结构

再者就是资源的模块化，我们制作了80多个资源组合，适配不同的小区、楼栋，而且采用了适配策略，这种策略是基于楼栋设计的基本原则，挖掘原始数据和视觉效果的对应关系，整理出来的机器可以理解的适配策略。

- **资源的模块化**

现在小区日照已经可以支持板楼、拐角楼、奇异楼、商铺四种楼体，基本覆盖了所有的小区楼栋展示需求。

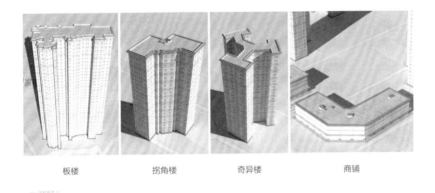

| 板楼 | 拐角楼 | 奇异楼 | 商铺 |

4. 升级空间价值

体验新势力并不仅仅是构建一些虚拟空间，而是通过虚拟空间关联场景和用户，达到体验升级、提升转化的目的。

前面我们讲的更多是与房相关的虚拟空间，那么通过"房"加上"虚拟空间"还可以做什么呢？以装修为例，首先看一下装修用户的痛点。

①有一些用户不懂装修设计。

②行业的软件操作门槛比较高。

③用户只想装修客厅，或翻修一下卫生间。

④用户只想购买一个沙发或者一张床。

针对前面谈到的用户痛点，我们制定了高效、真实、丰富三个设计目标，满足用户的装修需求。

1）采用预渲染的制作方式

主要包括资源的预渲染、户型的预渲染、资源的层级设置。首先是模型的预渲染，根据不同的户型特点和视觉角度预渲染不同的软、硬装效果。其次是户型的预渲染，根据不同的户型特点预渲染不同的硬装材质效果。在资源设置方面采用层级的设置方式，方便资源的替换和管理。

●模型预渲染

2）基于当前户型的设计构想

包括真实的户型、真实的物理效果、真实的比例尺寸。首先是真实的户型，基于真实的户型图制作户型效果，可以满足不同用户、不同房源的装修需求。其次是真实的物理效果，如光影效果、遮挡关系都是符合自然界的正常逻辑，给用户更加沉浸式的浏览体验。最后是真实的比例尺寸，让用户可以随心所欲地查看自己房子可以装修的效果，不会出现摆进去一件模型比例不对的情况。

●真实的户型

3）丰富的家装资源

资源库主要包含10000多种模型、材质，六种主要的视觉颜值效果，百万数量级的户型数据。首先是六种颜值效果，可以满足用户差异化的装修诉求。10000多种模型资源提升用户对装修效果的自定义能力，满足用户查看不同装修效果、不同软装效果的诉求。百万数量级的装修户型，可以满足全国用户装修自己的房子。

- **10000+的资源**

5. 虚拟空间的总结

虚拟空间设计是一种更加综合的设计形式，需要设计师具备融合性的设计思维，包括具备体验设计师对体验的洞察、室内设计师对空间颜值的理解、游戏设计师对交互的理解。融合性设计思维需要大家做角色融合、流程融合、产出融合。

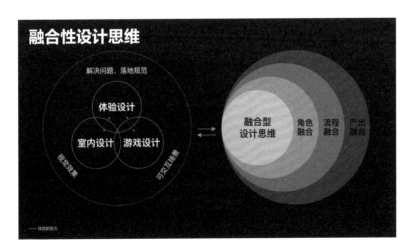

通过虚拟空间打造生活服务平台的体验新势力，改变的是内容的呈现形式，把用户自定义、用户想象的内容或者不直观的内容呈现出来，通过虚拟空间链接用户和业务。

王亮

2013年毕业于江南大学，有多年丰富的体验设计工作经验，在产品设计和用户体验设计拥有多年的设计经验。加入58同城后基于AI和VR开启虚拟空间设计，打造了58同城的虚拟空间体验之路。曾发表过演讲《融合型设计思维助力中台战略》《照明的情感化表达与民宿设计》。相信体验设计的升级会让用户的生活更加简单美好。

工业与艺术：为新能源系统打造可持续创新设计

◎ Albert Leung

　　远景科技集团（以下简称远景）是一家全球领先的新型能源系统技术企业，公司的特别之处是有一支横跨多领域的设计团队。15年前，远景从研发制造风力发电机起步，数年后我们意识到，仅布局发电侧远远不够。因此这些年来，我们的布局覆盖"源、网、荷、储"，逐渐成长为集智能风机、智慧储能、绿氢、电池和数字智能技术的绿色科技翘楚。远景凭借在技术、产品和解决方案上引领行业的创新，正成为全球企业、政府和机构的零碳技术伙伴。

　　几年前，CEO张雷决定创建设计团队——设计实验室，这是远景的又一次创新。我们与诸如风机、储能、电池及软件产品团队合作，开发新产品空间及体验来与世界各地的合作伙伴分享我们在可再生能源领域的成果。设计实验室最令人自豪的一点就是我们的设计师来自不同领域，涉及多门学科，如工业设计、机械工程、通信设计、交互设计、建筑和创意技术。工业设计上，我们负责新一代可再生能源设备和产品的外观及体验设计，包括风机、储能、电动汽车充电设备等。通信设计上，我们正努力打造全新的品牌，希望有一天这个品牌能为整个可再生能源行业代言。交互设计上，我们正在设计全新的智能化数字化产品，更好地帮助用户管理企业的碳排和能耗，我们更希望能开发出为消费者带来绿色和可持续生活方式的数字化、智能化产品。在建筑领域，我们一直致力于让建筑展现其可持续性。最后，另一个重要工作是大力开展艺术设计工作，我们正在探索以令人兴奋和更具创意的方式，融合艺术与科技来展现可再生能源及绿色新工业的魅力。

　　产品设计的创新离不开设计实验室与远景各业务领域工程师的紧密合作。以新一代风机的创新为例，自项目起始我们就一直在思考如何从根本上颠覆传统风机的概念，使其兼具装配、运输、吊装、运维的经济性和发电效率。我们团队从风机各部件的用材到整机组装展开深入研究，涵盖工程的各个细节，这让我们彻底重新思考风机的生产和装配方式：传统风机由大块玻璃纤维融合制成，不仅需要巨大的生产设备，也需要很长的制造周期，对装配工人操作来说也颇具挑战。为了使风机容量更大、性能更强，我们认为要彻底改变传统的装配方式。因此，我们设计出可以用模块化部件制作的风机，类似船只的建造方式。通常设计师被认为只在美学和机能上深耕，只须提高产品的美观和性能。但在这种情景下，我们还要研究如何使产品集经济性和可靠性于一身。我们深入研究了可以改进风机的每一个细节，从单元到组合方法，再到如何在陆上和海上的恶劣环境中稳定运行。最后，通过与工程师的共同努力，我们设计出了更具智能、更易装配、更快出厂的风机产品。它不仅是一种创新的生产方式，而且代表了一种创新的思维，即可再生能源技术可以完美融合模块化与美观度。

　　远景的另一个主打产品是用于电动汽车上的动力电池。数年前，远景意识到电动汽车对可持续绿色交通的实现意义重大，因此，远景布局了动力电池以及电动汽车充电装置。设计实验室一直在与公司动力电池业务的工程师通力协作，不仅生产和设计电池产品，还在探索电动汽车智能充电系统的未来。

远景同样也活跃于数字化智能化软件产品开发领域，力图使电网和城市更智慧、更节能、更绿色。这其中的旗舰产品是智能物联操作系统EnOS™。随着远景在可再生能源领域的持续深耕，我们意识到，仅仅生产和储存可再生能源并不够，要想方设法改善电网的协同性，提高电网效率，来降低可再生能源的使用成本，保证可再生能源的可靠性与稳定性。我们开发了名为EnOS™的智能物联操作系统，应用于能源管理、城市基础设施管理、碳管理及园区管理等多种场景。

此外，基于EnOS™，远景还开发了名为"方舟碳管理系统"的软件产品，用户可通过方舟界面方便且准确地盘查自身的能耗和碳排。方舟可根据用户实际情况提供提高能效和减碳的建议方案，同时还帮助用户购买多种绿色信用产品，一站式实现碳中和。我们与众多知名企业展开合作，帮助它们加速实现绿色低碳转型。

你可能会问，为什么远景要坚持如此之多横跨各领域的尝试？因为我们相信，重塑基于风光等可再生能源体系的世界并非一蹴而就。第一步，从可再生能源发电侧开始，创新设计风机、光伏设备，产出经济、稳定的清洁能源；第二步，研究如何高效地通过电化学储能系统、动力电池甚至是绿氢来储存这些能源：最后一步，我们通过数字化、智能化技术，将波动、随机、破碎的可再生能源以最有效的方式实现协同。这就是远景坚持这些尝试的原因，而上述这些的实现都离不开设计实验室的助力。接下来，我将谈谈远景设计实验室参与的其他创新案例。

首先向大家介绍的一个案例是远景零碳产业园。远景零碳产业园集远景所有产品、技术及解决方案为一体，覆盖新能源、新材料和新工业，是可复制的创新产品。远景的首个零碳产业园坐落在内蒙古鄂尔多斯。鄂尔多斯是世界上最重要的产煤区之一。远景通过打造零碳产业园将鄂尔多斯从著名的产煤区变为世界上领先的新能源产业地区。这期间，我们的团队围绕零碳产业园展开各个领域的工作，从建筑设计到整个园区的能源供给体系，再到控制整个园区的数字操作系统，团队抛出各种奇思妙想，这些巧思的落地在园区随处可见。首先是建筑，当设想打造零碳产业园内的第一个旗舰产品时，我们意识到园区需要标志性的、鼓舞人心的建筑。我们需要在超过500米的狭长区域打造厂房建筑，我们既要高度关注如何让它更具标志性意义，同时也要关注建设成本控制。最终，我们的设计师设计了一个可复制的简单结构，厂房整体采用统一设计，但在两侧的起始与终点处，我们采用了一种有趣且特别的材料，既让整幢建筑具有高科技感，又自然通透，还节约了建设成本。我们正在全球多地复制这样的工厂。建筑只是打造园区可持续之感的第一步，下一步是如何创新且稳定地使用可再生能源。我们与工程师们密切合作，为园区打造了新型能源系统，不仅让我们的工厂生产运营使用100%绿电，还为园区内的其他企业提供服务。

除了建筑方面，我还想分享一个可持续设计新领域——数字艺术领域的案例。正如之前提到的，远景设计实验室坚持技术和艺术的融合，我们关心如何唤起人们对可再生能源的不同思考。因此，我们利用艺术和创意技术，使人们能够直观感受可再生能源的含义和形态。我们尝试这种想法的第一个地方是上海的新总部大楼，我们决定对其进行改造，展示远景在可再生能源方面的新思考。我们认为最好的方法之一，是在大堂里通过数字艺术语言来展现。大堂不仅能给员工带来活力，提醒他们来工作的意义，还能提供一个平台向公众展示远景的思考和愿景。 我们决定打造一个全新的数字艺术设施，以创新的方式展示如何将建筑艺术和数字技术融合。因此，我们团队打造了"无限地球之歌"，它可以展示可再生能源从太阳发轫， 一直进入人们的日常生活。当它关闭时，看起来就像一面玻璃幕墙，但当它打开时，就变成了数字画布。这是一种全新的展示方式和创意，传统建筑与数字技术相互作用，以艺术的方式融合在一起，不仅展示了对可再生能源的思考，而且通过不同学科的协同体现了可再生能源的未来之美。它与传统屏幕不同的是，我们在其中加装了不同作用的传感器来收集人们的动作、数量，继而通过屏幕映射出不同的样貌，如人们一天的工作状态和忙碌程度可通过屏幕展示的不同风格一览无余。未来，我们会利用这面墙做更多的尝试，创造更多的可能。

以上是远景设计实验室一些工作内容的概述，我真诚地希望本次分享对你的设计之旅有所启发。在远景设计实验室，我们最自豪的事情是我们的工作遍布各领域，包括风机、电动汽车、能源管理软件、数字艺术、建筑等。我们能够涉足各种不同领域的工作，帮助这些产品和技术相互结合，也为设计师创造全新的机会。可持续设计领域迫切需要设计师们的贡献和热情。

Albert Leung

现在远景科技集团任设计总监。负责领导提升清洁能源领域的硬件、软件和环境设计工作，重点领域包括风能、储能、电动汽车和碳管理解决方案。在加入远景之前，Albert在旧金山的IDEO担任设计师、项目负责人和总监。

如何以"体验度量标准"牵引产品设计

◎ 杜乐

    一款产品的好坏需要一个准确有效的衡量标准。在业务实践中,我们发现产品在设计前期由于缺乏体系化的方法,会导致规划的特性不符合目标用户的需求,或者产品经理以自我为中心,设计的体验路径不符合用户的实际使用方法,又或者在一些细节设计上考虑不全,导致用户使用后的负向反馈。上市后,海量的体验问题被反馈出来,无法回溯具体是哪些指标出了问题,不知如何针对性地去提升。上述这些问题,多数是由于前期产品定义时,缺乏明确的体验标准牵引而导致的。通过此篇方法论,能让大家明确如何在产品策划阶段制定体验度量标准,牵引后续产品设计、开发、验收、上市复盘等各个阶段的正向体验优化。

1. 关于"体验度量标准"

1)为什么需要制定产品体验度量标准

    首先大家可以回想一下,在定义产品特性时,是否会出现以下几种情况。

    第一,目标用户定义不清晰,核心用户是谁?他们之间有什么共性和差异?用户对当前产品的使用诉求是什么?有哪些痛点?

    第二,我们各个渠道反馈了很多的体验问题,但是哪些才是核心问题?是否有针对"关键体验问题"定义的标准?

    第三,针对当前的产品特性,是否有明确的衡量标准?当前的衡量标准又是否适配业务特性?

    上述这些问题其实就是前期缺乏对产品体验度量标准的定义导致的。

2)如何制定产品体验度量标准

    首先,针对目标用户不清晰的问题,我们需要通过研究去定义核心用户和辐射用户的典型特征,描述用户的共性和差异,拆解用户与产品接触的行为旅程,分析触点、痛点、需求。我们把这一步称之为"用户精细画像"。

    其次,针对核心体验问题缺乏精准识别的问题,我们首先需要明确用户与产品接触的高频任务路径是什么,需要把资源投入到关键任务路径上的问题解决率上。

    最后,针对体验评估指标不清晰的问题,我们需要基于业务特性逐一确定体验度量指标,并以指标去牵引产品体验优化。

3)什么阶段需要制定体验度量标准

    整个产品的研发周期依次分成产品规划/策划、设计、开发、验证、产品发布、产品销售阶段。体验度量标准的制定环节一般就在产品策划阶段,这些标准定义后,可以纳入产品

PRD文档，指导后续我们所做的概念设计评估、专家走查、用户测评、Beta试用以及上市后的体验复盘。

2. 体验度量标准的构建方法

体验度量标准方法论体系包含三个主要内容，分别是用户精细画像定义方法、用户高频任务路径识别方法、核心体验指标识别方法。

1）用户精细画像定义方法

制作用户精细画像是为了细化核心目标用户特征，为产品策略提供建议。具体实施方法概括成以下三个步骤。

第一步，进行目标用户分层，需要明确群体的差异化特征，圈定产品的核心用户和辐射用户。

第二步，描摹每类群体的人群特征、产品使用特征和体验诉求。

第三步，我们需要将各类群体与产品接触的行为旅程展开来看，具象化用户与产品在全流程接触点的行为，以及各行为下的痛点和机会点。

基于上述分析，最终会输出用户核心诉求和体验策略建议。

其中，目标用户分层的目的就是能直观地画出产品的核心用户群和辐射用户群，排除我们的非目标群体。产品特性不同，划分维度也不同。例如，我们要做一款高品质智能的录音产品，核心用户应该聚焦高频使用录音产品且对录音产品专业性有较高要求的用户群。用户分层的划分逻辑可以根据用户"使用产品的频率"以及"对产品专业性的要求"划分。OPPO Find X5上的"超级录音"功能就是为这类群体量身打造的。

用户特征描摹，是根据用户分层中圈定的核心目标群体进行进一步拆解，需要总结人群特征、标签、代表职业、用户关注产品的具体维度、产品使用态度/偏好/频率、使用痛点/诉求、机会点，让用户群体画像更加生动形象。

用户行为旅程，是为了具象化用户和产品的接触点，使用用户行为旅程具象化每一类核心目标用户与产品的接触点，具体包括产品的使用阶段、任务路径、用户行为、设备使用情况、用户感受、用户痛点、诉求和机会点，让各阶段的用户需求更清晰地呈现。在具体描述过程中会发现核心目标群体的需求有共性也有差异。

总结群体的共性需求和每类群体的差异化需求是为了给产品提出体验策略建议，共性需求作为基础体验，需要重点优化，差异化的需求需要进一步分解找到"人有我优"的发力点，推动"人无我有"的亮点功能和交互。

2）用户高频路径识别方法

用户高频路径的识别可以让产品聚焦关键路径，仔细打磨体验，让产品有更好的口碑。为了方便记忆，依然把它分成三个步骤：第一步是业务功能分析，需要识别重要功能点；第二步是将高频功能点展开，获取用户最常走的任务路径；第三步是定义高频任务路径下的核心考察点。

①业务功能分析。可以通过功能地图呈现的方式进行产品功能点梳理，并通过数据埋点获取用户高频使用的功能。采用功能树的方式让功能展示更清晰，然后辅以数据标注，最终确定当前产品高频的重点功能点有哪些。

②高频任务路径分析。通过对高频功能点进行逐条打开，分解实现该功能的多条路径，以逻辑图的方式呈现出来，同样调取业务埋点信息，描摹出一条或者多条比较"高频"的重要任务路径。当前基于大数据获取的高频路径就是业务需要重点关注的体验路径。

③核心考察点分析。将盘点出来的任务路径罗列在Excel表格中，逐条任务路径去分析现有产品下用户使用中有哪些痛点，以及竞品在这些路径下可供学习的点，将分析结果转化成对产品的建议和后续产品体验的重点考察点，详细呈现出来。这些关键考察点可以转化成产品设计自查的准则，也可以作为后续体验验收时用户评价产品的关键要素。

3）核心体验指标识别方法

核心体验指标的识别是为了针对不同的产品，明确出体验考察的关键维度，从而让产品和设计有更强的目标牵引性。方法如下。

第一步需要了解业界相关领域的体验指标现状，需要筛选适合自己产品的指标，建议通过业界已有的指标梳理先形成一个初板指标框架。

第二步针对业务组织专家及性能指标聚类、指标解读，并形成对业务有效的指标问卷。

第三步基于生成的问卷去验证指标问卷的信度效度，最终形成考核业务体验好坏的指标问卷。

对于建议指标体系，每个行业体验评价的指标都不同，所以要尽可能地先收集自己产品所在行业的指标，包括国际标准、学界模型、业界企业指标体系的前置调研。对业界相关指标做筛选和归纳，给业务输入更为相关的指标。

业务指标聚类和解读，是对业界相关指标进行过滤，同时根据业务属性选择适合的指标。过程中需要组织产品、设计、测试等专家，从不同视角对指标进行聚类和深度解读，阐述每个指标在业务层面的含义。过程中的几点注意事项如下。

①审视一级维度的覆盖性。

②逐一审视各一级维度下低阶指标的全面性和准确性。

③讨论并合并或修改指标框架结构，使之与业务更加匹配。

④对修改后的指标框架进行具体指标下相关业务案例的补充。

⑤根据业务案例，总结并修正指标的解读。

指标检验与修正，目的是通过大样本的问卷验证指标的信度和效度，关键步骤包括：第一步，编写指标问卷并投放；第二步，问卷回收与数据分析（注意：有效样本数量是题目数量的10倍，保证问卷内容效度和数据有效性）；第三步，修正结构，通过探索性因子分析、验证性因子分析和结构方程模型对结构进行调整，并根据因子分析得出一级指标及各个子维度的权重。

注意：一套完整的指标体系除了主观的指标外，还需要包含客观的指标，客观指标的标准对一款产品也很重要，如产品的响应速度、准确率等，这些指标的标准可以通过人因研究等方式确定推荐/可接受/不可接受阈值，这里不做展开描述。最后会产出指标问卷，一般包含一级指标、低阶指标和针对业务的具体指标解读。可以转换成指标问卷，这个指标问卷后续会作为业务体验评分的依据。

3. 体验度量标准的应用场景和价值

用户精细画像的产出结果，除了提供产品策略的建议输入外，还可以根据画像形成业务的用户招募条件，便于后续在做体验验收时，更有目标性地招募真实使用产品的核心用户进行体验验收。具体样本的定义包括：基于用户画像特征分析，确定招募问卷筛选维度，基于目标用户特征，设置具体问卷题目项等。关于样本量的选择，如果是做关键体验问题的识别，建议首选小样本可用性测试，一般8~12个样本即可；如果是对业务表现进行打分，则需要较大样本量进行数据分析，样本量越大越好，建议30个以上样本。

用户高频任务路径分析结果，除了可以让我们的产品更聚焦优化体验外，还可以直接转化成非常详细的用户测试脚本，让用户后续走查我们产品最重要的路径，发现最影响体验的问题，提高关键体验问题的发现率。测试任务的编写，可以根据高频任务路径设置一个有代入感的场景，让用户根据自己的习惯操作，并在观察用户完成任务时、任务中，询问从痛点/竞品分析中识别的关键问题，确保任务测试脚本在功能点、使用路径和关键体验点的询问上更加系统和完整。

核心体验指标的分析结果，除了前期牵引产品设计重点优化体验外，还可以生成可供普通用户和专家用户进行体验评价的打分量表，在进行高频任务走查完毕后，对产品的整体体验进行打分，过程中回溯打分背后的原因。打分量表根据需求可以设置成5分量表也可以设置成7分量表，重点是要挖掘用户打高分和低分背后的原因，后续用于产品体验评价的解读。

上述核心输出物可以辅助产品在各个环节进行体验优化，包括概念设计阶段用户评估、迭代开发阶段的专家走查、开发完成后的用户体验测试、Beta试用、上市后的满意度评估。

最后，再总结回顾一下体验度量标准的核心内容，以及各内容与产品研发全流程的融合。首先，体验度量标准制定包含三个核心内容：第一是用户精细画像，第二是高频任务路径，第三是核心体验指标。"用户精细画像"在规划阶段帮助产品理解目标群体的特征和真实需求；在设计阶段牵引设计师聚焦目标群体需求做设计；在体验测试阶段通过招募真正的目标用户来验证产品规划和设计是否有偏移，在产品上市后基于用户画像，有针对性地做大样本满意度调查。"高频任务路径"在规划阶段帮助产品聚焦重点场景规划特性（如何做、怎么做），同时在关键路径上帮助判断如何布局体验埋点；在设计阶段牵引设计师聚焦关键场景进行方案设计，设计概念完成后辅助评估概念设计的合理性，确保提前识别体验问题，减少设计阶段体验问题流入开发，导致开发资源的浪费。在体验测试验收阶段，通过引导用户体验高频路径，暴露关键问题，确保高频路径"0"体验问题；而在产品上市后，对用户NPS提出的零散问题进行归类，复盘给下个版本的体验优化。"核心体验指标"在规划阶段能帮产品细化体验指标考察项，明确产品体验验收的目标，前期能起到很好的牵引作用；在设计阶段，辅助设计师进行指标达成度的设计自检，在开发阶段能以指标衡量体验质量，以指标牵引问题闭环；上市后，同样的指标进行满意度监控和大样本的体验打分，让体验水平可以量化。

运用上述方法，OPPO内部针对每个产品都进行了详细打磨，确保上市后的体验。OPPO以开放的态度将好的方法论体系与业界共享，助力给用户带来更优质的体验。

 杜乐

OPPO用户体验研究专家/主管，在手机行业头部厂商拥有15年用户体验相关经验，熟悉研发全流程的用户研究方法，擅长趋势及用户洞察、体验测评方法论体系的构建，在研发流程各阶段使用科学的研究方法支撑业务成功。当前负责软件Color OS用户体验分析工作，带领团队支撑软工业务，构建和优化包括体验洞察、人因研究、体验评估、体验监测等在内的全流程软件体验研究方法，形成标准和规范，确保软件产品体验竞争力。

揭秘数字人平台产品的
体验构建策略

◎ 王婷婷

1. 百度智能云To B设计方法

在第四次工业革命的推动下，数字经济已成为全球经济增长的重要驱动力。企业正在通过人工智能、大数据、云计算等数字技术不断探索数字化转型路径。

百度智能云是基于百度多年技术沉淀打造的智能云计算品牌，它以"深耕行业、聚焦场景、云智一体、AI普惠"为战略，将百度的人工智能、大数据、云计算等核心技术能力通过智能云向外输出，形成人工智能与云计算融合发展的独特竞争优势，解决制造、能源、水务、政务、交通、金融等行业的核心场景需求；与实体经济深度融合，共同实现产业智能化的宏伟目标。在To B业务服务过程中，作为企业数字化转型的工具和载体，百度智能云建设了数百款平台型产品，使得原本不可见的技术变得可见，并在技术与企业生产运营之间建立起连接。

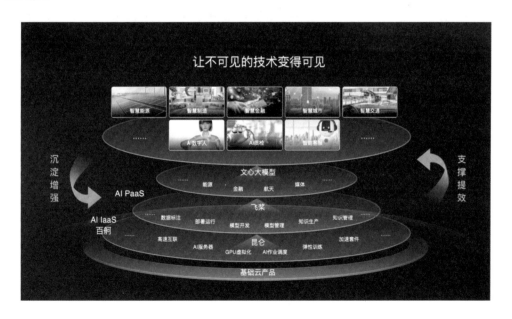

在平台给企业提供服务的过程中，由于技术与业务天然的复杂度，如何让"可见的技术"变得容易理解与使用，就非常依赖于平台中用户体验的打造。百度智能云用户体验团队沉淀出来一套科学合理的To B体验设计方法，通过以客户为中心，了解企业的基本信息、业务旅程、生产模式来梳理和规划体验服务的各个触点；再经过对服务触点的分析，制定服务设计蓝图，明确服务流程、角色、协作关系等；然后选择合适的产品形态和设计工具，构建出符合客户需求的服务方式；最后通过标准化部署、私有化定制或订阅制购买等方式进行服

务交付。这样的方法实现了各类平台产品标准化、规模化的建设，保障用户体验在每个行业方向的平台产品、在每个客户交付的私有项目上都能得到一致的、高水准的应用落地，实现企业服务体验的多维度管理。

虚拟数字人作为百度智能云的核心建设领域之一，同时也是百度智能云To B设计方法的重点实践，下面将结合数字人的发展趋势、企业面临的困境及当下消费市场的终端需求，揭秘整个数字人平台产品的体验构建策略。

2. 虚拟数字人发展趋势及现状

随着计算机图形学、深度学习、语音合成、类脑科学等数字技术的进步，数字人已经逐渐从游戏和影视作品中走进了人们的日常生活。特别是在当前元宇宙浪潮的推动下，超写实数字人已成为一种新兴趋势，在传媒、直播、金融、教育、医疗等领域不断涌现出各种现象级的虚拟数字人形象。

这些鲜活生动的虚拟数字人，如果采用传统的定制化设计生产流程（目前市场90%以上的超写实数字人都是定制化生产），企业将面临巨大的生产成本和生产周期。单个超高写实度数字人的定制成本起步于百万元，生产周期最少需要三个月，还有目前的驱动技术、硬件、场地等要求，对数字人的使用门槛提出了极高要求。因此，面对国民不断增长的数字生活需求，对于企业来说，数字人应用的高成本、高耗时、高门槛等问题已成为当前必须解决的问题。

2022年以来，百度的数字人在诸多领域大放光彩，特别是在北京冬奥会开幕式中进行手语直播、参演综艺节目《元音大冒险》、进行大型商业活动代言以及作为各个金融业务的服务人员等，推动了数字人在终端消费者更加深入的认知和普及。而百度这些高质量高效产出呈现的数字人则得益于我们多年在数字人领域不懈深耕的持续探索。数字人效果展示请扫码查看。

数字人效果

3. 百度智能云曦灵平台

百度智能云自2019年就开始介入数字人领域,并在此过程中积累了丰富的技术经验。我们将提供的数字人划分为两大类:一类是以内容消费为主的演艺型数字人,包括虚拟偶像、虚拟IP、虚拟才艺主播等,其重点在于数字人的吸引力;另一类是以人与信息的链接为关键的服务型数字人,如虚拟员工、数字客服、虚拟培训师等,其重点在于数字人的互动性和共情性。围绕这两个类型的数字人所使用的场景,我们完成了在银行、运营商、媒体等各个行业中解决方案的打包。

借助多年深耕积累的能力,百度推出了首个数字人3.0阶段的全场景平台化产品——百度智能云曦灵数字人平台。通过平台化的产品聚沙成塔,不断分摊成本,帮助企业降低数字人制作以及运营成本与周期。基于一系列全栈融合的AI能力,打通了数字人制作到用户服务和内容生产的全链路,同时可以实现AI创造、AI再创造,从而实现数字人应用时在生产效率、交互逻辑、内容生产、运营成本四个大方向的阶段性突破。

①生产效率：原来需要一个星期甚至两三个月做出来的超写实数字人，现在可以缩短到一两周，甚至分钟级别。

②交互逻辑：通过AI驱动，结合情绪感知、智能对话等技术，无须真人驱动，数字人也能具备千人千面的交流能力。

③内容生产：基于百度领先的大模型能力，数字人可以具备非常强的学习和创作能力，如写诗和作画。

④运营成本：百度智能云推出了PaaS化产品，可实现"即插即用"，从而助力企业及品牌运营成本降低30%~50%。

企业通过曦灵数字人平台就可以高效、便捷地生产出这些高精细、强交互能力的数字人，并提供给终端消费者使用。

4. 数字人平台体验构建策略

数字人在服务场景中的三大核心构成分别是人、服务、环境，在每一个核心构成方面都存在对应的体验要求。在人的维度上，我们需要设计出一个鲜活生动、栩栩如生的数字人形象，具有根据场景改变装扮的能力；在服务维度上，数字人需要能够完成指定工作服务的内容，并且提供的各类服务活动应该能够满足受众的需求；在环境维度上，我们需要根据数字人提供服务的类型，匹配一个相对应的工作环境，使其能够更符合受众的认知预期。

曦灵数字人平台构建策略，就是从人、服务、环境中最底层数字人服务的形、色、质等各类基础属性就开始入手，不断组装构建成更加可见的具体的数字人零件、部件、模板等，直到最后完成成品的生产。数字人服务内容的基本设计原则，指导了每一层生产要素构建的体验及美学标准的制定，这样就使得整个数字人服务内容在各个层面上都拥有优质的体验效果。同样百度的AI能力也是从最底层就开始融入，帮助企业加速了每一层的构建效率。

曦灵数字人平台作为一个生产运营的平台，一端连接着企业，另一端连接着消费者。通过这种人、服务、环境的解构，再逐级构建融入体验与AI的方式，最终实现了不仅满足消费者在使用数字人相关内容时回传的体验期望，还同时满足了企业的高效生产需求。

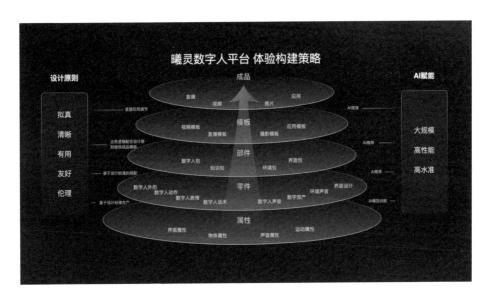

1）构建"真实"的人

对于数字人形象，我们主要关注其面容、妆容与服饰。在面容方面，我们先是通过科学统计加艺术创造制定出数字人的美学规范，让数字人在建造之前就拥有美的基础。之后，我们从人的皮相和骨相的不同维度对数字人的面容进行拆解，最终归纳出1358个对数字人面容塑造有显著影响的微调维度，然后这1358个微调维度再经过部位、属性、数值等分类进行聚类，形成149个捏脸控制器，可供用户使用调节，这样用户就可以自由控制人像的细节，从而创建出兼具个性且逼真可信的数字人形象。

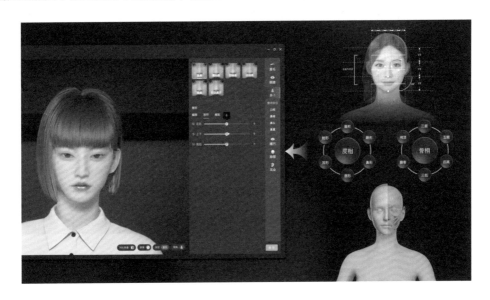

但企业正式进行数字人生产时，依然面临着庞大的数字人调整维度，这对于企业用户来说仍然是一项费力且专业的工作。通过用户测试，我们发现通常人们创建人像的习惯是锚定某个特定的人像或感觉。因此，为了降低用户调整数字人模型的操作成本，在人像创作环节，我们不仅提供基础的人物模型供用户选择，还支持用户通过照片建模和意图建模。用户只需要上传自己的头像照片，就可以生成逼真的数字人形象；或者用户也可以根据自己想要的人像风格，自动生成数字人形象。

在制作数字人形象方面，妆容和服饰是两个重要的组成部分。我们将妆容划分为眉、眼、鼻、腮、唇等部分，通过形、色、质的不同调整来实现多样化的配置。对于服饰，我们采用布料的物理仿真插件来模拟布料的效果，使数字服装与现实世界中一样逼真，并结合服装打版技术，将制作周期从原本的1~2个月缩短到10天以内。在这个基础上，曦灵平台拥有了一个海量的服装库，使数字人可以更加灵活多样地服务于场景需求。最后，再借助超高精的建模渲染技术，就可以创建出观感体验纤毫毕现的"真实"的数字人。

2）构建"聪明"的服务

在完成数字人的生产构建后，就需要让它们提供相应的工作服务。数字人工作服务的形式主要分为交互型和非交互型两种。非交互型主要包括各类数字视频和图片，这类数字人内容不会与终端消费者产生直接交互，内容主要由企业自主配置。交互型主要包括各类直播、数字应用等，在这种情况下，数字人将与屏幕前的用户进行直接交互。在这种情况下，重点强调数字人的互动性和共情性，因此需要构建"聪明"的服务。

针对可交互的数字人内容，主要可采用AI驱动和真人驱动两种形式来实现数字人的交互效果。

①AI驱动。AI驱动的核心在于赋予数字人真人般的理解能力，并通过数字人的动作、表情、话术等向终端消费者传递。为此，百度智能云通过对人类6种基本表情、27种衍生情感（部分）以及金融、文旅、教育等多个行业人员的行为特征进行分析、测试、筛选，制定不同场景下的数字人"动作表情话术"资产库，这些资产库中的标准配置会作为数字人情绪引擎训练的重要输入参数。同时，通过给数字人插入各类专业知识库和人工智能内容创作引擎，使数字人的知识更加渊博专业。最后，数字人通过跨模态交互引擎就能理解外界传递的各类语音、文字、图像甚至视频等信息，并生成对应的内容、动作、表情和话术，驱动数字人做出相应的回应反馈，使数字人在服务过程中能够聪明、可信。

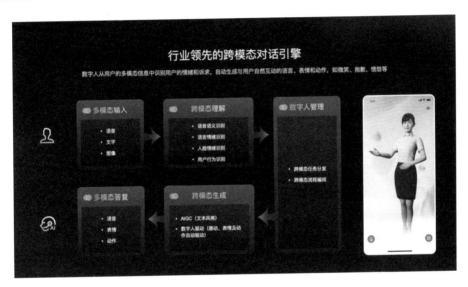

②真人驱动。对于真人驱动，百度智能云完全独立研发了单目动捕技术，利用先进的人工智能技术，使得单目动捕效果能够媲美传统的惯性动捕，让驱动人员无须穿着笨重的捕捉服，极大地提高了驱动体验。同时，对于企业来说，也大幅降低了动捕设备的成本。

3）构建"丰富"的环境

虚拟世界中数字人的工作环境是影响服务场景呈现效果的关键因素之一。此时设计师需要转变视角，将数字人视为"用户"，为其打造良好的体验环境。既需要考虑数字人与虚拟环境的适配度和互动性，也需要考虑虚拟环境的丰富性。

①适配度。适配度强调数字人与当前环境位置、比例、视角的适应程度。这一点在图形界面环境中更加重要，此时数字人通常扮演助手或者员工角色，需要配合图形界面内展示的内容来调整其形态、比例和位置。通过用户测试和归纳，我们形成了一套数字人与图形界面适配的规则库。数字人在图形界面环境中可自动进行调整，以保持界面内数字人与信息及功能入口呈现位置更加合理。

②互动度。数字人与环境的互动，可以进一步提升数字人服务的真实感。借助于虚拟拍摄的软硬件，曦灵数字人可以实现与现实世界的打通，将虚拟人物投射到现实环境中。也可以让真人进入数字世界，做到数字人与真人同处一台、即时互动。

③丰富度。丰富度方面，针对当前数字人主要服务的金融、运营商、媒体、娱乐等领

域，提供了大量的直播间、办公室、营业厅、舞台等高频需求的场景资产。而对于这样大量的资产构建，我们采取了与生态伙伴握手共建的方式，通过百度智能云制定的资产建设标准，保障了共建资产的美学及体验质量的一致性。

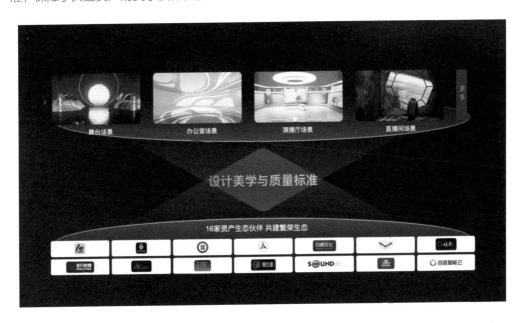

5. 打通生产要素到成品的最后一步

基于数字人的不同服务活动，我们在平台中建设了各类业务的"生产车间"，针对业务类型的差异，提供了个性化的生产工具，而我们在前面制作的各个数字人及环境拆解出来的各个子元素，就是各种车间中的生产要素。这样用户在生产车间中就可以通过业务工具完成各类数字人内容的输出。

企业此时最关心的重点在于如何在"车间"中整合得好、整合得快，这取决于车间操作的高效性及易用性。对于高效性而言，拼装的颗粒度越小，拼装难度越大，所以我们提供了各类模块基于AI的自动生成方式。用户对高成熟度的模块简单修改，即可达到自己想要的效果。而易用性则是通过百度智能云在B端业务中沉淀下来的最佳实践，可以直接搭建出各类视频生产、图片制作、应用搭建等生产车间的框架，让用户在整个曦灵系列的数字人平台中都能获得统一的用户体验。

目前曦灵数字人平台的内容生产车间包括数字人直播车间（手语直播、带货直播、明星直播）、数字人App生产车间、数字人摄影车间、数字人短片车间等，满足了目前几乎所有主流数字人应用场景的生产需求。百度数字人曦灵平台操作演示请扫码查看。

操作演示

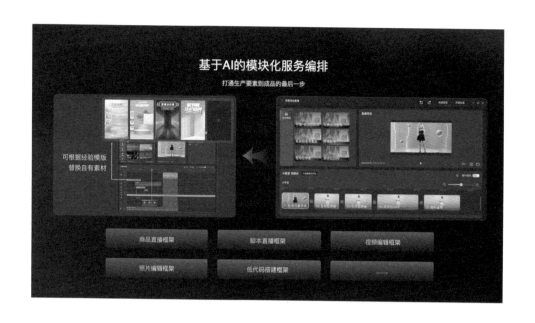

6. 总结

在整个曦灵数字人平台的设计过程中，必须要有整体的、系统化的用户体验思维，而这也正是百度智能云在建设平台产品时的核心要求。我们始终坚持以客户为中心，梳理和规划全流程的所有触点，并通过用户体验在平台建设全流程的串联，实现技术、商业、体验的有机结合，帮助企业更简单、更便捷地利用技术，获得更高性价比的成效。

参考资料及推荐阅读

[1]《人机交互如何推动AI平台型产品变革》。

[2]《数字人：将人类对自身的数字化进程再次升绯》。

[3]《2022虚拟数字人价值演进报告》。

[4]《Web3.0之数字人营销白皮书》。

附赠资源

王婷婷

从业10余年，现百度智能云用户体验部负责人，负责包括云、AI、政务、金融、工业等业务线数百款产品设计工作，充分结合云与AI技术能力与业务特征，构建了完善的To B产品体验健康度管理模型和产品体验策略，为推进产品竞争力提升产生了广泛的影响力。曾任百度商业效果及信息流体验团队负责人，百度商业Light Design设计系统发起人和负责人，负责C端广告和B端产品群设计与重构，助力体验提升和大盘营收。

◎ 詹明明

09 数字孪生与虚拟数字人的技术实现策略

1. 数字孪生城市

1）数字孪生概念

数字孪生是近些年来一个比较热门的概念。那么，什么是孪生呢？简单来说就是我们可以使用技术手段，制造一个现实的镜像出来，把物理世界复制在数字世界之中。这种复制有两个需要满足的特点：第一点是实时动态性，数字世界的动态仿真需要来自物理世界的实时数据；第二点则是双向流动性，也就是说，数字世界可以反馈信息，帮助我们在现实世界采取决策。这项技术最大的优势，就是可以帮助我们在不破坏本体的情况下开展广泛的实验、推演、预测与计算，提升效率，节约成本。虽然数字孪生的概念已经提出了很多年，但要想让这项技术达到落地使用标准，必然离不开先进技术的支持，好在近些年来，云计算、大数据、人工智能这些技术的快速发展，终于为数字孪生的发展奠定了稳定的基础。

可以说千行百业，皆可孪生。追溯历史，数字孪生的概念最早诞生于航空航天领域，由美国国家航空航天局提出用于改进航天飞行器，现在也可以用于机身设计维修和故障预测。在医疗领域，我们可以通过孪生的手段了解患者的健康状况并预测治疗方案的效果。在电力领域，我们可以通过电网仿真提升电力系统与设备的运维效率。而最后，也就是我接下来要重点介绍的城市数字孪生，它的典型应用可以包括城市规划、城市治理、智慧交通等。

在我国的"十四五"规划中，就明确提出了"探索建设数字孪生城市"。在政策的引领下，从业者也都积极参与其中。

2）数字孪生城市的核心能力与技术架构

下图是一张建立数字孪生城市的核心能力全景图，从基础支撑到智能分析，再到应用创新，我们可以看到为了完成城市的数字孪生，我们可能会使用到大量的技术手段，包括物联网、空间分析、虚实融合等，这需要各类细分领域技术从业者的参与和合作。但对于设计师来说，我们最为关注的还是两个部分：第一是全要素的数字化表达，我们需要针对城市物理实体完成多粒度、多图层的三维建模；第二就是可视化表达，我们可以使用图形引擎实时渲染呈现数字孪生体中的三维实体、数据、业务应用等。在这一系列过程中，我们需要达成的核心目标是数据可视和体验优化，也就是要让使用者看得懂、用得顺。

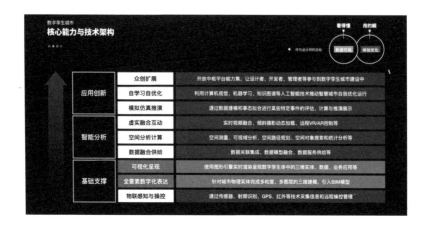

3）设计目标与基本工作流程

数据可视包括空间数据可视和业务数据可视。所有的地理信息和建筑信息都属于空间数据，我们需要对GIS数据进行标准化处理，然后按照需求搭建大规模城市级别的粗模和园区级别的精模。除了空间数据以外的其他数据我们可以统称为业务数据，它们可以是与空间数据相关的。为了在整个城市场景中更好地展现出这些数据，我们需要针对图表面板、空间图元以及弹窗浮层进行一系列的设计。

在体验优化方面，我们需要关注到交互行为叙事的流畅性和使用时的沉浸感，制定完善的交互行为脚本，引入三维动态视效以及人流车流，增强视觉体验。

4）数据

空间数据是整个三维场景的物理基座，包含地形、水文、植被、路网以及建筑。这些三维模型场景是由GIS地理信息数据以及建筑信息转换生成的。其中，地理数据包括卫星影像图、数字高程模型等栅格数据、建筑道路等二维矢量数据、倾斜摄影和点云等三维数据；建筑数据包括空间数据以及一系列施工运维等属性数据。

而业务数据则是生长在物理基座上的各类丰富应用信息，包括城市设施、交通、城市治理、经济发展等诸多方面，其中物联数据可以包括视频监控、射频识别、GPS数据、传感器数据、用户反馈数据等；统计数据更加丰富多样，通常是以数据面板或者弹窗的方式进行展示的。

为了实现空间数据的可视化，我们通常会采用以下的制作步骤。

首先是用GIS软件，如QGIS或者ArcGIS对数据完成标准化处理，比如进行坐标系的转换、数据拼合剪切以及有效数据字段提取的工作。接下来，使用Blender或者城市引擎等软件来批量化地搭建城市级别的粗模，生成地形、建筑和路网。针对城市中需要重点呈现的区域，我们还会进一步进行园区级别的精模搭建，完善建筑室内外和周边设施的场景。最后，用UE或者U3D游戏引擎软件整合所有的资源，进行后续的功能开发和实时渲染。

在拿到多种来源的地图数据之后，我们经常会遇到地图对不齐的情况。在使用地图的时候，一定要注意到这种坐标系上的差异，用GIS软件完成坐标系的统一转换。

讲完了坐标系的问题，接下来我们再来看看瓦片的问题。我们平时使用网络地图的时候应该可以发现，其实地图是由不同层级的正方形无缝拼接组合而成的，每一个正方形区域又可以被拆分成四个小正方形，这样的正方形区域被称作瓦片。我们可以对不同比例尺的瓦片按序渐进加载，节约服务器渲染时间，在空间上分层、平面上分块。通过这种方法，网络地图才能实现展示海量全球数据的同时，又保证加载速度不会太慢。

有的时候，我们拿到的二维矢量数据就是经过这样的瓦片切割的，但直接使用这样的矢量轮廓挤压，生成的建筑物却不太对，建筑物很可能会成为裂成两半的"危楼"，贴图也会出现错误。为了不出现这种情况，我们需要提前对这种有瓦片切割痕迹的矢量数据进行处理，比如说在QGIS软件里就可以先融合相同高度的建筑，再拆分多部件为单部件，这样就可以把所有在分界线处的建筑物合并成完整的建筑了。

下图展示的是我们项目中用到的GIS数据。左侧是行政边界和路网的矢量数据，这些路网除了线条路径之外，也会存储一些属性信息，如这条路是什么级别的路，这种不同级别的路之后可以在路面宽度上加以区分。右侧是一个地形的高差渲染图，这就不是矢量图而是一张栅格图了，更类似于我们平时看到的位图，它是有像素的。越偏白色说明海拔越高，越偏黑色说明海拔越低。

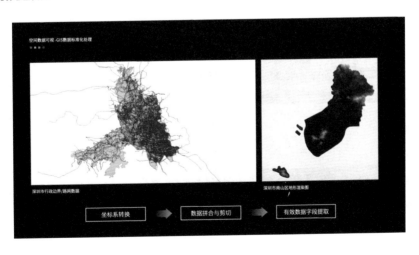

拿到这样两种类型的数据，我们首先要对它们进行坐标系的统一和转换，接下来再进行

一些数据的拼合与剪切，比如把行政边界之外的路网裁剪掉，还有刚才提到的建筑切割线融合，另外还需要对其中会使用到的一些有效数据字段进行提取，比如建筑的高度、道路的级别等信息，留作下一步使用。

在处理完原始数据之后，就到了建模阶段。在一开始我们就提到，数字孪生是要用数字的手段去创造一个现实的镜像世界，那么身为设计师的我们，其实担当的是一个新世界"创世主"的角色。这个世界中的山河草木，我们要建得有章法，"以数为基，科学创世"，一切事物，需要遵循我们刚才拿到的原始数据。

5）模型生成

首先，我们可以用数字高程模型，就是刚才那张黑白栅格图生成起伏的三维地形，再在上面覆盖卫星影像图作为表面贴图。当然，直接在有起伏的模型上贴一张平面图一定会出现一些不准确的拉伸现象，这也需要我们单独进行处理和调整，补充侧面的一些细节。

接下来，我们可以根据二维的矢量数据生成建筑、绿地、路网以及河流。这些二维矢量数据除了点线面之外，还包含了建筑层高、道路级别等信息，我们可以根据真实层高批量挤压，生成大规模的建筑简模。

当然，光是小方块是不够的，我们也希望能批量生成更多的建筑细节。我们可以使用一些软件辅助或者自己创建出一些参数化模型，根据楼层、形状、建筑类型来批量动态生成有

细节的建筑物。

　　下图展示的是一个城市级别的粗模。我们生成了地形，表面覆盖了卫星贴图，还在上面生成了道路和形态各异的建筑物。

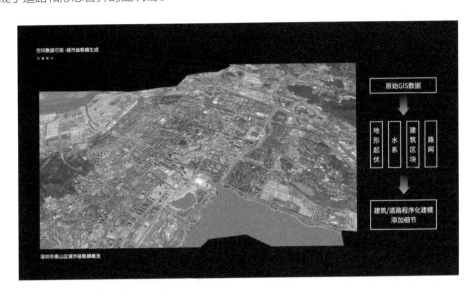

　　如果只是从城市远景来看，刚才的粗模已经可以满足需求了，但是往往我们还需要对城市中的一些重点区域进行近景上的观察。所以接下来，我们会针对这些区域进行园区级别的精模搭建，包括主场景建筑和周边的一些环境配套设施。

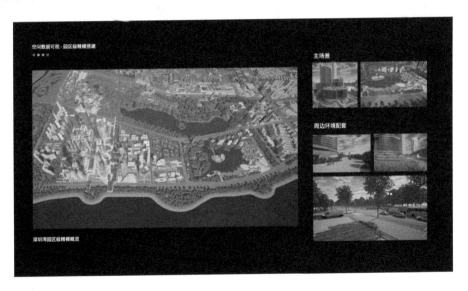

　　在配套设施这方面，我们可以积累一些实例化的三维模型资源以便使用，如红绿灯、路标、植物、座椅等。这些可以大量复用的资源可以帮助我们增强画面细节，提高场景可信度。

　　至此，地理数据处理完成，便到了业务数据的部分。最常见也最简单的方式就是在三维场景的两侧叠加图表面板进行展示，当对场景中的建筑或标记点进行点击操作时，两侧的数据面板也可以随之进行变化。

　　其中一些与空间相关的信息我们可以直观地使用三维视效的方法进行标记展示，如区域柱状结构、飞线轨迹或者地理围栏。

　　弹窗浮层也是我们经常会用到的形式。进行城市场景漫游时，我们可能会用到地图或者轮盘工具。在三维场景中，我们也需要特别标记出一系列兴趣点，点击触发显示弹窗信息。通过这样的方法，一幅三维场景图能够涵盖和表现的数据信息就会变得极为丰富和灵活。

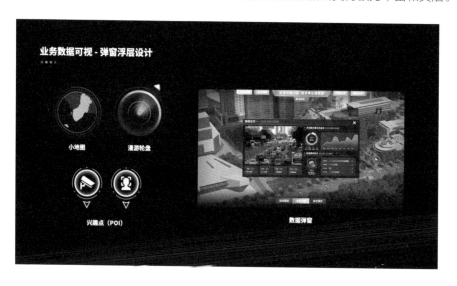

　　用户在观看和使用一套城市数字孪生系统时需要遵循信息获取的规律，因此，我们需要使用流畅的交互流程给用户讲好城市故事，层层递进，突出重点。在刚才讲到技术步骤的时候曾提到，我们最终会在游戏引擎软件，如UE或者Unity中完成所有资源的整合和表现。以UE为例，我们可以用其中的蓝图完成所有交互行为的可视化编程，如空间漫游、建筑建造的流程动画、建筑内部空间的三维爆炸演示、兴趣点的触发、告警区域的高亮等。所有的交互故事线都需要我们预先合理设定，反复测试，避免用户在使用的时候产生困惑和误解。

6）高质量的素材资源储备

　　针对不同的项目，城市物理世界的底座是我们每次需要单独去处理和生成的，但事实上有很多对某一城市不具有针对性的设计资源，我们则可以进行积累，反复使用，如城市配套设施的三维资源，飞线、周界等三维图元视效，交互叙事控件以及一系列图表面板等。在这些方面去进行提前准备和总结可以帮助我们在应对不同项目时提高效率。

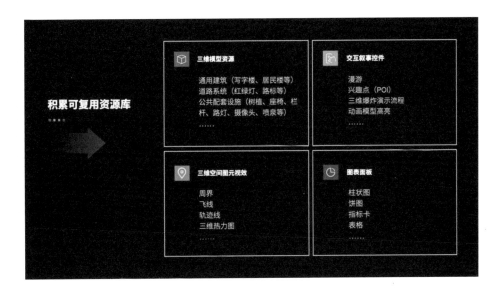

最后，可以给大家看一下我们之前完成的案例，包括一个城市级别的数字孪生项目和一个楼宇级别的数字孪生项目。城市级别的数字孪生项目观测尺度变化大，只有室外场景，关注城区级别的整体情况；而楼宇级别的数字孪生项目包含室内外场景，关注建筑本身和楼层级别的具体情况。

在这里我也想补充一点我的思考，那就是"数字孪生的终极目的，就是要实现对现实的1∶1还原吗？"

我觉得答案是否定的。我们需要警惕那些脱离实际业务需求的过度孪生。这是因为三维场景越贴近真实，成本就越高，而且成本是指数级增加。针对城市的一砖一瓦、一草一木进行无损刻画，不仅周期长，耗费巨量人力成本，而且对城市运行治理缺乏实质性的帮助。我认为从目前来看，建设数字孪生城市还是需要瞄准城市核心问题，不能盲目求全或蹭热点。

2. 数字孪生应用——大屏可视化

1）知识体系

大屏可视化设计中包含需求拆解、基本概念、大屏硬件、业务体系、人因研究、设计规范、组建模板、大屏应用等知识。

2）认识项目

大家现在可以回顾一下，我们日常接到的大屏需求是怎样的？需求是如何来到我们手里的？首先我们来认识一下项目的全生命周期。起初是销售环节，拿到销售线索后会进行商机培育。这里面其实有很多操作，如登门拜访、电话沟通等。之后会经历招投标、合同签署、合同实施、方案开发、售后维护，这里面有很多环节都是离不开设计的。甚至有时候能决定项目是否中标。

我们把整个项目的全生命周期分为售前、实施、售后三个阶段。

售前阶段：我们会配合销售、PDSA在商机阶段提供一些针对性案例、方案资料，甚至会进行一些POC设计，促成销售的达成。

实施阶段：是设计师的主战场，主要会产出业务梳理、交互原型、视觉稿、研发实施、走查、部署等。

售后阶段：售后阶段其实也很重要，往往容易被忽视。需要进行客户回访，即时获取客户反馈，优化设计；同时也有可能会产生一些新的商机，像版本、功能迭代都是经常会出现的。同时也能形成一定的正向品牌印象。

3）交付流程

在设计服务流程上，分为四个阶段：设计准备、设计实施、落地交付、用户回访。

设计准备前期，我们会进行业务需求梳理、内容属性分析，从业务逻辑、业务指标、信息层级、展示的故事线、硬件设备等维度展开。

在实施阶段，我们会从人因、无障碍、绿色、品牌基因继承、可视化图表选择等维度进行设计产出与指导。比如，根据观看者的距离、年龄层、屏幕尺寸等来决定字体大小、颜色、动效、图形的样式。

大屏项目中标后，任务是如何层层分解的呢？

4）项目拆分

一般项目会有大项目经理，他会把整个需求拆解到不同的子项，由对应的产品经理负责，比如大屏会拆解到大屏交付经理，由他去协调各类型资源。

单个大屏项目一般会由云资源、数据中台、大屏应用平台、部署等多个资源共同完成。

①云资源：顾名思义提供云服务，这个比较好理解。

②数据中台：提供数据采集、治理等服务，同时会进行一些资源库的建立。

③大屏应用平台：能够快速拖动生成页面样式，并进行数据接入。

④部署：就是在客户侧进行大屏环境搭建、安装。

数字孪生交付实现图

云资源	数据采集与治理		资源库	孪生设计				可视化平台	部署

（图示内容）

云资源：云服务器、云存储、安全、大数据、数据库、PAAS应用、……

数据采集与治理：
一、数据采集：数据源、向导式配置数据源、视频源、界面化数据接入、数据资产化、数据资产化目录、数据资产应用
二、数据治理：ETL、算子模型、任务调度、任务监控、数据治理、数据服务

资源库：人口库、法人库、交通库、视频库、资源库、基础设施库、……

孪生设计：
一、城市数字孪生：栅格数据、二维矢量数据（sha、osm）、卫星影像图、建筑分布（含高度数据）、道路、河流、数字高程模型（DEM）、绿地、行政分界、城市功能
二、三维城市精细化建模：主建筑、周边环境、道路、河流、桥梁、模型动画
三、UE4渲染引擎：场景合成、视觉特效制作、交互实践编辑、二维图表数据载入

可视化平台：大屏编辑器、数据报告、数据接入、前端开发、运维开发

部署：环境搭建、应用部署

5）可视化大屏类型

通常，大屏的类型分为监控型、分析型、展示型，可根据不同的客户场景进行匹配。

	使用目的	表现特点
监控型 Monitoring ①	实现信息集散共享 完成实时监控与指挥调度	符合监控人员使用习惯 高效呈现告警信息 快捷引导调度
分析型 Analyse ②	准确且快速呈现关键指标及逻辑关系 用于辅助决策	清晰展示指标关系 多数需要交互切换操作
展示型 Presentation ③	应用于业务提案或推广嘉宾接待等 用于提升形象	优先提升视觉吸引力 关注亮点展示与故事线设计

*部分大屏属于**综合型**，具有多种使用目的，可参考上述特点权衡开展设计

6）认识大屏硬件

如果允许，做设计前最好实地去获取硬件相关信息，这样在前期可以规避很多设计问题，如清晰度、拼接屏的缝隙。这对我们了解硬件信息有一定的要求。常规屏幕分为LCD拼接屏、LED屏、DLP屏、边缘融合投影等。我把它们的优缺点都罗列出来了，大家可以了解一下。

最后建议选择低密度的LED屏，根据预算选择P2.5~P0.8都是可以的。

7）主流行业

可视化大屏的应用场景非常广泛，最多的还是以ToG、ToB为主，在这里罗列出了比较热门的行业和对应的大屏场景，请扫码查看。大家可以按照这张表，提前进行业务理解，以及模板和资源库的设计。

附赠资源

8）人因研究

移动端与PC端的设计标准非常完备，只要遵循即可。但是小尺寸和大尺寸的定义就非常少，所以我们在做设计的时候需要着重考虑，往往用户有说不出理由的不满意，就是源于这

种原因。

为此，我们进行了一定的人因研究，包含视觉、行为、硬件侧的通用研究，以及可用性测试、客户访谈维度的项目研究，在专利和论文都有一定的成果沉淀。

9）大屏设计指南

大量的图表、图标、标题等组件库对快速响应紧急需求、提高交付效率非常有帮助。当然，组件库的可用率更重要，我们不能一味地追求数量。

我们沉淀了以设计流程、规格尺寸、页面跳转、交互行为、色彩等维度的300多条大屏设计指导建议，能够有效应对重复性、低产值设计场景的新手与批量交付，有效提高了设计交付效率。

当然，大屏应用平台也是必不可少的。同样，中国电子也有自己独立研发的大屏应用平台，虽然它没那么出名，但是非常好用。中国电子云可视化大屏是高效易用的数据可视化大屏应用生产平台，面向用户通览全局，集中展现数据价值的需求场景，基于丰富的可视化资产库（组件/模板案例），融合AI等能力快速构建可视化大屏应用，提升数据洞察与呈现能力，展现数据价值之美。

10）总结

到目前为止，我们交付了132个大屏项目，其中有17个孪生项目。在可视化大屏应用上我们正在做更进一步的探索，立足于通过设计助力社会数字化建设。

3. 虚拟数字人

1）什么是元宇宙

元宇宙是指借助人工智能、虚拟现实、云计算、数字孪生、区块链等高科技手段，把物理世界映射到由数字、互联网组成的虚拟世界中。在这个虚拟世界中，无论是身份、感官、意识形态等个人属性，还是社会体系、经济结构、政治组织等社会属性，都能够以数字形式呈现出来。

从元宇宙发展的整体进程来看，数字人处于元宇宙的核心地位，走在元宇宙的最前端。并且，随着大量企业涌入，数字人相关的市场规模也随之迅速扩大，或许在未来，数字人被大规模应用到更多场景中时，可以为消费市场创造更多价值。

元宇宙技术也在不断创新，像游戏与影视行业一直走在技术前沿。2022年4月，英伟达GTC发布会的幕后纪录片，展示的3D仿真特效，就是通过扫描技术和先进的动态捕捉设备完美复制出黄仁勋（数字人）的效果。

虚幻引擎开发商Epic Games推出了MetaHuman Creator，旨在不牺牲质量的前提下，使实时数字人类的创作时间从数周乃至数月缩短到一小时以内。其工作原理是根据一个不断增长的、丰富的人类外表与动作库进行绘制，并且允许使用直观的工作流程雕刻和制作想要的结果，从而创作出可信的新角色。

目前，虚拟数字人的技术逐步成熟，产业链初具雏形，众多的企业，尤其是互联网巨头企业，积极布局，资本也大量涌入，虚拟数字人产业正处于快速发展期。其发展主要在游戏、传媒、影视等领域得到了广泛应用，但从整体来说，主要集中于游戏、虚拟偶像、品牌营销等领域，尤其是B端业务。

2）虚拟数字人制作流程

（1）角色属性。

前期我们会定位角色的属性。案例中，我们根据企业的业务属性和品牌基因，把角色定位成科技、商务、严谨的风格。

（2）仿真度。

仿真度决定了角色是卡通一点，还是写实一点。

（3）定义角色。

根据用户要求，结合大量参考分析角色属性，包括性别、行业、品牌调性、目标客户、性格、风格、发型、服装、环境、年龄、妆容、配饰等。结合需求给出多套设计，供客户选择。并商讨角色的应用场景制定制作方案（线上线下、静态动态、是否可交互），进行原画绘制。

3）技术路线

技术实现上，现阶段有两种成熟技术：一种是真人高精度扫描，一套入门级的扫描设备就需要上万元，而且扫描的对象必须是固定的，在设计层面就会受到很大限制；另一种是动态捕捉，是虚拟数字人行业使用频率最高的方案，但往往会受限于场地和设备成本的影响。

然而，是否存在其他便宜好用的方案呢？我们对比行业内的动捕方案，比如光学捕捉、惯性捕捉、AI视频捕捉，进行了一系列分析。

以下是行业常见的技术实现方案。

第一个是传统动画电影制作流程。从剧本到设计、资产制作、动画、特效、合成等一套完整制作工艺，分工明确、流程完善，是现在动画电影主流的制作过程。

第二个和第一个流程基本相似，只是流程中制作分工没那么具体，该方案也是现如今游戏、CG、动画、广告等制作的主要流程。

第三个更偏向于实拍和计算机特效结合，计算机特效包括三维部分和绿幕合成部分，实拍与数字特效相结合，是现在主流CG制作方案。

根据数字人的制作需求，将动画电影制作的流程与游戏相结合，整合出一套完善的方案，传统动画制作工艺与以游戏引擎为载体相结合，加上面部捕捉技术，保证了角色模型的精度，以及脸部表情动画的真实性和最终视频输出的效率。

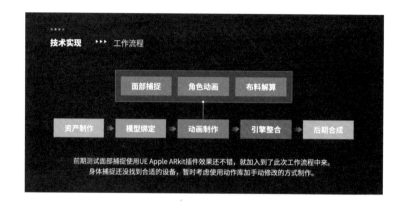

（1）模型制作。

使用传统模型制作工艺，在ZBrush软件中雕刻角色基础形态，该软件最大的优势就是自由度非常高，如同捏泥人一样可以随意创造自己想要的造型。

使用标准头像修改或者几何模型直接雕刻，获得设计图所需的角色造型，添加身体服装装饰等，完善整个角色。头发造型用简模示意，后续用真实毛发替代。

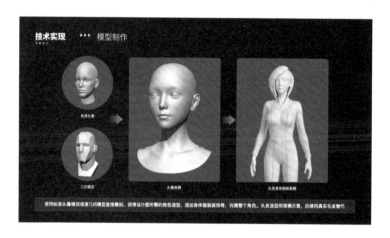

（2）贴图。

XYZ纹理是通过扫描人物脸部细节得到的一张高精度贴图，它包含三个通道，每个通道对应不同的面部纹理信息，包括不同精度的毛孔细节、皱纹，将这些通道信息映射到高模表面，最终这些高模细节可以生成法线贴图，以增加角色皮肤的真实效果。

头部贴图绘制主要是皮肤底色，服装则是通过ID贴图区分不同部位的材质效果，这样控制起来就更自由。最终在Maya等三维软件中渲染测试效果。

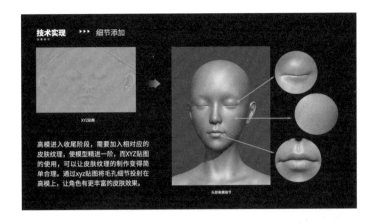

材质贴图的效果还是要以结合场景灯光、引擎渲染的输出效果为准，这样就需要在不同制作软件中来回调整，打磨细节。

（3）骨骼绑定。

骨骼绑定上我们也面临着很多问题，最终选了方案B，主要是为后面的面部捕捉工序提供方便。Metahuman技术在近两年才出现，成熟度不是很高，所以我们也做了很多尝试。

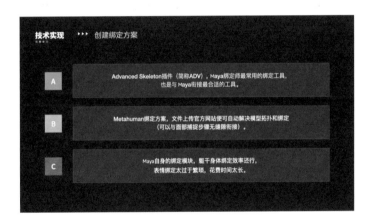

Metahuman的绑定效果整体感觉还不错，其实里面有很多问题，需要花不少精力去反复验证和调优。

使用Metahuman带来了很多便利，但是也要承认它的缺陷。需要将Metahuman生成的模型转成我们想要的造型，这是我们需要解决的第一个问题，虽然这个方法有一定的局限性，但是对于我们项目制作还是够用的。

不管用什么插件去绑定，都需要有表情修复这个工序，插件绑定的方式都是针对非常标准的人体自动计算的，然而我们制作的角色不可能是一个非常标准的人体，这样就会有一定的偏差，需要后期人为修复。

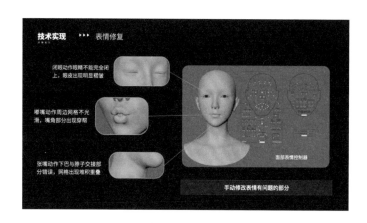

数字人使用了上百个BlendShape表情形态，当然我们将里面出现问题的表情形态进行人工修复。通过将BlendShape列表显示出来，优先修复低级别的组合，如单个控制器、两个控制器组合、三个控制器组合。一般也就修复到三个控制器组合，里面最多有六级控制器组合。

关于身体的绑定，两套方案我们都尝试过：方案A是用Metahuman官方生成的骨骼系统，方案B是动作库使用的骨骼系统。Metahuman骨骼系统和头部骨骼匹配度会高一些，但是传递动作库里的动画过程很烦琐，后面我们发现B方案的骨骼与头部可以用讨巧的方式进行匹配，因此逐渐抛弃了A方案。

快速绑定好的模型并不能马上就制作动画，它还是会出现很多问题，这里就需要进行下一个工序——刷权重，一个既枯燥但又需要细心的过程，需要检查和修改身体每一段骨骼与对应模型的匹配是否正常，以及骨骼运动带来的模型拉伸穿帮问题。

最后将修改好的模型再上传到网页，下载想要的动画素材，或者添加控制器自己手动创建动画。上传Mixamo官网绑定模型，测试蒙皮效果，可以降低工作量（该网站只能绑定正常比例人体模型）。再通过Maya手动修改计算错误的关节部分蒙皮，添加控制器，就可以制作或修改肢体动画，输出到下一个环节。

（4）动画拼接。

动画拼接可以在UE或者Maya等三维软件里进行，按照项目需求来选择即可。

借助Mixamo和Rokoko Motion Library等网站的动作库，下载合适的动画片段进行拼接和修改（这一步在Maya和UE5中都可以制作），可得到一段完整的动画，考虑到后面服装解算，我们就直接在Maya里面进行动画制作，方便动画输出。

（5）布料。

关于布料解算，以下三种方案我们都测试过，最早是想用UE5实时解算布料，但是UE5碰撞系统实在是非常难控制。

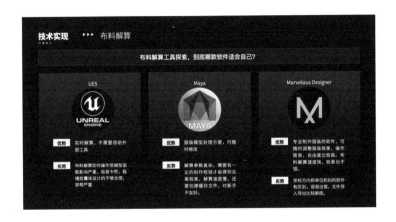

布料解算必须等整个动画制作完成，确定不再修改之后才能进行；如果后期有一点点动画修改，都需要重新再来一遍，所以效果虽好，但局限性太大。

（6）毛发制作。

毛发制作和前面表情修复、刷权重是整个流程中最枯燥的三个步骤，毛发制作需要先雕刻出大体的走势，之后根据简模将毛发一点点种出来。

毛发制作一般分两种——面片和真实毛发。基于UE5强大的Groom毛发系统能与Maya的xgen毛发完美结合，我们决定使用真实毛发制作方案，正常人的头发量一般在10万根左右，考虑到后面毛发的解算和运行流畅度，将毛发控制在5万根左右，并加宽了发丝的宽度，弥补发量的不足。

毛发是在UE5实时解算的，也是整个环节最消耗性能的地方，由于UE5这种特殊的胶囊体碰撞模式，导致头发不能非常顺畅地落在头上，所以最终输出的效果头部比较僵硬。

其实最早我们也考虑过头发碰撞问题，唯一避免的方案就是尽量不使用长发，或者使用盘在头顶的发型，所以这也是困扰我们很久的一个问题。

通过UE5的Groom毛发系统调节毛发细节和渲染采样，并开启毛发物理效果（眉毛和睫毛不用开启），设置毛发解算参数。这里为了想尽量完整地保留头发造型，只是在头发末端加了物理效果，同时也尽量避免毛发穿插。

（7）面部捕捉。

面部捕捉我们用的是Live Link，它的优势在于免费开源，且与UE5结合度高，比较适合业余爱好者去体验，一部手机就能让你的角色跟着动起来。借助Live Link将脸部采集的数据实时流送至虚幻引擎，驱动3D预览模型并记录最终效果；不足的是其定位点比较少，嘴部动作还原度不高。

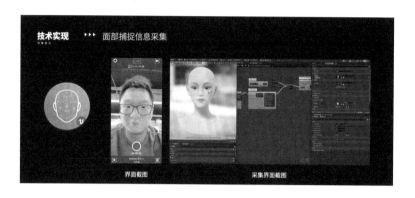

（8）资产重组。

资产组装过程算是整个流程最关键的一步，也是出现各种漏洞的地方。最大的问题就在于头部骨骼和身体骨骼结合这一步，困扰了我们很久，两套骨骼都对应着各自不同的动画，头与身体交接部分不可避免地会出现穿插，还有例如骨骼不匹配、骨骼轴向不同步、骨骼继承动画报错等。下面罗列了三个重要的解决办法。

①头部骨骼与身体骨骼创建父子链接。

②将肩膀部分骨骼动作减弱或者去掉，可减少穿插。

③尽量设计能盖住拼接缝的服装或使用服装等掩盖。

资产组装不单指各种资产的拼接组合，还包括资产在UE5重新赋予材质贴图，结合场景灯光调整画面效果，包括毛发资产与模型的绑定、皮肤效果的参数调整、头部和身体的骨骼拼接、测试表情动画和身体动画的协调性等。场景布光也很重要，根据要求模拟影棚灯光效果。

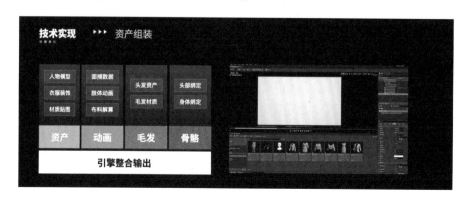

（9）合成输出。

最终的合成输出，使用带通道的方式输出视频，就可以省略掉抠绿幕步骤了，背景也可以使用三维模型搭建，直接在UE5与角色一起输出。

最终渲染输出部分，添加各个组件动画（面部捕捉、身体动画、布料解算缓存），设置动画时间，添加镜头预览，调整画面比例。考虑到UE5通道渲染效果不是很理想，因此把虚拟影棚背景改成绿色，方便后期背景扣除。后期添加背景设计和配图，解说音效，输出成片。

4. 元宇宙的未来

伴随着新基建的快速发展以及新技术、新业态的加速应用，元宇宙将成为继物联网、云计算之后的第三个核心技术制高点，并且将推动经济社会的全面数字化转型。

数字人处于元宇宙的核心地位，走在元宇宙的最前端。希望元宇宙更多的技术得到应用，能够推动经济社会的全面数字化转型。

詹明明

现任中国系统设计中心大屏可视化负责人，主导大屏可视化、数字孪生创新设计能力研发以及体验与视觉规范建立。10年的设计工作经验，曾任职于华为云、浪潮云、中国电子系统，主导过多次重大国内站与国际站创版设计，首创华为云3D首页创意表现，在云服务行业内树立标杆，主导作品曾在"巴塞罗那展"展出。获得过中国智造设计大奖"佳作奖及以上"1次，入围2次。

可感知价值：如何利用消费心理学促进商业化体验创新

◎ 张志刚

1. 游戏商业化

1）游戏行业商业化现状

游戏是国内很多互联网公司都曾经涉足过的领域。除了纯粹以游戏起家的公司外，绝大多数拥有用户流量的公司都曾经尝试做过游戏，也有不少公司取得了不错的成果。游戏具有极高的商业价值，其吸金能力、利润率和玩家黏性都很高。在互联网圈地为王的流量时代，它是一条很好的把流量转化为商业财富的变现渠道。

然而，近两年，游戏领域发展并不如意。根据伽马数据2022年第三季度（7—9月）游戏产业报告，2022年第三季度中国游戏市场规模延续双降。中国游戏市场实际销售收入597.03亿元，环比下降12.61%，同比下降19.13%。移动游戏市场规模创近五季度最低。造成此表现的原因主要有三个：①受疫情和宏观经济等因素影响，游戏用户付费能力大幅减弱；②长线运营游戏流水滑落；③受版号政策影响，本季度新游戏数量较少，表现也不佳。

基于以上原因，游戏公司在被迫进行战略调整，主要有下列三点：①增强现有游戏的长线商业化运营能力；②新项目主要针对海外玩家市场；③舍弃盈利能力弱的小型品类赛道，资源重点投入高回报品类。

2）游戏商业化设计目标

（1）游戏的生命周期。

游戏的生命周期是指一款游戏从封测直到末期关服停止运营的整个生命历程，主要分为测试期、上线期、成熟期、衰退期。测试期一般指游戏早期的测试阶段，如封闭测试或者内部测试阶段，在这个时期，游戏开发者会引入少量外部玩家，对游戏系统和服务器压力进行测试，并且收集玩家的初步反馈；上线期一般是指游戏刚上线的阶段，这个阶段游戏会对所有玩家开放，在上线阶段同期，游戏营销人员往往会大规模投入资源推广游戏，加大市场宣传力度，因此，这通常是游戏玩家增长最快的时期；成熟期一般指游戏玩家和游戏收入逐渐趋于稳定的阶段，在这个阶段中，游戏运营人员会用各种活动和玩法新增满足玩家的消耗，延长游戏处于成熟期的时间；衰退期一般是指游戏末期，用户流失不可避免地加剧，游戏收入大幅下降，在这个阶段，游戏一方面挽留流失用户，一方面尽可能榨干游戏本身的剩余价值。

在游戏的生命周期中，游戏的根本目的都是盈利。简单来说，游戏盈利可以用以下公式描述：

$$游戏盈利=付费用户数×单个付费用户平均付费值$$

对这个公式进行一次扩展：

游戏盈利=（每日活跃用户数×付费用户转化率）×单个付费用户平均付费值

对每日活跃用户数进一步拆解：

游戏盈利=［（新增用户数+回流用户数+日常活跃用户数）×付费用户转化率］
×单个付费用户平均付费值

从展开公式中可以发现，要提升总盈利，就要提升付费用户数，提升每日活跃用户数和付费用户转化率，所以游戏产品功能设计目标归纳下来有下列四点：拉新、促活、回流、转化。

①拉新：是指通过营销活动或者降低新手学习成本来吸引新用户进入游戏并且留下来。

②促活：是指通过活动、任务等机制，让玩家每天都能活跃起来，防止流失。

③回流：是指通过新的玩法、新的活动或者社交关系召唤已流失玩家回到游戏。

④转化：是指就是将原来的非付费用户变成付费用户，培养用户付费的习惯。

目前，游戏中基本所有的功能都是围绕着这四种设计目标进行设计的。

（2）游戏商业化。

在游戏生命周期中，开发者产出了大量游戏中的资源（如时装、养成道具等），这些资源被推销售卖给玩家的过程就叫作游戏的商业化。游戏商业化主要解决三个问题：卖什么？卖给谁？怎么卖？

游戏中售卖的往往不是实体的产品，而是精神上的体验。归纳下来有两种，即特权体验和情感体验。

特权体验主要包括能带来游戏中竞争优势的物品或其他相关资源售卖。例如，玩家付费可以买到更好的装备、角色，让玩家可以在战斗中击败对手。这些都是非付费玩家无法享受或者少量享受的资源。另一种是情感体验，情感体验主要指的是针对玩家表达个性化、满足炫耀心理等需求设计的相关资源售卖。例如，角色时装以及游戏中维持社交关系的礼物等。

游戏内容的售卖对象一般从消费数额维度区分成以下几类：免费玩家、小R玩家、中R玩家、大R玩家。不同类型玩家的付费习惯和消费意愿都有差异，需要结合每类玩家的特点进行运营活动的设计。

2. 商业化案例剖析

1）Battle Pass

Battle Pass又叫赛季通行证，是指游戏内一个依托于一定时间周期的活跃和付费设计系统，它是游戏行业商业化领域最伟大的创新之一。它的原型是2013年国外游戏厂商V社在旗下游戏Dota2中设计的可交互的比赛观赛指南，但真正发展到成熟是在2018年的《堡垒之夜》第三赛季，它为《堡垒之夜》在当年贡献了24亿美元以及高达70%的付费率，因此各个游戏厂商纷纷在自家游戏中引用这个模式，也都获得了非常好的效果。

《永劫无间》赛季通行证

赛季通行证的设计一般包含几个要素，即通行证等级、免费的等级奖励和付费的等级奖励，它需要玩家在一段时间里通过游戏对局或者完成任务去升级赛季通行证的等级，通行证达到某些等级后，可以根据付费情况解锁对应的奖励，免费玩家就只能拿到当前等级的免费奖励，付费玩家可以拿到当前等级的免费奖励加付费奖励。其本质就是让玩家用小额的金钱和大额的时间来获取原本应大额金钱获取的游戏内容。

赛季通行证的成功离不开其精巧的设计，主要有以下三点。

（1）赛季通行证的设计兼顾了免费玩家和付费玩家的体验。

赛季通行证通常被设置为三个级别：免费、初级付费和高级付费。其中，初级付费和高级付费所购买的赛季通行证奖励内容是完全相同的，区别在于高级付费用户的活跃度压力较小。对于免费玩家来说，这是一个只要玩游戏完成任务就能获得奖励的福利活动，也就是说他们不用付出任何额外的费用，只需要付出时间就可以收获奖励。而对于付费玩家，一方面初级付费玩家可以在付出时间的基础上再花费小额金钱就可以获得比"免费通行证"更多的奖励；另一方面，没足够时间参与游戏的玩家可以通过花费更多的钱购买进阶版通行证或者购买通行证等级，弥补自己活跃度的不足，也能够获得相应的奖励。

《永劫无间》中针对不同付费玩家设置的梯度付费

这个背后引用了一条心理学原理：损失厌恶。损失厌恶是指人们面对同样数量的收益和损失时，认为损失更加令他们难以忍受。付费线的奖励随着等级的提高变得更加诱人，且会让玩家产生"不买就亏了"的怀疑，通过负强化刺激了付费率的提升，将更多免费玩家转化成付费玩家。

（2）结合游戏玩法，树立玩家目标。

做任务增加活跃度是赛季通行证模式的基础，因此任务设计是十分重要的。首先在时间维度上，要为玩家设置短期目标和长期目标，一般来说，任务可以分为"每日任务"和"每周任务"，有的时候还会有"赛季任务"，"每日任务"的设计在最根本上保证了用户的活跃度，激励用户更多地加入游戏，而"每周任务"则既是对那些无法参与每日任务用户的补足行为，又是对日活跃度高的用户的更多奖励行为。其次，在内容维度上，任务内容要与游戏内容相贴合，设计鼓励玩家在游戏中尝试的内容。

《永劫无间》的赛季通行证任务设计

最后，在完成难度维度上，要对任务进行梯度划分，既要有登录游戏、参与几场比赛的简单任务，又要有取得多场胜利等复杂任务，这样才能既保证用户参与，又不会让玩家觉得自己只是在完成任务，而不是通过游戏放松娱乐，丧失对游戏的热情。这样的设计拉动日活率与留存率提升，保持用户黏性，培养忠诚度，必须让重复完成的日任务成为主要的经验来源，避免出现玩家持续投入一段时间后就可以拿全奖励并放弃游戏的现象。

（3）具有吸引力的奖励。

首先是界面设计上，将付费版与付费版的奖励领取合并在一个界面里，可以明显看出普通版的奖励相对于每个不同等级都有奖励的付费版来说略微寒酸。

赛季通行证的奖励分布，需要着重强调第1级和最后1级。1级奖励用于破冰，促进转化，最后1级用于设定目标，提高活跃。中间部分可以按照1周为单位设置阶段性大奖，使玩家小目标不断实现。

总结一下，赛季通行证本身是一个一定时间周期内的活跃和付费设计商业化组合体，它兼顾了免费玩家和付费玩家的用户体验，又与玩法结合，帮助玩家树立目标，提升活跃，同时，它的奖励很丰富，远超付出的金额。利用损失厌恶的心理，吸引免费玩家转化成付费玩家。这些亮点让赛季通行证成为众多游戏必备的商业化系统之一。

2）开箱系统

开箱系统在某些游戏中叫抽卡系统，是游戏行业中常见的系统之一。它基于心理学上的斯金纳箱实验——不确定的随机奖励，更能激起强烈的反应。因此我们设计了游戏中第一版开箱系统。

《永劫无间》第一版开箱系统

第一版开箱系统的效果并没有达到预期，基于测试的玩家反馈表明玩家对这个系统并不满意。

为了做好开箱效果，我们将开箱抽取后的效果分成三个阶段：前置的固定动画表现，中间的品质露出，以及最后的奖励展示。这里我们发现一个重要的设计方向可以帮助提升开箱的用户体验，那就是分段营造期待感。

开箱不只是瞬时的惊喜，玩家的情绪和期待值需要时间酝酿。在传统转盘游戏中，小球转到最后，速度越来越慢才是最刺激的时候，同样在游戏设计中，也需要复现这种情感体验。所以，在这个案例中我们将抽到特定皮肤的过程分段成两部分传达，先传达抽到了高品级皮肤，再传达抽到的是高品级皮肤中的特定皮肤。这样玩家抽到想要的物品时心情就会波动卜升，提升玩家在抽奖过程中的期待感。

那我们如何针对两个不同阶段设计对应的期待感体验呢？

我认为营造期待感的关键是在获取奖励前的等待时间。

在第一个阶段即品质露出阶段，目标是在十连抽取的过程中，逐步提升玩家期待，期待这次十连中到底抽到多少高品质的物品，以及期待有没有抽到最高品质的物品。在这个过程中，我们在场景中用光球指代奖励物品，光球的颜色蓝、紫、金、红和奖励物品的品质颜色相对应。光球飞入宝箱代表本次开箱中能获得的奖励。

如下图所示，随着动画分镜的切换，大量不同颜色的光球冲向佛像手中的宝箱，光球会按照从低到高的顺序依次飞入，所以会对玩家产生一个心理预期，这次有没有抽到最高品质物品就看最后几个了。因此在设计中，我们特别针对这种情况，对小球飞入的速度和节奏做了特殊设计，最后1~2个光球飞入之前会有个停顿，这样就让玩家在知道最终结果前产生额外的期待感。

《永劫无间》开箱系统分镜设计

在第二个阶段奖励展示阶段，我们也一改之前单纯跳出的效果，而是先部分展示高品质物品最突出的特质，引起玩家猜测，然后再给物品一个特写，强化表现效果。

3. 洞察本质与细节补充

1）一句话总结问题

上文以案例的形式介绍了一些游戏中创新的商业化方式。接下来分享面对种种设计需求，在设计中我们是如何抓住需求本质来帮助用户优化体验的。

在工作中，设计师会接到各种各样的需求，有的需求明确且容易理解，有的需求分散且不容易理解。产品经理也往往很少有把需求完全说明白、说清楚的。面对厚厚的产品需求文档，设计师又该如何洞察本质进行设计创新呢？

一个好的设计一定具有主次分明的功能，玩家或者用户在使用这个功能的时候能够一眼看出来最重要的是什么，以及要做什么。因此所有的产品需求中一定有一个主需求。所有的设计都要围绕这个主需求去做，与主需求相关性强的需求就要放大显示区域，降低信息密度，增强对比来增强表现，与主需求相关性弱的需求就要缩小显示区域，加大信息密度，减弱对比甚至收起来减弱表现。

下图就是一个典型的问题界面，原本需要突出显示的今日活动，就是左侧这块区域，但它的显示信息密度竟然比右侧全部活动列表区域更加密集，而且右侧全部活动列表还用颜色做了突出对比，显得比左侧今日活动更吸引人注意。这就违背了最开始的设计目标。

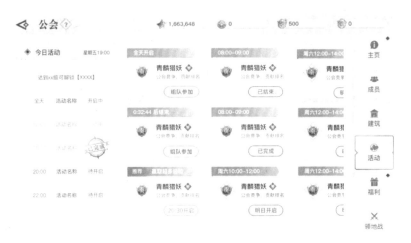

主次不明确的问题界面

我们知道识别主需求对设计的指导作用，那么如何在策划的需求文档里识别主需求呢？

这里我们总结了一个方法——一句话总结问题。不管策划需求文档多复杂，阅读完后尽量用一句话去概括玩家通过这个功能能做什么。

举个例子，玩家通过游戏中的分享功能来分享游戏中的内容到其他平台。这就是一句话的概括，但是，这些信息还不够。

任何产品需求都要源于产品目标，那玩家的所有行为也需要有玩家目标，也就是玩家为什么要使用这个功能。任何功能在做设计之前都要从细节里抽身出来思考一下这个问题，多问自己一些为什么，这样可以防止设计师和产品一起陷入一些自嗨的情景。回到刚才分享功能的案例，我们就要多问自己一句，玩家为什么要分享，玩家凭什么分享。是为了获得高品质珍惜的物品后分享喜悦？是为了炫耀自己抽奖的运气？还为了展现自己拍出的美丽的图画？这才是玩家使用分享功能的目标。

还有一点，设计不仅仅是前期需求的设计制作，还应跟进实现，做好优化和迭代。那如何评价或者衡量你的产出呢？当然是最终效果。所以，在梳理需求、概括需求的时候，我们也应该思考，该怎么衡量这个需求是否达到了设计目的，是不是应该思考一下哪些指标可以帮助我们跟踪效果。这样才能帮助我们及时跟进，做好优化和复盘。继续回到刚才分享的案例，对于设计结果该怎样衡量呢？答案是用功能的点击率和达成次数。

这才是一句话总结下来的最终效果。

2）语义扩充法补充细节

上文讲了如何用一句话的方式明确设计需求，但是仅仅明确设计需求是不够的，我们还需要找到设计的机会点。我们总结了另一个方法：语义扩充法。

语义扩充法，顾名思义，就是采用扩充语义的方式来补充需求细节，进而找到需要关注的点，明确设计方向。值得注意的是，在语义扩充的时候我们还是要基于之前一句话的总结，围绕玩家目标和产品目标来进行。

玩家目标往往就是他玩游戏的目标，归根结底就是得到现实生活中得不到的满足感。具体一点，就是想要更快、更强、更爽、更自然，获得他在现实中更难获得的体验。那具体怎么操作呢？我们需要对刚才总结的一句话需求进行语义扩充。注意，在这里我们尽量往语句里加入形容词来补充细节。

回到刚才的例子，我们来用语义扩充法把它补充一下。我在句子中加了一些形容词，如更快的、更方便的、珍贵的、少见的，这些内容反映了玩家在使用当前系统时候的期望值，因此这也是我们设计发挥的关键点。更快、更方便，就要求操作流程少；珍贵的、少见的，则表明玩家对想要分享内容的预期，要求我们对特定内容有突出的展示和表现效果。

说完了玩家目标，我们再说产品目标，围绕产品目标的扩充和我们刚才最后一段的指标有一定的相近之处，或者说探讨如何达到指标的驱动因素就是我们需要注意的设计点。

在这个例子里指标是不同分享按钮的点击率和分享到其他平台的次数。那么产品的目标一定是怎么提升不同分享按钮的点击率、怎么提升成功分享到其他平台的次数。这也就是我们需要重视的设计点，针对这些问题和倾向，我们可能采取突出分享按钮让它更容易被发现，优化分享页面的效果，提升玩家分享意愿。

这两个方向进行语义扩充的结合就是我们最终得到的设计机会点。

4. 总结

游戏商业化在发展过程中诞生出了很多成功的案例，本文基于对赛季通行证和开箱设计案例的剖析和拆解，描述了这些商业化案例背后的心理学逻辑。行业不同，但设计思路是共通的。希望本文总结整理的一句话总结和语义扩充法，可以帮助设计师在面对设计挑战时有所准备，提升设计影响力。

附赠资源

 张志刚

上海交通大学硕士。现任网易雷火UX用户体验中心资深游戏交互设计师，GDC全球游戏开发者大会主讲人。在职期间，作为主交互设计师，从0到1打造出游戏市场爆款产品《永劫无间》。同时主导雷火游戏工具类产品体验设计，以及该领域基础框架的搭建，旨在打造游戏界面原型工具，推动游戏行业研发流程的革新。

从业多年来，帮助众多产品进行体验设计和迭代。拥有多项发明专利，参与撰写书籍《交互设计：原理与方法》。2022年在GDC全球游戏开发者大会发表演讲。

与复杂共生：金融业务场景下的设计整合策略与实践

◎芦裔

现代金融业态不是一座封闭的孤岛，互联网技术的浪潮加速了金融领域的变革，推动了传统金融不再故步自封，满足于固有生态，而是通过"开放银行"（Open Bank）深化数字化转型，服务范畴也从基础功能的提供演化为服务生态的供给。面对各项业务的你追我赶、蓬勃发展，解决复杂性问题就成为设计师工作的常态。

"与复杂共生"的理念说明对于复杂性，单纯做减法并不是最优策略，而是应该通过体系化、结构化的方法建设面向复杂领域的团队资产，并将这种资产转变成设计师对业务场景理解的手段和途径，从而更好地实现用户视角与业务发展的融合，削弱复杂性带来的不确定性。正应验了唐纳德·诺曼所言："有些时候复杂是必需品，而简单只存在于人的头脑中。"

1. 金融产品的复杂性

每个人生活中多少都和银行打过交道。近年来各大银行竞相布局线上服务渠道，用户可以通过数字方式办理银行业务，大幅提升了业务办理效率。从本质上看，银行仍属于传统行业，自身有着非常深厚的金融根基和行业底蕴，秉承着安全稳定、风险控制的第一要务。例如，五大国有银行的客户基数巨大、网点分布广泛、产品服务多元，除了追求经济效益，还要更多考虑社会责任、政策导向、监管要求，可以说银行金融业务与生俱来就带有复杂性。

复杂性主要体现在以下三个方面。

一是业务类型。银行更像是一家大型综合金融服务提供方，虽然与消费类商品相比SKU数量较低，但是每一个业务单体包含的产品服务都有巨大的业务体量，如零售业务就包括个人账户、存款、信用卡、分期付款、支付结算、收单、投资理财、财富管理等产品服务，而每一个产品服务背后都是一套非常庞大的业务系统。

二是运营模式。从运营逻辑上看，银行对于商业价值的评判最终都会落在资产负债表里，通过净息差来评判盈利能力表现。所以，银行金融业务核心逻辑仍然是以资金沉淀为主，俗话说就是要见到"真钱"，这点与互联网的商业模式差别较大。其优势是容易标准化，与盈利能力直接挂钩，挑战是商业模式较为单一，缺少想象空间。我们都知道互联网业务的核心逻辑在于基于用户流量的价值变现，从原有的主营业务场景切入，同步建设基于C端用户群的生态体系，打造契合自身消费等场景的服务，进而再通过数据运营和流量分发获得商业上的再投入，循环升值，整体上是一个服务前置的过程。但金融逻辑不同，它是一个服务后置的过程，需要先构建一个服务的基本面，能够囊括尽可能多的领域、行业、客户，并为他们开立账户。这也就是为什么在金融领域，我们会更多地提到"渠道"这个营销概念，因为在银行人的眼中，渠道是先行的，有了渠道才有获客的通路，业务的开展才能顺势而为。

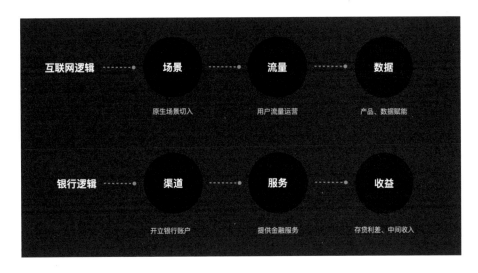

三是产品服务。从供给的角度，银行的产品和服务没有清晰的边界，可以概括为产品即服务。从中国银行业协会给出的定义也可以看出，银行产品服务是一体的，即"供应商为满足客户的金融需求或与金融相关的需求而向客户提供的输出"都叫银行产品服务。例如，支付既可以说是一款产品，也可以说是一种服务，兼具产品的价值性和服务的不可见性。

总体而言，体量庞大的业务类型、资产负债为核心的商业模式、产品即服务的供给特点，加上近年来银行业主动提升产品服务的线上化、智能化水平，这些因素共同作用，形成了金融产品复杂特性的基本面。可以看到对客金融平台多为卖场模式，有限的渠道容载能力和激增的业务发展需要之间如何实现平衡并提质增效，是金融行业产品研发团队共同面临的机遇和挑战。

2. 面向复杂性问题的设计架构

相信几乎所有团队在建设之初都会选择建立一套设计规范或组件库，在设计活动事中、事后阶段起到执行和监督的约束性作用。但当面向业务方众多、需求千头万绪的复杂业务场景时，如果没有事前干预，同样会形成巨大的结果差异。所以，最为理想的解决方法是在设计活动开始之前就把整体设计要求给到设计师，即设计体系不仅要给出一套可用的设计资产，还要给出一套能够指导全体的设计指南，结合指南制定一套可执行、可落地的设计标准并进行实施管理。所以，想要解决复杂性问题，最重要的是面向业务领域，在事前阶段，从组织和团队的整体角度，给出覆盖功能、流程、页面的设计指南和配套资产，这样才能让团队成员步调一致、整齐划一，通过团队的力量化解复杂性问题，最终达到"对于产品复杂性不断提升的情况下，围绕核心领域建设规模化、体系化的设计指南及配套资产，分层分类整体指导设计团队定义具备家族感、品牌感的产品风格和交互体验"的目标。

基于以上目标，我们围绕设计语言、设计模式、设计框架给出一套面向复杂性问题的设计架构。设计语言定位为领域级设计指南，主要针对政企金融一类超大型业务领域。设计框架定位为围绕特定用户场景和任务的设计路径，主要针对财富管理一类有明确场景划分，业务属性极强的垂直领域。设计模式定位为页面级的设计共识，主要针对具有行为共性的典型业务场景，可将共性功能、页面、流程模式化，并配合模式适用说明。

1）设计语言

设计语言建立的原点应是某一业务领域，而非放之四海皆准的通用性语言。设计语言不应独立于业务领域的外沿而存在，通用性过强会损失过多的"个性"和"特征"要素，导致语言缺少生命力，在后续模式和模板的沉淀过程中后劲不足。企业级带来的通用性是面向对外输出和无差别服务的，但是对于银行金融业务的复杂性而言，更需要的是对症下药。

如总体思路所述，想要基于设计语言解决复杂业务场景问题，就需要建立一套可以工程化的标准，通常情况下一个大问题是通过无数个小方案的解决而解决的。所以，首先将产品进行解构，拿一个页面来说，需要从界面和功能维度将其进行拆解，然后提取出共性部分，再结合产品特点，将共性部分资产化，最后进行技术转化和工具转化，贯穿需求侧和开发侧，实现工程落地。对具备共性的功能模块、业务流程进行梳理总结，同时对于"复用性"进行评估。对高度复用的资产进行整合，基于业务特性定义全量资产，并基于场景进行规则制定。结合行业、用户、业务的诉求，定义产品的界面要素和品牌识别要素，并将标准细化到基础规范中，将规范落地在组件、区块、模板中。协同开发团队，将相关资产进行技术转化，形成配套的技术资产。通过低代码、设计协同工具实现线上协同。

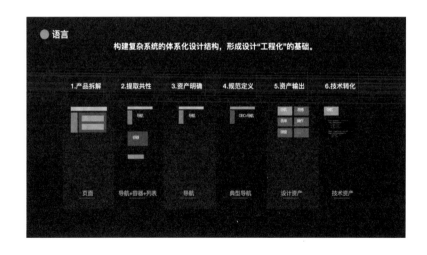

总结概括而言，即"拆、并、绘、用"四个步骤，同时每个步骤均会定义标准并产出相应资产，成为团队设计活动的基础。在拆解元素的过程中，可以遵循"相互独立，完全穷尽"的原则，界面上任何一个可以与用户交互的元素都是可以拆解的。同时，拆解的元素都可以通过工程化的方式落地，甚至很多元素本身就是一个CSS样式。包括对于质感这类风格化特征极强的元素，也应该尽可能明确其属性，因为任何一种质感虽然都会有偏主观感受的含义，但是反映到属性上一定会有具体参数可以对照，而这种参数化就可以作为后续质感优化的有效抓手。

这里同步引入一个概念，即Design Token设计变量。简单说来Design Token就是最小颗粒度设计元素的参数化，每一个参数都是用于存储样式的语义化变量。通过Design Token可以将样式和代码进行解耦，实现设计元素的参数化管理。当需要调整样式时，只需要更新底层样式配置文件，不需要对代码本身进行重构或颠覆性修改。同时，基于Design Token的元素封装和命名，设计师和工程师实现了"语言的共通"，在实际场景中，设计师在设计软件中根据Token配置页面，工程师则在代码中选择对应的Token参数进行工程实现，双方共同维护和共享一套编码规则，避免中间传递过程中的设计信息损耗。

以桑坦德银行为例，桑坦德银行是一家全球化的商业银行，随着全球业务的拓展，经营者发现在不同地区开展业务时总会遇到由于当地民族文化属性和认知不同而产生的尴尬。带来最直接影响的就是色彩的使用，如红色在墨西哥被认为是符咒的颜色，寓意坏事将要发生，所以作为官方品牌色的红色就不再适用。桑坦德银行的工程师们基于Design Token参数化解耦的思路，将在墨西哥地区的产品主色配置为紫色，而其他地区不受影响。

元素、框架、布局等基础要素和结构拆解完成之后，需要对控件进行拆解和重组。在控件级别将页面交互元素组件化，所有控件均通过设计变量进行定义，通过改变原子属性，批量维护组件样式，形成标准化的可复用资产。基于标准化设计资产，可通过合并同类项的方式将典型业务场景和功能进一步归纳和提炼。在核心功能的基础上，可对界面中较为通用的功能单元进行切分，挑选通用性较强的部分进行进一步整合，形成以功能块为单位的组合模块。例如，大部分产品中都会使用的申请表单、数据表格等通用界面区块，通过区块的组合可以最快2~3步完成搭建资金申请流程的产品原型。

拆与并完成之后，需对界面元素、区块、模板进行可视化表达和描绘，形成一系列的可复用库文件，这是设计语言资产化最为核心的部分。在政企金融场景中，金融产品需要面向特定业务场景，这使得设计师很难像C端产品一样通过竞品分析和自身使用经验为设计提供参考依据。同时，政企金融产品看似同质化的页面背后，可能是截然不同的业务流程，而这种流程性、交互性的模式很难通过静态界面识别。为解决政企金融产品设计师的痛点，我们从设计实践中提炼出登、开、申、批、付、查、核、管、控、助等十个政企金融典型业务场景，制定通用设计模板，帮助设计师以点带面解决相似问题，不再寻觅他人文档。

通过拆、并、绘、用四个步骤，可以实现基础要素的原子化、规范化，生成一系列可复用的典型业务模板；同时基于资产，通过引入设计协同平台、低代码平台，实现资产线上化、工具化，整体上提升研发效能，解决复杂场景问题，这就是体系化设计的方法、过程和资产。

2）设计框架

另一个复杂性极强，需要被整合的赛道是垂直业务领域，如财富管理领域。对于垂直领域的复杂性，需要结合领域特点，从用户场景和用户任务出发，制定设计策略框架，结合策略框架快速迭代设计方案。

财富管理领域的产品具备以下三个特点。

一是业务性强。虽然大部分属于中间业务，风险相对可控，但是需要面对大量的监管细则要求，银行作为代理中间方既要维护平台利益又要关注合理合规。

二是用户性强。财富类产品的销售端直接面向终端用户，近几年用户习惯被互联网培育得非常彻底，逐步变成买方市场，中间收入的增速也逐渐放缓。

三是抽象性强。财富类产品的买卖不像普通商品的买卖，其价值交换方式非常间接，又难有物化体感，对于多数客户来说，独立完成买卖行为门槛较高。

但是从交易行为的角度来看，财富类产品却又有着普遍的共性，可以划分为交易前、中、后三个阶段，而在每个阶段用户的心智状态也高度模型化。经用户研究分析发现，财富产品体验的问题主要集中在交易前、中、后三个阶段。交易前用户普遍反馈产品收益较低，营销活动吸引力较弱，导致用户对在售产品了解意愿低、兴趣不高。交易流程中，交易规则等关键信息不够突出，导致用户在交易过程中容易遇到障碍。交易后信息反馈不及时，如赎回到账慢、确认份额、查看盈亏等重要时点均无明确信息反馈。总结起来，就是投前没兴趣，投中不了解，投后不信任。基于此结论可以建立设计整合策略，围绕策略框架细化设计目标。例如，没兴趣的问题主要通过创造动机引导用户来解决，不了解的问题主要通过排除理解障碍、流程障碍来解决，不信任的问题主要通过把握关键交易时点，主动为用户消除疑惑来解决。

一是如何创造动机。在分析旧版行为路径数据时发现，从账户进入投资理财栏目的访问量是从首页功能入口进入的两倍之多，说明先查账再做交易是相当一部分代发工资用户的习惯路径，所以在用户资金到账时点提供服务更容易实现转化。因此可在用户资金到账前后的关键时点，占用用户的注意力资源，适当推送产品服务，当然要注意避免过分的广告感。例如，工资到账后金币散落下来，配合动效和声音，增加资金到账的体验感，在多模态的体验中嵌入营销，触发交易动机。另外，引入多家第三方基金公司入驻后发现用户对于基金公司的关注力有限，未达到预期效果，所以在基金公司入口增加产品配置位，通过产品价值表现对比形成锚定效应，用户先被产品吸引再了解基金公司，改版后访问数据得到大幅提升，同时反向激励基金公司投稿。

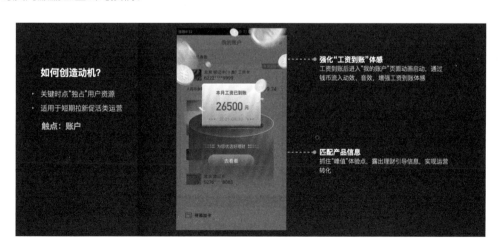

二是如何排除障碍。投资理财最重要的是时机判断，何时购买赎回，何时追加持仓，都需要为用户及时清除障碍。对于账户交易一类用户首要关心但有查询成本的信息，可提供跨功能、跨页面推送机制，包括购买待确认、理财即将到期、定投扣款失败等与用户利益强相关的消息，再如自动还信用卡、房贷还款失败，如果忽略导致逾期可能会影响用户征信，需第一时间将通知送达。产品数量过多无从选择，用户容易选择焦虑，如果在页面上停留时间较长或向下滑动多屏，可以初步判断用户遇到了选择障碍，这时正是帮助用户的好时机，可以提示用户联系智能客服或将用户引至产品研选专区，缩小选品范围的同时提高营销触达率。

三是如何解决疑惑。通过大量的用户吐槽数据文本分析可以看出，用户交易后最关心的是"钱去哪了"，财富类产品的交易需要与后台业务系统进行交互，交易与动账存在时间差，在此期间可能会引发由于未能提供有效的交易提示信息而导致用户不知道当前所处状态而感到焦虑，提供围绕交易旅程节点的状态提示可以有效解决用户疑惑。

结合交易场景拆分其他联动功能的动账类消息卡片，包括新产品推送、用户关注产品的市场表现、风险评估到期、工资到账、转账到账，都是资金接续和沉淀的时机，避免资金"落地"。通过消息卡片的分发和推送，结合运营策略，鼓励短期负债，配置长期资产，提高净息差，从而获得收益增长。

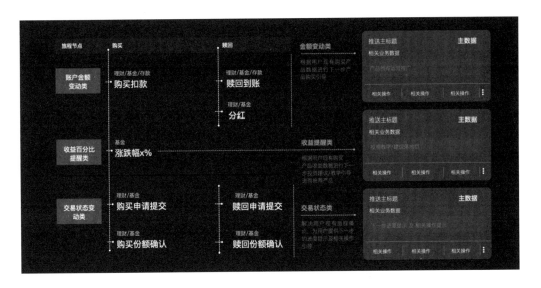

3）设计模式

最后，我们来探讨一下团队输出的参差如何用设计模式来拉齐。模式简单说来就是针对一类业务问题所提炼的合理且简洁的解决方案。在《交互设计中的模式语言：结构和组织》这篇论文中，对设计模式进行了良好的诠释，即任何模式的拆解都应该遵循于一个顶层的商业或者用户目标，然后从定位、体验、任务、操作逐层细化，每一层都是对上一层的支撑，每一层都可以提炼相应的模式。以购物车模式为例，购物车是一个聚合了其他几种模式的总模式，包括列表生成模式和操作向导模式。通过模式用户，可以管理购物车中的商品列表并对其执行编辑操作；结账过程实际上是有特定步骤的操作向导模式，如"选择送货地址""选择付款方式""二次确认"等。

简单总结，梳理模式有三个关键点：首先需要确定顶层业务场景，即用户在什么情况下完成什么活动；其次是在活动中针对业务场景提供具有独立性和通用性的功能集合；最后是明确用户使用功能过程中与系统之间的交互行为。

以政企金融场景中常见的账号管理为例。在业务场景层面，账号管理是隶属于账户场景的，账户申请流程中，对于机构账号和子账号的维护是在用户线下处理和签订各类合同条款之后才在线上完成的。所以，可以由账号管理这个功能模块进行相关业务的承载。其中，维护机构账号和子账号就是一个业务场景，是一项独立的业务活动，而账号管理就是这个场景下的一个具有独立性和通用性的功能模块。账号管理功能模块中还可以细分为机构账号管理功能和子账号管理功能。对于子账号管理功能，涉及的用户操作行为包括切换账号、设置个人信息、设置账号密码、设置系统偏好、退出登录等，每一个行为操作都可以进一步细分为一个操作流程或者操作动作。就这样，通过从业务场景到功能模块再到行为操作的从上至下的遍历，形成一套模式资产，对于模式的内容和应用场景进行详细说明。最后，将梳理出的全量模式集合到一起，形成模式清单。这个模式清单就是设计师的业务宝典，每一名设计师都应从模式清单入手理解业务场景，而不是放养到业务洪流中任其迷失，这就是面向复杂性金融场景的设计指南，也是团队建设的整合之道。

3. 结论

以上是面向复杂金融业务场景的三种设计整合策略。在政企领域，运用设计语言作为领域级设计指南；在财富管理领域，制定设计策略框架作为产品级设计路径；在团队建设方面，通过建立设计模式达成页面级的设计共识。一切策略都是为了在复杂业务场景袭来时，能够通过设计整合的策略和手段，带领团队向着共同的目标前进，与复杂和谐共生。

 芦斋

现任中国工商银行业务研发中心高级交互设计师，超过9年UX工作经验，从0到1参与组建工商银行体验设计团队，完整构建体验设计流程、方法、工具等基础设施，服务客户覆盖政府、企业、个人三端。在基础金融、政企金融、财富管理等重点业务板块具备丰富的产品设计经验，善于面对复杂金融业务场景，通过体系化的设计方法由整体到局部洞察和解决具体设计问题。

多产品线模式下体验设计的工程化落地实践

◎ 吴敏 吴志远 张伊岚 朱圣斌

元年是一家以"推动中国企业管理进步"为使命的企业，是国内管理会计、财务管理、业务运营、数据分析等数字化领域的领导者和中国企业数字化转型的推动者。元年自研产品已经有将近20年的时间，但从最近两年才开始引入交互设计师的专业角色。但是，面对四大类产品体系，十多条产品线，15人左右的UX团队规模支撑起来依然面临诸多挑战，需要积极寻找和探索适合我们客观情况的最佳实践。在团队建立之初，我们面临的问题如下。

①过往以功能堆砌为主，基本"能用"，缺乏平台规范和一致性，体验不足。

②产品线多、体量大。

③客户对产品体验要求越来越高。

④产品历史包袱、修复改动困难。

⑤对体验认知不一，协同、沟通成本高。

⑥重复的开发成本。

⑦第三方组件与业务的匹配度不佳。

借着团队成立之初，元年启动了方舟平台和前端技术架构升级的时机，启动元年规范搭建、组件库开发等工作，让规范和组件库成为方舟平台这个各产品线坚实底座的一部分。同时在与产品团队的磨合中，不断补齐短板：补流程、补协作方式，不断优化，提高团队内部要求和在公司内的影响力，打造体验文化，赋能前端和产品经理，协同多方力量一起推动产品体验升级。

下面整理的实践方法适用于类似于元年这样中小型UX团队支撑复杂、多业务线的企业。本文尝试从以下几个方面总结和提炼元年在这个过程中的实践经验，与业界同行进行探讨。

1. 贴合业务线的设计规范

从元年开始成立用户体验团队开始，就迫切面临设计规范体系的搭建的问题。对于新加入的团队，如何从复杂海量的业务场景中制定出一套适用于元年产品的交互设计规范，是第一道待翻越的高墙。

完整的设计规范应该包含视觉规范与交互规范，本文主要针对交互规范实践过程进行阐述。

规范制定策略

1）贴合场景的规范

虽然市面上已经有众多成熟的设计规范体系可供使用，但是元年当前所处的产品阶段、多业务线以及复杂的业务场景等综合因素，决定了需要重新搭建一套符合元年业务场景的设计规范体系。

2）规范效益最大化

一旦我们决定制作规范，就要把规范当成一个产品去做，去梳理一套高效合理、可复用的制作流程，去分析产出什么样的"规范产品"才能产生最大的价值。

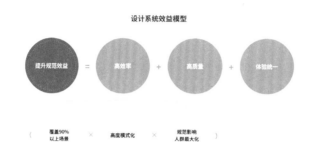

设计系统效益模型

依据规范效益模型，在规范的制定中尽可能地提高规范的通用性至90%（先解决统一性，再解决场景细分），打造高质量通用的模式库以提高质量和效率，并力求让更多人从这套设计体系中获益，从而让规范体系发挥更大的价值。

3）规范制定的策略

（1）明确用户对规范的诉求。

构建适合元年产品的交互规范。首先，需要明确规范体系的用户群体。经过设计团队多轮调研，确定了设计规范面向的目标用户为设计团队、产品经理、前端开发、测试、实施/顾问。基于核心用户的诉求，为后续规范内容框架的制定提供依据。

（2）确定设计价值观。

产品历史包袱重，系统结构复杂，在提升用户体验时，内容表达清晰明确是第一要务。例如，尊重已经形成的用户习惯，优化改造时，注意版本之间的衔接，让用户清晰明确，这也是将清晰作为价值观之首的原因。另外，提升效率是企业级产品用户体验的永恒主题，同时兼顾系统的简洁与一致。

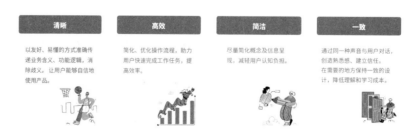

元年设计价值观

（3）梳理规范框架。

设计规范包括设计价值观、全局规则、组件库、模式库、典型页面、移动端规范和设计资源。框架整理主要从以下三个方面进行。

①梳理现有组件，剔除不使用的部分。

②同类竞品的框架借鉴，查漏补缺。

③场景验证，与业务场景深度结合。

经过充分论证和梳理，对规范框架做了重新定义，增补了业务缺少的内容，如下图所示。例如，补充高频工具栏组件、典型页面，增加模式库以及全局规则等。当前第一个版本的规范框架是基于业务场景优先级最高的内容进行制定，更多规范内容的增加依托于不断的迭代过程，逐渐完善规范框架。

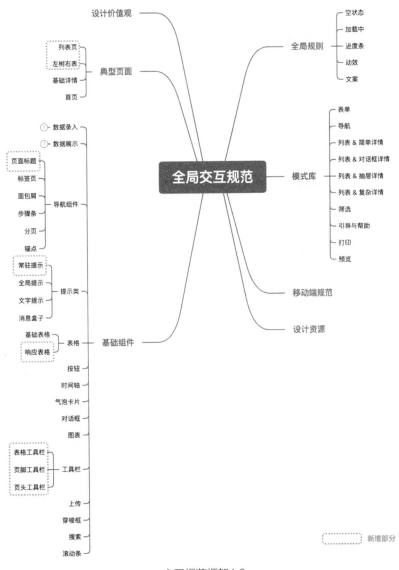

交互规范框架1.0

（4）规范内容的制定及评审。

① 组件规范包含的内容如下。

- 变更记录。

- 组件定义。

- 何时使用。

- 组件的类型：基本样式要素、使用约束。

- 组件的响应：PC端响应及移动端响应。

② 规范内容制定的原则如下。

- 有明确场景可依。

- 精简不必要的分支。例如，在定义表单规范时，对表单标签的对齐方式做了统一的约束：标签右对齐，输入框左对齐，全局保持统一。

- 逻辑自洽、规则明确易懂。例如，常见的"警告提示"名称调整为"常驻提示"，语义更贴合场景，便于理解。

- 规则的可拓展性。

- 多场景的兼容性。

元年的产品架构是PC端到移动端的自动适配，因此，在组件设计的时候需要同时考虑PC端与移动端的对应关系以及两端场景的兼容性。

各种类型的自定义标签，无法控制标签长度，放开展示对项目兼容更友好

多场景兼容，以标签为例

4）协作及敏捷迭代

第一个版本的规范发布后，伴随着实际项目的检验，业务场景的扩充变化，如何高效地对设计规范进行迭代，决定了设计系统能否持续走得更远。

规范内容定期评审，必须通过业务、技术、设计评审，确保规范是可用、可落地并且易于使用的。规范后期由不同的规范模块专属人负责，可以帮助走查复盘，双重保障规范的质量。

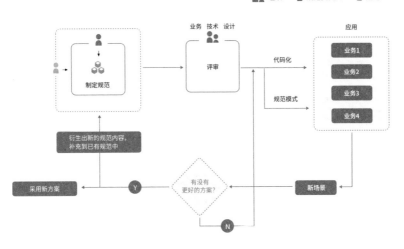

设计规范协作及迭代模式

2. 敏捷易用的前端组件库

结合元年复杂的业务场景和多产品线特点，快速打造一套敏捷易用、高质量并符合元年实际业务场景的前端组件库，是提高产品研发效率、改善UI质量、提升用户体验的关键。

1）前端组件库建立目标

①提高开发效率：对高频使用、通用组件进行代码化封装，避免重复开发工作。

②提高开发质量：通过元年各类业务场景和业务线的锤炼，沉淀组件代码最佳实践。

③提高产品体验：把能代码化的都代码化，减少在多角色协同中因为理解偏差、信息传递问题等导致的不确定性和结果不可控性，不同业务线、不同项目共用一套基础代码，保证体验的一致性。

2）组件的组织形式

结合元年实际业务场景和原子设计理论[1]，将组件划分为不同颗粒度：基础组件、业务组件、典型页面组件，以适用于不同研发场景使用。

（1）基础组件。

基础组件为元年组件库最小颗粒度，构成元年系统界面的基本构件。

（2）业务组件。

在基础组件的基础上，结合元年具有共性业务特征的业务场景，梳理出具有元年业务特征的业务组件。

（3）典型页面组件。

梳理具有元年业务特点的典型页面。相比基础组件和业务组件，典型页面更加具体，为用户提供具有代表性的内容和框架，并准确描述用户最终看到的内容。例如，元年列表和左树右表典型页面组件，作为元年最为常见的页面结构，各业务场景可以最大颗粒度复用页面组件，保证了页面组件内各基础组件的一致性，最大程度地实现不同产品线产品中页面体验的一致性。

元年左树右表典型组件示例

3）推进前端组件库落地执行

前期元年设计规范落地到组件库过程中，面临着诸多问题和阻碍，如开发落地质量不高、内容遗漏、各方理解不一致、验收及修复不到位等问题。处理这些问题对UX团队资源产生很大消耗。通过总结复盘前期组件库落地时的经验和教训，梳理落地执行流程，在新的协作流程下，新一批的组件开发不论是在协作效率上还是在开发质量上都有质的提升。

（1）分层推进。

组件库开发是一个持续迭代的过程，考虑到组件库开发资源极为有限且无专职负责人员，在与组件库开发团队协同过程中，我们通过分步开发来解决组件库更新优化的问题，并通过不断优化协作流程来助力组件库高效落地。前端组件库分步开发原则有以下三个。

①优先级原则：优先开发适用于业务线普适场景的组件。

②紧急性原则：对于急需上移动端版本的业务线所需组件优先开发。

③快速可实现原则：开发实现成本高的组件暂缓处理。

（2）自查走查验收。

组件UX责任人梳理出下属组件需开发落地的交互细节点，整理为文档，待开发人员完成组件开发后，自行参照UX提供的自查文档查漏补缺，保障进入UX验收环节的前端组件不会出现较多的缺陷，降低后期走查和沟通修改的工作量，同时监督开发人员提高组件落地还原度和质量。

	验收点（开发自查点）	UX owner	备注贴图	开发owner	自查结果	开发自查贴图
日历选择	日历·区间选择显示共计多少天	熊冬迎		口学社	开发需求	
日历选择	日历·日期不可选样式	熊冬迎		口学社	开发需求	
日历选择	日历·日期向上滚动月份题随变化	熊冬迎		口学社	开发需求	
输入框·文本框	支持类型：基本文本框、前/后置标签、前/后缀	熊冬迎		叶柠正法	开发需求	
输入框·文本框	标签字段左对齐，必填样式右对齐	熊冬迎		叶柠正法	开发需求	

UX提供给前端开发的自查表

4）组件库的持续迭代

UX团队通过一套标准的流程来把控组件库迭代的质量，在日常工作中经常会收到产品经理或项目方提出新的组件需求或对现有组件的优化。UX部门作为推动组件库搭建的核心环节，需要以全局和更深入的视角加以判断把关，保证前端组件库内容的普适性和高质量，避免组件库内容冗余，降低研发维护成本。

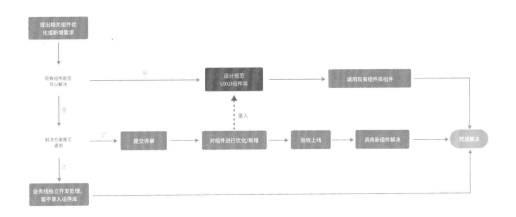

元年前端组件库新增及优化流程

3. 产品研发协作流程保障

好过程是好结果的有力保障，一个业务需求从产生到开发落地需要经过多角色协同、一系列环节。必须依靠规范的研发协作流程确保各角色清楚自己的职责以及如何跟上下游衔接。同时，在元年我们也希望协作流程能够确保设计资源可以向重点业务模块倾斜，以及发挥各个角色可以发挥的作用，共同提升产品体验。

1）UX角色需融入规范化的研发流程

UX团队建立之初，我们面临的首要问题是：需求随机，完全取决于各产品线和产品经理个人。由于UX角色刚刚引入，有的产品经理知道有UX这个资源后，无论重要与否的需求都会交给UX设计，有的产品线则由于对UX不了解、没有合作过，无论多重视体验的模块都与UX无接触。为了解决这个问题，我们制定了第一版UX融入研发体系的流程，以解决合理、有效利用UX资源的问题。

UX融入研发体系流程（初版）

元年的企业级产品特点、多业务线、大量面向管理员用户的具有相似页面结构和交互模式的业务模块、产品经理与交互团队人员配比等因素都决定了并非所有需求都需要流转到交互团队进行设计。在判断哪些需求需要流转至UX团队设计时，我们给出了以下指导性方向。

①用户量角度：大量终端用户使用的场景，如订票、报销、采购页面。

②用户重要程度角度：核心、重要用户使用的场景（如公司领导、决策层）。

③通用性角度：通用组件或框架，需要UX通盘考虑各个业务线场景需求进行设计。

④其他需求则主要由产品经理进行设计，UX以评审方式轻度参与。

2）协作流程迭代：UX验收成为必要一环

随后我们又面临新的问题：设计还原度差，被公司老板生动地形容为：看设计稿是"精装修"，开发落地后就成了"毛坯房"了。为尽可能确保设计还原质量，我们在研发流程中明确了所有涉及前端页面的功能需求都需要在研发协同工具中流转到UX、UI负责人验收，在产品团队TAPD中记录UX缺陷、标明严重程度，对于"严重"级别以上的UX缺陷，禁止发版。

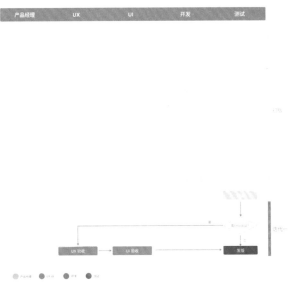

迭代一：UX验收成为必要一环

3）协作流程迭代：联合QA力量

UX参与协作流程的验收走查后，有效改善了产品还原度差的问题，但同时会占据团队很多精力，也会面临预留给UX、UI验收环节的时间太短，走查不充分等问题。

元年研发体系有100多人的测试团队，充分调用测试团队的力量对在设计文档中明确的点进行测试，是我们正在实践和探索的方法之一。

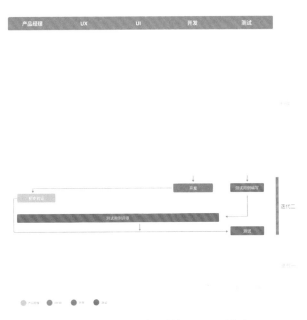

迭代二：联合QA力量进行UXUI设计验证

4）UX工期评估合理化

为了既能尽力配合各产品线迭代计划，又能争取合理UX设计时间、保证产出质量，合理评估设计周期对UX人力管理尤其重要。对此，我们对设计需求分成了A、B、C三级进行评估。

对于A级和B级需求，通常模块较大，先由UX设计方案再去分期迭代开发，对于这两类需求，在评估模型中给出了大致工期概念，如以月为单位、大于1个月或2个月等。

对于C级需求，通常为产品经理先排进某个迭代再来提UX设计需求，设计范围相对明确，我们则结合典型页面数量因子和设计难度因子给出了UX工期大概评估公式，以天为单位。

①设计难度因子：根据业务线的复杂程度而定，范围为0.8~1.5。

②典型页面数量因子：评估需求范围规模（N）。

4. 全员体验文化打造

在元年，UX团队在协作过程中面临诸多挑战：产品线多、产品逻辑复杂、研发链路长、各级人员对产品认知及重视程度不一、好的体验设计难落地、沟通成本高等。想要解决这些问题，仅靠UX团队自身力量是不够的，需要动员公司各个环节和人员重视用户体验，共同促进产品体验提升。因此我们进行了全员体验文化体系的搭建，在体验文化理念上进行渗透。经过近六个月的体验文化推广，公司全员对产品体验的重视程度和对体验价值的认同得到很大的提高，并最终反映在产品日常开发的各个环节，产品体验打磨得到了很大的提升。

1）搭建体验文化灌溉机制

UX部门通过多维度的体验知识内容矩阵、多渠道多场景全员覆盖，普及和加深公司各级对产品体验价值的认识，提升产品体验思考力和洞察力，帮助领导以新的视角思考业务、产品研发和用户体验的关系，赋能产品经理及研发人员高质量的输出。"以用户为中心"和"打造产品极致体验"的价值观根植于企业文化中，指导研发流程中各项工作最终影响到产品的战略层、范围层、结构层、框架层和表现层这五个产品体验维度[2]，以实现元年产品的"极致产品体验"目标。

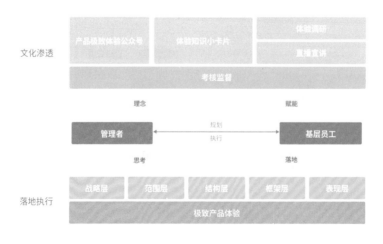

体验文化灌溉机制模型

通过搭建体验文化灌溉机制，提升全员体验意识，能为产品研发带来以下长久的价值。

① 提高设计还原度。

② 减少培训成本。

③ 提升跨部门沟通效率。

④ 提升UX部门影响力。

⑤ 提升客户满意度。

2）体验文化落地实践

针对不同类型的体验知识，我们采取不同的传播渠道进行渗透，以期达到最好的效果，避免形式化，将体验文化渗透、学习落到实处，最终影响产品研发的各个环节。以下为UX团队在元年体验文化推广的主要渠道和方法。

（1）极致体验公众号。

主要发布产品体验的基础原理、体验价值、项目复盘、常见体验问题等深度长文。让公司各级人员认识用户体验及价值，让用户体验理念深入人心。

（2）体验知识小卡片。

整理产品体验小的知识点，阅读学习成本低。利用员工碎片时间，对细小体验知识点进行学习，积跬步，至千里。

（3）直播宣讲。

针对重点且复杂的产品体验内容，如交互规范宣讲、重点问题复盘、产品经理及开发人员应知应会的知识点等，采用宣讲直播的方式，更好地对内容进行详细解说和疑难问题沟通。

（4）体验调研分享。

UX部门成员对核心竞品进行体验调研，整理分析后对产品经理及相关人员进行分享，赋能产品经理，为产品的体验设计提供新的思路。

5. UX设计质量品控

UX团队的专业水平在一定程度上决定了公司产品体验的上限，持续提升UX自身专业输出能力可以从源头提升公司产品体验。

1）设计自查

企业级产品的大量体验问题都是设计基础问题，因此需要设计师不论在内审前，还是内审过程中都要牢记设计原则，查漏补缺，守住底线。我们在部门内部制定了一套适合元年产品的UX自查表来检查设计方案，通过这些自查点来避免产品中出现基础体验问题，从UX设计师自己这里把好第一道关。

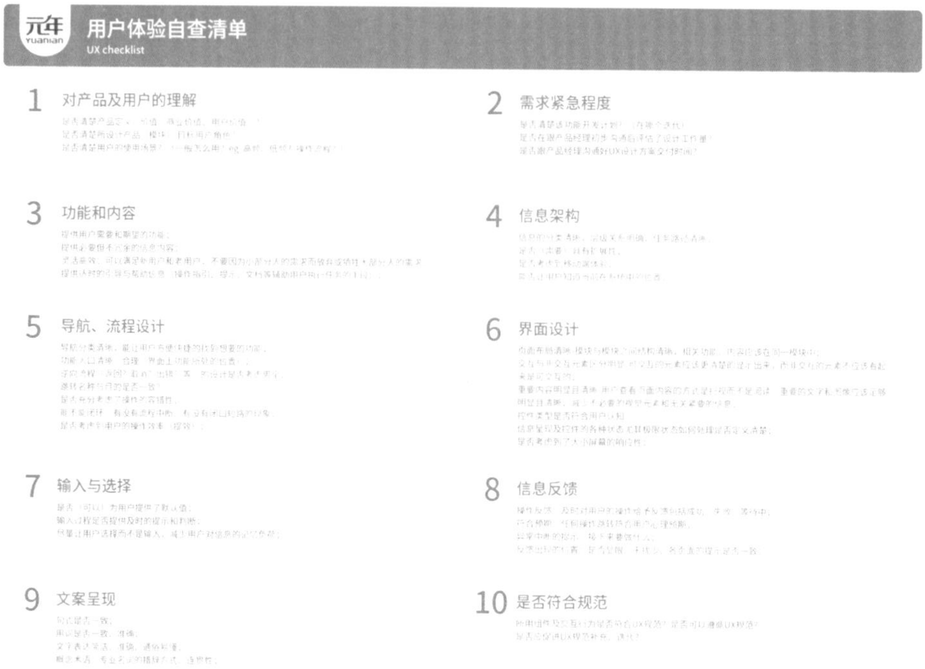

用户体验自查清单

在日常工作中，UX自查表始终占据工区的醒目位置。在评审过程中，大家也会通过线上文档的形式对设计原则的条目进行逐一检查。

2）做好UX内部评审

设计团队内评审是几乎所有国内外设计团队的普遍、经典做法，可以有效提高设计产出水平，保证团队对外输出质量。方法是普适的，但具体执行时如何做才能有更好的效果却各形各异。在如何做好内部评审上，我们进行了以下尝试。

最初，团队内评审时邀请全员参加，但发现只有少数同事发言，另外一些同事因资历浅、不了解评审产品或者积极性不高给不出建议。同时随着团队成员数量从几个增加到十几个，评审会议的时间成本大大增加。

后来，我们选取团队内相对资深和积极提出问题、建议的同事组成内部评审委员会，以月为周期轮流进行，可以有效分散评审委员在团队内部评审上的工作负荷。同时需要明确一次UX内部评审除了内部评审委员会外，还有哪些关联同事需要参加。

关于邀请评审内容关联同事，比如"消息中心" UX评审与另外一位同事负责的"讨论消息"有关联，则需要邀请这位同事一起参加评审，以便发现关联问题，整体考虑设计方案。

以上参与评审机制明确在团队内部协作工具上，做到人人清楚。另外，对于评审建议，要做到有记录、有回应、有跟踪，确保有效发挥内部评审的价值。

3）UX设计师的能力模型

不言而喻，UX设计师自身能力的培养是UX品控的重要一环。因此对于设计师能力培养通道上，我们引入了UX设计师能力模型[3]。

UX设计师能力模型

我们将UX设计师能力归纳成了3×3能力矩阵。这可以让设计师在工作中也可以有目的地提升自身薄弱环节，同时也让企业对设计师的要求更加清晰。

除此之外，在元年，我们要求UX设计师也需要多了解业务和前端知识，往前多走一步，与上下游角色更好地衔接。一方面，UX设计师需要理解业务，要能够有半个产品经理的业务知识储备，如果能站在更高的行业视角对自己所服务的业务领域（向业务产品经理再迈进一点）有一定的理解是更好的了。另一方面，UX设计师与自己的下游——前端开发工程师也需要很好地衔接上，知道相关前端技术概念、基本页面布局和交互实现逻辑、方法，能够无缝地将界面和交互设计翻译成前端可以理解的语言。

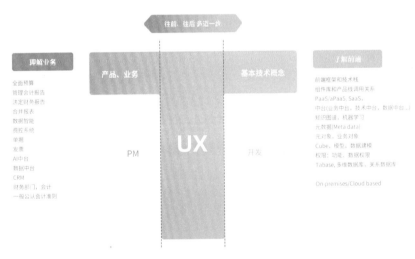

元年UX设计师T形知识模型

6. 结语

经过一年多的摸索，我们在以下方面取得了一定的成果。

①目前在元年公司内部，自上而下对产品用户体验的重视程度显著提高，尤其是"上层"公司高管和各产品线负责人对体验问题的关注度和敏感度越来越高。

②"打造极致体验"成为各产品线追求的目标之一。

③UX团队影响力在扩大。

④各产品线新设计模块体验提高了一个台阶，同时既有已改造产品体验一致性和规范性有了提高。

但仍然面临的一些挑战，比如：

①UX团队如何变"被动设计执行"为"主动体验驱动"。

②如何站在更高的角度让各产品线的产品规划和UX工作重点更好地对齐。

产品体验提升关键取决于两个重要因素：一是设计团队的专业能力水平；二是结合企业实际情况，将"不断提升产品体验"融入每个相关角色的具体工作中。在企业中，小规模UX团队支撑复杂、多产品线产品体验快速规模化提升任重道远，我们会持续在未来的实践中积极探索切实有效的方法。

参考文献

[1] 姜鑫玉，陈昱志. 基于原子设计理论应用的服务设计研究[J] .设计， 2020（08）.

[2] 加瑞特. 用户体验要素[M] .北京：机械工业出版社， 2011.

[3] A competence model to assess and develop designing competence assessment tool [J]. Tra D.H.; Linh N.T.D. Internationa Journal of Learning, Teaching and Educational Research.Volume 20, Issue 2. 2021.

 吴敏

北京元年科技股份有限公司UX总监。研究方向：企业级产品体验设计。

吴志远

北京元年科技股份有限公司高级交互设计师。研究方向：产品体验设计。

张伊岚

北京元年科技股份有限公司资深交互设计师。研究方向：企业级产品体验设计。

朱圣斌

北京元年科技股份有限公司资深交互设计师。研究方向：产品体验设计。

可持续训练体验量化方法：
以游戏易用性为例

◎ 徐子昭　曾嵘

面对用户体验无法量化、竞品用户体验无法比较、用户体验无法与商业表现挂钩的问题，网易游戏用户体验中心从游戏易用性切入，开发了一套可持续训练的体验量化方法。

这是一套通过整合多项目用户测试结果和数据分析，通用成标准化的体验评估维度、测试和数据分析方法，并以此提炼设计指南，以测试为源持续训练，科学定义并量化体验的方法。

1. 为什么需要量化体验？

相信每个体验设计师都经常会遇到以下情景：在与产品经理沟通设计方案时，产品经理问："为什么这么设计？我觉得那样设计体验会更好。"

或者这样的情景：在辛辛苦苦把做完了的第N稿呈现给产品经理后，产品经理说："好像还是第一稿的体验最好，我们用回第一稿吧。"

面对这些情景，每个设计师都会在自己的脑子里翻箱倒柜，遍历一切能想到的知识体系、理论还有专业术语，来奋力地解释，试图说服产品经理选择自己认为更好的设计方案。而很多设计师也在不断尝试更好的处理方式，慢慢发现最后会指向一个问题：如何量化体验。

体验设计是艺术、心理、技术结合的交叉领域，介于理性与感性之间，量化是很困难的。彼之蜜糖，汝之砒霜，不同的人对同样产品的体验感受可能会大相径庭。而在一个产品团队中，如果产品和设计师对体验的目标不一致，就会导致沟通的障碍。这也就要求设计师要找到一个产品能够理解认同的方式，定量评价体验用于定义体验好坏。

如果体验好坏没有被量化，则产品无法直观地将自身体验与竞品体验进行对比，体验设

计师也难以将体验与商业表现挂钩，缺乏可持续推动产品体验向好的抓手。当市场竞争愈发激烈时，体验量化在产品中的价值会不断放大，如果持续缺乏体验量化，那么体验设计在团队中的受重视程度也会持续下降。为了能更科学有效地设计出好的体验，设计师需要有一个科学系统的方法量化体验，体现设计价值，赋能沟通。

网易游戏用户体验中心（以下简称用户体验中心）自2011年正式成立以来，秉承"和用户在一起"的理念，一直追求用户体验的持续提升。面对体验量化，我们也一直在不断尝试，我们开发了一套可持续训练体验量化的系统方法，名为"水滴"，在这里展开与大家探讨一下。

2. 体验量化实践发展

在开发出"水滴"前，用户体验中心对体验量化的实践过程经历了三个阶段：个人能力阶段、用户测试阶段、数据验证阶段。

1）个人能力阶段

在初始个人能力阶段的体验量化，体验的好坏取决于设计师的个人能力和经验，就是靠设计师的脑子和嘴。

$$体验好坏 \quad = \quad 设计师$$

这样的体验量化，显然不是定量的，如果产品经理对体验相关的知识体系没有了解，与产品经理如此解释设计，大多数时候都是对牛弹琴，吃力不讨好，往往不能达到设计师的沟通目标。

2）用户测试阶段

设计以人为本，体验设计更是如此。用户（在游戏体验设计中是玩家）是设计师最有力的伙伴，用户测试也是设计师最有效的武器。通过合适的测试获得，能够让用户帮助设计师找到更好的设计方向。这个阶段的体验量化，体验的好坏除了被设计师自身能力影响外，还会因为用户反馈变得更好。

$$体验好坏 \quad = \quad 设计师 \quad + \quad 用户$$

但是，用户测试要在设计之后执行，这决定了用户反馈能够帮助设计师从坏到好，但不能从无到有，它没有提供设计提案时候的价值预估。同时，因为测试既受限于用户精力，又有不同目标群体差异影响，所以往往只能针对单个设计、系统或者流程，无法提供更宏观的体验量化。

3）数据验证阶段

在很多数据导向的产品中，感性的设计对产品而言是没有意义的，数据引入设计就顺理成章了。设计师与程序合作设置各类数据埋点，如重点付费按钮点击率、点击误触率等，结合产品自身核心数据，如DAU等，就可以综合分析设计方案对数据的影响。当数据引入至体验量化、体验的好坏时，在设计师能力和用户反馈的基础上，还增加了数据的真实验证，是实实在在的量化。

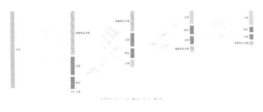

1 玩家轨迹桑基图

统计展示玩家的使用轨迹路径，整体了解玩家对界面功能的使用顺序。

2 点击热力图

统计展示玩家操作热点，分析是否存在误操作分布。

数据量化切实地给了设计师助力，使设计与真实的数据产生了联系。但这样的体验量化，仍然处于设计甚至开发下游的后置验证流程，有着上面用户测试一样的问题，没有提供设计提案的价值预估和宏观的体验量化。

体验好坏 ＝ 设计师 ＋ 用户 ＋ 数据

经验积累和能力沉淀

至此，用户测试和数据验证的体验量化方式，已经能持续地给设计师经验积累和能力沉淀，也就是说，设计师在之后的工作中能产出更好的设计方案。在网易游戏这样拥有大量项目的企业内，对用户体验中心这样的职能中台而言，如何将这样的设计师能力抽离成企业级跨项目复用能力，让更多项目的体验持续提升，成了一个除体验量化外，需要同时解决的问题。

3. 体验量化方法，以游戏易用性为例

"水滴"所在的体验量化阶段，是中台整合阶段。

它是一套通过整合多项目用户测试结果和数据分析，通用成标准化的体验评估维度、测试和数据分析方法，并以此提炼设计指南，以测试为源持续训练，科学定义并量化体验的方法。近段时间，用户体验中心用"水滴"在游戏易用性体验上搭建了一套量化工具。

$$\text{体验好坏} = \text{设计师} + (\text{用户} + \text{数据}) \times N$$

中台整合

3 数据验证阶段

2 用户测试阶段

1 个人能力阶段

1）为什么"还"要量化易用性

相信每个设计师对"易用性"并不陌生。自1994年尼尔森博士提出"10个易用性原则"已过去近30年，国际上，用户体验行业对"易用性"早已形成一定的行业共识。

在2012—2016年手游爆发期间，各游戏公司希望通过提高易用性提升玩家留存率，获得更好的商业表现。国内游戏的易用性，也因此逐渐发展出了满足国内市场的成熟设计模式。在这之后，设计师们的重点逐渐往界面沉浸感、表现力的方向转移，走上了一条与国际业界发展不一样的道路。市场也回应了这样的发展，界面沉浸感、表现力强的游戏逐渐占据了市场头部，获得了更大的商业成功。

时间来到了现在，国内游戏厂商开始更多地寻求出海，遇到了欧美市场留存低的问题，过往的易用性设计模式似乎对欧美市场并不生效。用户体验中心在海外用户研究中发现了其中的原因：一方面，已有的模式衍生于国内玩家的思维习惯，不适应欧美玩家习惯；另一方面，欧美玩家对易用性要求更高，这些模式并不能达到他们的要求。在这样的背景下，用户体验中心把易用性这个在用户体验领域熟悉的课题，重新摆到了台前。

2）体验量化方法实施

（1）制定量化维度。

当量化某种体验时，为了能将体验通过一致的语言体系转化为数据，首先需要科学地拆解该体验需要评估的维度。这套维度需要用户、产品、设计、用研都一致理解，并且测试可执行，设计可参考。

$$\text{体验好坏} = \text{设计师} + (\text{用户} + \text{数据}) \times N$$

维度

以游戏易用性体验为例，我们参考了尼尔森10个易用性原则理论、用户体验五要素理论，以及游戏体验的独特性，拆解了以下的量化维度。

1 硬指标-功能体验

1 基础操作舒适

2 阅读查看良好

3 功能完备

4 响应灵敏

5 反馈有效

6 防错措施适度

7 帮助指引适时

8 操作流程高效

2 硬指标-逻辑体验

1 系统逻辑合理

2 功能逻辑顺畅

3 信息量适中

4 排版布局统一

5 控件和交互直观

3 视觉、本地化建议

1 视觉层级

2 视觉功能

3 视觉品质

4 视觉风格

5 语言习惯

6 文化习惯

我们在以往的易用性测试中发现，易用性除了受交互设计本身影响外，还会在一定程度上被视觉设计和本地化程度所影响。为了能更准确地量化交互设计本身对体验的影响，我们把视觉和本地化部分作为建议模块，而与交互设计直接相关的维度设立为硬性指标。

硬性指标中，从单个功能和整体流程的体验区分，可分为功能体验和逻辑体验两个模块。逻辑体验模块的设立，更多考虑的是游戏相较App来说，系统地图繁杂庞大，逻辑体验就更重要了。

如下图所示，功能体验更多评价单个功能的易用性体验，参考尼尔森10个易用性原则，以个体学习的OADI心智模型（Kofman，1992）为指引扩展维度细则。

基础操作舒适

阅读查看良好

功能完备

响应灵敏

反馈有效

防错措施适度

帮助指引适时

操作流程高效

见 Observe

解 Assess

思 Design

行 Implement

逻辑体验更多关注流程易用性体验，参照用户体验五要素理论中的结构层、框架层、表现层来设立各维度。

通过这套量化维度，我们不仅能初步定性地衡量易用性的好坏，而且能与各职能达成一致的理解，定义易用性体验。

战略层

范围层

系统逻辑合理
功能逻辑顺畅 **结构层**

信息量适中
排版布局统一 **框架层**

控件和交互直观 **表现层**

（2）设计标准化测试。

上文有提及，测试是量化体验的一种手段。但多次进行的单独测试，往往因为测试手段和情景的差异，导致最后测试结果噪声很大，无法进行测试间结果的比较。所以，我们将易用性体验的用户测试标准化，这样一方面是为了后续能更准确地比较不同测试的结果，另一方面也提高了后续测试的效率，给易用性量化工具落地打下基础。

体验好坏 ＝ 设计师 ＋ （ 用户 ＋ 数据 ） × N

测试

其中，游戏易用性体验量化测试的流程标准简化如下。

①确定测试用户画像和测试竞品。

②确定产品测试情景和用户任务。

③招募目标用户。

④对产品及竞品分别做易用性测试。

基于易用性的量化维度，易用性测试从流程、问卷设计到执行方式的标准化，能让我们看出易用性对产品的影响力，同时根据测试中与竞品评分对比，设计师可以看出当前体验设计的优势和劣势分别在哪里，从而找到更需要关注的设计方向。

（3）整合打通数据库。

在过往多年的数据研究中，用户体验中心对各产品的商业数据有了一定的积累。为了让体验能够与商业表现有所关联，我们将产品易用性测试得到的评分数据与以往积累的商业数据进行交叉分析，并建立易用性体验的数据库，从中发现易用性体验会影响产品满意度，从而进一步影响用户中、长时间的留存率。

体验好坏 ＝ 设计师 ＋ （ 用户 ＋ 数据 ） × N

数据库

同时，我们还将不同的产品数据整合，打通成全品类的易用性体验数据库。这让我们进一步地看到，不同品类的产品对易用性体验不同维度的权重是不一样的，这也能帮助设计师在以后的工作中更加有的放矢。数据库中大规模的数据积累对比，也为设计师的沟通产品更大赋能，提高了之后设计提案时的可靠性。

（4）提炼设计指南。

$$\text{体验好坏} \quad = \quad \text{设计师} + (\text{用户} + \text{数据}) \times \text{N}$$
设计指南

为了在设计提案时也能通过量化支持设计师，我们对测试产出的易用性问题和访谈反馈进行了梳理整合，根据量化维度，提炼出对应的设计指南，其中包括各项维度的说明标准和优秀案例。这用于指导我们的设计避免出现易用性问题，并了解更好的设计应该是什么样的。

（5）量化训练迭代。

"水滴"还能做到什么呢？借用一个当前人工智能的热词"训练"，就是这套方法的可持续训练。得益于整套方法框架的合理搭建，每次标准测试就是这个工具的一次自我训练，测试反馈的数据以及结果，都可以被我们使用用于持续地优化设计指南和量化维度，让这个量化工具在后续的使用中变得愈加准确。

$$\text{体验好坏} \quad = \quad \text{设计师} + (\text{用户} + \text{数据}) \times \text{N}$$
设计指南 ⬅ 测试 ➡ 维度

4. 体验量化展望

至此，本文以游戏易用性体验为例，介绍了用户体验中心的一套名为"水滴"的可持续训练体验量化系统方法。

这套方法通过量化维度，定义体验本身，统一沟通语义，打通各职能的思维隔阂；通过标准化测试，直观、定量地对比自身产品和竞品的体验；通过整合数据库，将体验与产品的商业表现联系起来，提升设计在产品角度的价值；通过设计指南，持续提升各设计师的能力；最后通过自我训练，不断优化量化工具本身，提升准确度，形成方法闭环。

用户体验中心现在所开发的体验量化系统方法，其实都建立在前人丰硕成果之上，只是1到1.1，方法本身仍有许多问题需要我们解决。但我们相信，随着人工智能的不断发展，体验量化的形态也会在不久的将来被重新塑造。期待以后在体验量化上，我们还能有持续的进步，让体验量化更好地为用户、为设计、为产品服务。

徐子昭

从事游戏用户体验设计相关工作12年，现为网易游戏用户体验中心体验设计高级经理。擅长用各种设计思维去统筹指引设计工作和实施流程，并致力于提供企业级解决方案，为企业创造用户体验价值。始终以为用户提供更有趣、更新颖、更高效的体验方案为终极目标。

曾嵘

网易游戏资深体验设计师。参与多款海外联合开发游戏体验设计、体验设计中台量化系统搭建，拥有丰富海外团队合作经验。一名爱好泛滥的体验设计师，毕业于德国奥格斯堡应用技术大学交互媒体系统硕士专业。

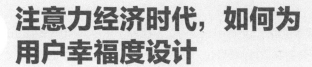

◎ 胡倩　郑雅馨

注意力经济时代，如何为用户幸福度设计

相信这样的经历大家都很熟悉：明明有很多事要做，却忍不住一直刷手机。无论是忙着赶稿、和家人相处，还是坐车、排队、上厕所，都会忍不住掏出手机来刷一刷。

这个现象非常普遍，有大量的研究都证实电子科技产品的使用对人类产生了各种负面影响。很多人也试过各种方式来戒除自己的手机成瘾症。从2018年起各大操作系统开始推出一系列旨在解决这些问题的功能，比如苹果系统的屏幕时间、专注模式等功能。很多人也都尝试过诸如删App、不用手机等方法。但这个问题并没有被彻底解决，无数人依然饱受困扰。

1. 背景

1）问题出在哪

要解决科技带来的负面影响，首先需要知道问题在哪里。关于这个问题有好几种观点。

第一种观点：这都是科技发展的错。因为在手机或互联网出现之前，这些烦恼都是不存在的。也正因为如此，所以很多人会采取不用手机的方式来克服这个问题，但真正能坚持的人很少，因为大多数人的日常生活对手机的依赖程度非常高。如果我们回顾一下人类历史上任何一次科技的突破，都会发现这样的烦恼其实一直存在：电灯的发明一定会滋长熬夜；电影的出现剥夺了爱书之人想象的空间。但时代始终是向前发展的，我们怀念的可能是不受手机丁扰的宁静生活，但我们不会怀念一封家书要寄两个月的心灵煎熬。

第二种观点：这是无良商家的错。技术没有问题，而是利用技术作恶的人的问题。这在一定程度上是成立的。因此，Nir Eyal的*Hooked: How to Build Habit-Forming Products*一书其实介绍过如何能够保证产品方向无害的方法。这个在后面也会介绍。但我个人觉得这不是最主要的原因。因为，如果一个产品只会给人带来负能量，那这个产品迟早会被用户淘汰。既然还有人用，那就说明他一定是有价值的。市面上大部分让我们又爱又恨的App也都是这种类型，因为它们解决了实际的问题而让人离不开，只不过同时也带来了不好的问题。这也是简单粗暴地对App的使用设限很难有效的一个原因。

第三种观点：这是用户的错。既然不是技术的错也不是商家的错，是不是用户的错呢？因为我们太缺乏自制力，太容易被诱惑，所以才会被技术牵着鼻子走？这样想未必对我们自己太苛刻。换一个角度来看，趋利避害是人类的本能。也正是因为这个本能，人类才得以发展到现在。也正是因为这个本能，才会让我们在这里思考如何让用户更幸福的问题。

这样看来，如果这一切都是正常的发展规律，不是任何人或事的错，我们能做些什么来改变这一切呢？在讨论这个话题之前，我们需要先定义究竟什么是用户幸福度。

2）什么是用户幸福度

用户幸福度又叫数字健康（Digital Wellbeing），目前学术界对用户幸福度的解读有几种。HCI领域著名的CHI大会曾在2019年做过一场主题为幸福度设计的工作坊。工作坊的很大一部分内容是关于幸福度的定义，可见这个概念还很年轻。会上讨论了狭义和广义的两种定义。我这里介绍的是狭义的定义，因为它与我们工作中接触到的幸福更加息息相关。

根据这个定义，幸福度是指人们认为其电子设备的使用与长期目标之间的匹配程度。

这里说的是用户的长期目标，既不是产品的目标，也不是短期的目标，也就是说这个目标可能与产品无关。一个正在使用购物类产品的用户，他的长期目标很可能是断舍离。这种矛盾会导致用户在使用产品时产生纠结和愧疚的心理。

另外一种定义是一位来自欧洲的学者Mariek M P Vanden Abeele提出的，这也是目前学术界受引用次数比较多的定义。她对幸福度的定义是：**幸福度是一种主观的体验，它是移动连接带来的好处和坏处到达了最优的平衡。**

结合前面对于问题究竟出在哪里的讨论，我们在享受技术带来的好处，同时无可避免地需要去承受它的不好，就好像我们在享受手机能让我们随时随地联系到他人的便捷，就必然要承受这种随时在线会给自己带来的压力感。但人们如果能够在享受好处的同时不被坏处所吞没，就能产生和维持满意和幸福的感觉。

2. 为用户幸福度设计的方法——平衡法

1）什么是平衡法

为幸福度设计的核心在于平衡：让用户能在享受产品带来的便利和愉悦的同时，尽可能地减少负面的影响。

平衡法具体怎么实现？主要有以下三步。

第一步，识别问题。也就是识别目前的功能或者设计的优点背后可能会带来的负面影响。

第二步，根据你识别出来的负面影响和优点进行取长补短，在尽可能保留优点的同时修正它的缺点。通过这样做，我们就能够到达第三步，也就是赋能用户。

第三步，赋能用户。我们能够帮助用户最有效地使用产品，而不需要通过他的自制力或者通过其他的极端方式，以牺牲产品正面功能的代价来去除负面影响。所以平衡法不是无脑地去下线一个有害的功能，也不是去限制有害功能的使用，更不是去强调需要用户用自己的自制力与自身做抗争。它的重点是找到一个功能的好与坏之间的平衡。

2）了解用户

用平衡法做设计很重要的一部分是识别出问题，也就是知道一个产品的优点可能会给用户带来什么样的负面影响。要做到这一点，了解用户是至关重要的。我们需要知道什么样的用户在什么样的情况下更容易受到科技的负面影响。

Mariek M P Vanden Abeele的研究把人的因素总结为三大类：稳定的性格特质、当下的情感状态、对科技的态度。

稳定的性格特质（Stable traits）：顾名思义，不同的人对科技的免疫力是不一样的。一个自控力比较差的人肯定会比自控力强的人更容易被技术牵着鼻子走，害怕错过的人也更容易在科技时代感受到信息爆炸的压力。

当下的情感状态（Momentary affective and cognitive states）：即使是同样性格的人，在不同的状态下受科技的负面影响也是不一样的。例如，一个自制力很强的人在很疲倦、压力很大或者很无聊的时候可能会更容易受科技的负面影响，更容易产生上瘾的状态。

对科技的态度（Affective and cognitive appraisals of digital connectivity）：幸福度是一个主观的概念，比如同样两个人，都刷了一晚上的视频，一个人可能会觉得愧疚，另一个人可能就会觉得很开心。所以每个人的态度，会对他们主观感受产生影响。

根据这些总结，我划分了三类用户画像，分别为拖拉机、控制狂还有纠结帝。

三类用户画像

（1）拖拉机：顾名思义，就是一个比较容易拖延的人，自制力比较差，同时他对沉迷网络会有愧疚感——这一点很重要，因为对于拖拉机来说，如果他没有愧疚感，那么拖延和自制力差本身不会给人带来困扰。对于拖拉机来说，最容易发生的问题就是分心和上瘾，以及由此带来的拖延。

（2）控制狂：典型的强迫症用户，比较重视秩序和效率。他们通常收到消息会很快回复。对他们来说，可能出现的问题是强迫地刷手机，因为他很想把所有的新消息和通知都清除掉。他们也很容易感到失控，因为控制感对他们来说很重要。

（3）纠结帝：纠结帝是害怕错过加上完美主义。这类人对信息过载会感到难以处理，所以他们需要获得很多的信息才会愿意做决策，也正是因为这样，他们也会容易拖延。他们也是受内卷影响的人，他们的完美主义让他们看到别人比他们更好或者有更好的选择时，会容易怀疑自己。

3. 实例分析

1）快的平衡

对比"从前慢"，当下的社会是一个速度和效率至上的社会，在产品设计中，通常人们也会认为一个任务完成得越快，用户体验越好，产品的数据也会越好，但是科技的很多负面影响其实正是追求效率所导致的。

（1）无限加载。

无限加载（Infinite Scroll）是最常见的布局方式之一，尤其在手机端的App里。无限加载的流畅感非常强，用户只需要一直滑动页面就能够自动加载更多内容。

我们运用平衡法考虑一下无限加载可能会产生什么负面的影响。我们对之前提到的三类用户分别讨论。

对拖拉机来说，遇到无限加载会很容易被牵着鼻子走，会进入一种无意识的状态，可能一不小心一两个小时就过去了，发现一无所获；对控制狂来说，因为他需要知道自己在哪、离目标有多远，所以对他们来说，无止境的加载会带来失控感；纠结帝受这个设计本身的影响并不大，但是这个设计带来的大量的数据压力会影响到他们，这个我们在后面会讲到。

这时候我们可以画一个天平，两头一边是优点，一边是缺点。无限加载带来的流畅感会导致无意识地浪费时间和失控感。这里要注意的是，天平上的缺点一定是优点带来的，如果这个缺点不是优点带来的，就不需要平衡，因为这种情况下我们可以完全保留优点，然后单独地去解决这个缺点。

在平衡流畅感的时候，我们可以用到的设计原则有提升意识和提供控制感。

①提升意识。提升意识是指通过各种方式提醒用户正在发生什么。提醒的方法有很多种，如显示用户目前的状态、历史数据等。如图所示的Chrome插件的概念设计，就是通过显示目前浏览的位置，避免沉迷。

Chrome插件Anchor

Anchor是一个Chrome插件概念设计产品。当你浏览的网页在进行无限加载时，它会在你的屏幕上模拟出潜入海底的效果。网页右边有一个深度的标记，告诉你现在到了水下第几米，随着深度的变化页面会变暗，模拟出一种潜到了海底光线越来越不足的状态，甚至还会开始出现海底的鱼和岩石等。

这是一个非常形象的借助隐喻提升意识的方法。它把浏览网页比作潜水，从而让你非常形象地感受到你可能已经刷得太多了，现在需要浮上水面来喘喘气。这个设计对于平衡流畅感是非常有用的，因为它并没有影响到无限加载的使用，只不过是在无限加载的同时，给用户提供了另外一层信息，帮助他提升意识。

②提供控制感。提供控制感是用户体验设计里很关键的原则之一。对于平衡无限加载带来的过度流畅感，可以将自动的加载变成一定程度的手动，并且提供足够的跳转和导航功能。例如，右图中的谷歌购物搜索就在自动加载的同时，提供了手动的控制将无限加载和翻页相结合，每次加载一批新内容的时候，会显示页码和翻页的选项。

通过在无限加载的基础上加入手动控制功能，我们既有了无限加载的优点，又有了传统翻页模式的优点。用户能清楚地知道自己在哪里，能够方便地在不同的页面之间进行跳转。

（2）自动播放。

自动播放是内容类、视频类产品非常主流的一项功能。比如说领英的Feed，当你在刷的时候遇上了一个视频类的帖子，视频就会自动播放。

自动播放和无限加载有非常类似的地方。对于拖拉机来说，因为容易分心，所以无论他本来打开这个App要做什么，都很可能被自动播放的视频吸引而忘了本来要做的事情。控制狂可能会本能地反感自动播放功能，他不会喜欢不经过他的同意就把内容播放给他。

我们现在再看如何能够保留自动播放的优点——流畅感在省时省力的同时，能够帮助拖拉机不那么容易分心，能让控制狂高兴起来。这里用到的设计原则有渐进曝光和提供控制感。

①渐进曝光。渐进曝光（Progressive Exposure）是指将信息或功能逐步地展示，而不是一下子全给用户。例如，领英的Feed和YouTube的视频播放结束页，都是很好的例子。

领英的视频默认以静音状态自动播放，以尽量减少对用户的打扰，如右图所示。

YouTube网页端在视频结束时，用户会看到下一个推荐视频的预览，进入下一个视频的倒计时。

谷歌购物搜索

领英的Feed视频

YouTube视频结束页面

②提供控制感。对于自动播放，提供控制是至关重要的。无论是全局禁止自动播放的选项，还是便捷地对当下视频的设置，都是很好的提供控制感的方法。例如，前面提到的领英和YouTube都配有相应的控制功能。如下图所示，在YouTube移动端用户可以在播放器右上角选择关掉自动播放下一个视频的功能。

YouTube视频播放页面

（3）通知系统。

通知系统的及时性可以帮助我们不错过重要信息，但当通知系统使用不当时，很容易引起用户的反感。控制狂很想清掉红点，所以不停的通知会让他非常地忙；而纠结帝因为很害怕错过，所以会对通知和新消息比较敏感，也容易被分心。

我们要如何去平衡呢？通知系统的及时性可以帮助我们不错过重要信息，但也会让我们因并不重要的消息分心而浪费时间，或者因强迫而点进去。通知系统的设计是一个非常复杂且庞大的话题。我里边就举两个例子，就两个设计原则来讲一讲。

①情景感知。情景感知应用的一个典范就是根据用户当下状态，或者说产品此刻能收集到的用户信息，来提供服务和通知等。比如下图来自于苹果手表第八代的宣传视频，它讲的

是摔倒检测功能。摔倒后，如果Apple Watch能检测到，它会自动弹出一个提醒问你需不需要现在拨打急救电话。

Apple Watch摔倒检测功能

　　诸如此类的情景感知功能，很多产品都会用到。比如有些航空公司的App会通过GPS或机场WiFi来判断用户位置，来提醒航班位置以及提供具体的导航到登机口。

　　②聚合。再举一个例子，Instagram的通知栏可以很好地解释聚合（Aggregation）原则，如右图所示。聚合即把同类型的通知聚合显示。比如所有的赞都会汇聚成一条通知，以避免手机不停弹出消息说谁赞了你。这对于控制狂来说也非常有用，因为他就不需要不停地去清理新的消息了。

2）多的平衡

　　下面讲一讲"多"的平衡。互联网让信息的获取前所未有的简单，在互联网时代以前，当我们需要获取信息的时候，资源是非常有限的。你可能会去图书馆，可能会去问朋友、问老师，但是现在，你只需要在计算机上轻轻地一点，就能够连接到世界上所有的信息。这听起来是一件非常美好的事情，但人对信息的处理能力是有限的。当信息量超出人的处理能力时，就会造成信息过载，以及很多其他相应的心理问题。在这里，我们会讲一讲数据量、信息透明、拖延功能、智能推荐还有内卷的平衡。

Instagram通知页面

（1）数据量。

好的图书馆会以藏书量大而骄傲，产品也会花很多的资源在扩大数据量上，保证数据量是足够多的。无论是搜索类的产品、购物类的产品，还是服务类的产品，都会保证有足够的供给。但这同时也会给用户带来很多的压力，尤其是强迫症用户还有纠结帝用户，他们会很容易被信息过载所影响。

那我们应该如何在让用户能够有足够多的内容为基础进行决策，同时不会因为信息过载而无法进行决策呢？我们会讲到三个设计原则：辅助决策、替代决策和降低出错成本。

①辅助决策。第一个例子是Carter's，它是美国一个非常有名的童装品牌，它搜索功能里的筛选功能做得非常明显，强迫用户去做进一步的筛选，帮助用户缩小范围。Carter's搜索页面中，当用户滑动页面时，筛选功能依然会固定在页面顶部。

还有一个例子，是亚马逊购物搜索里面的Amazon's Choice功能，Amazon推荐商品在产品页会有特殊图标标注。它是以亚马逊自己官方担保，综合各种因素，帮用户选出最合适的产品，非常适合追求效率和有选择强迫症的用户。

②替代决策。另外一个原则或思路是，既然决策这么难做，那我们可不可以替代用户做决策？例如，订阅盒子目前在美国是非常风靡的，因为它可以帮助用户直接做选择，所以在各个领域现在都有相应的订阅盒子。以玩具订阅服务Lovevery为例，订阅后随着孩子的年龄增长，厂商会自动邮寄适龄的玩具。图中有6个不同的玩具套装，分别针对0~1岁内不同阶段的小孩。这样用户就不用做各种研究，去想什么时候该给孩子买什么玩具。类似的服务在美妆领域、服饰领域，甚至买菜领域都有。

Carter's搜索页面

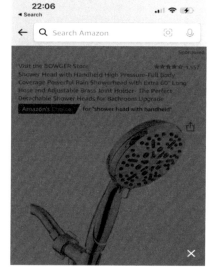

Amazon's Choice

Amazon's Choice highlights highly rated, well-priced products available to ship immediately.

Amazon's Choice说明页面

玩具订阅服务Lovevery

③降低出错成本。我们再看看下一个例子——租借服务。它的设计原则是降低出错成本。为什么降低出错成本有用呢？因为很多时候，我们很怕做错决定，但如果做错了决定并没有什么成本，我们可能就更愿意去尝试。这类租借类的服务中，用户可以先租，然后再决定要不要买，也可以一直租，这样就降低了出错的成本，让选择变得轻松。服饰品牌Vince的租借服务规定，用户一个月付一定的钱，就可以随便穿该品牌的衣服。

服饰品牌Vince

类似的服务还有服饰类的Rent the runway、婴儿用品类的Loop、家具类的Fernish等。

（2）信息透明。

信息透明乍一看都会觉得它是一个优点，用户想知道什么都要尽量告诉他们。但是，用户真的需要知道这么多吗？尤其是对于拖拉机，他很可能不小心又被分心，然后偏离了本来在做的事情。对于纠结帝来说，多余的信息可能反而会影响做决策的效率。

我们要如何平衡一个产品，让用户觉得安心信赖，同时又不会因为提供的信息给用户带来不必要的困扰呢？这里的设计原则是：只显示影响决策的信息——无论用户对某条信息或内容是否感兴趣，如果与他的最终决策无关，就不用显示。

这里讲一个我自己亲身经历的案例——领英职位搜索的智能提示。

领英搜索改版前后对比

旧版本的设计原则是要透明，所以在这个智能提示的设计上解释了我们为用户进行智能推荐的原因，比如说是基于当前的地址还是他个人信息里的地址，我们还要给每一个原因使用配套的图标，你可以看到每一个类别的图标都不太一样。但是这些信息真的重要吗？在这个新的版本中，我们去掉了所有的图标装饰，把它们都换成了一个统一的图标，也去掉了所有的解释性文字。因为用户真正关心的其实是，这个智能是不是有用，而不是背后的原因。这个版本上线后的数据效果是非常好的，我们关注的各种核心指标都得到了提高。

（3）拖延功能。

拖延功能是指让用户可以把当前要做的事情留到之后做的功能，如保存、下次提醒等。这个功能可以非常好地解决害怕错过的问题。例如，当你看到了一个很感兴趣的东西，但是当下有更重要的事情要做，这时候就可以保存或者设置为下次提醒，这样你既能做你本来该做的事情，同时又不会错过很感兴趣的内容。但是，拖延功能必须要设计得非常周全，否则会让人一直拖延下去，也会被纠结帝所滥用。

那我们要如何平衡，消除用户害怕错过和可能会永远拖延下去的矛盾呢？这里用到的设计原则是持续跟进。

同样举一个我自己亲身经历的例子——领英职位搜索的保存功能。领英职位搜索页面，列表的每一个职位上都有一个保存按钮。

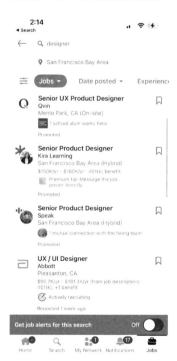

领英职位搜索的保存功能

我们当时给这个职位搜索的列表加上了一个保存的按钮，但是结果却发现虽然更多的人保存了职位，却有很少的人申请，可见这个保存功能是助长了用户的拖延。当时我们曾想过，是不是该下线这个功能，让用户回到之前的状态，通过给用户更少的选择，让他不那样拖延。但后来我们觉得，这并不是解决问题的办法。我们改进的方式，就是持续跟进。一是在用户保存之后，通过一个动画告诉用户这个职位被保存到了哪里；其次，在产品的不同入口，我们会以不同方式提醒用户去申请他们已保存的职位。

类似地，Gmail的Snooze功能也是非常有用的，当你遇到一个你想读但是没有办法或没有时间立刻读的邮件时，可以通过这个功能告诉Gmail什么时候再提醒自己，然后当这个时间到来的时候，这个邮件就会像新邮件一样，以未读状态显示在收件箱的最上端。

（4）智能推荐。

智能推荐是最受诟病的一种呈现形式，被称作兔子洞（rabbit hole）。当你点进一篇内容的时候，页面结尾处

Gmail的Snooze功能

会给你推荐几篇相关的内容，点进去的推荐内容的结尾处，又会给你推荐若干篇新的相关内容。这样的好处是你会持续不断地发现看似有趣的内容，感叹大数据如此懂我们，但坏处是容易陷入不断浏览的循环，很容易在虽然有趣但没有太多意义的内容上花费大量的时间。很多人会在事后感到非常愧疚和空虚，尤其是对于"拖拉机"，和害怕错过的纠结帝来说。

如何平衡智能推荐的高度精准、个性化、智能化和他带来的有事没事刷一刷，浪费大量时间在感兴趣但不重要的内容上呢？这里用到的设计原则之前有讲过，就是提升意识和提供控制感。

①提升意识。提升意识的关键在于以某种方式提醒用户其目前的状态。例如，谷歌问答的例子。谷歌问答会基于用户点击的内容推荐，把新的推荐直接加在列表后，这样当用户不断地打开新的内容和获得新的推荐时，整体的列表就会变得非常长。谷歌的这种设计未必是为了解决这个问题，但它能够帮助用户对于自己点开了多少回答更有意识。

②提供控制感。提供控制感在这里的体现，可以是给用户提供与智能推荐相关的设置功能。例如，小红书的设置功能里，用户可以选择禁止推荐页的自动刷新，甚至可以选择停用智能推荐。

（5）内卷。

互联网信息量激增的同时，也提高了所有事物的标准，比如一个人可能本来对自己非常有自信，但是因为在网上能够看到360°都比自己优秀的人，这时候不免会产生沮丧或者压力。在这种情况下，我们如何能够保持扩展眼界、获得动力这一优点，解决人们变得消极、缺乏自信、盲目追求不适合自己的东西这一问题呢？

这里用到的设计原则有：与自己比较和重新思考产品的内容策略。

①与自己比较。与自己比较是把参照物从他人转向自己。很多健身类的App和设备，都非常强调与他人之间的比较和竞争。然而，与别人比较虽然会带来动力，但也很容易带来挫败感。与自己比较则更容易看到自己的进步，如苹果手表8代就用到了与自己比较的概念。

②重新思考产品的内容策略。当平台上的内容越来越卷，导致用户开始不愿意发布内容时，产品团队可以重新考量一下产品的内容策略。最近风靡美国的一个社交App BeReal是一个很好的例子。BeReal是2022年苹果App store的Apple of the year。其核心功能是强制用户在每次收到通知的两分钟之内拍照分享，前后摄像头全开，分享之后，你就可以看到朋友们同时发的照片。它因为真实不卷而受到追捧，如果你打开这个App，可以看到大家发的照片，都是一些五花八门、毫无偶像包袱的照片。

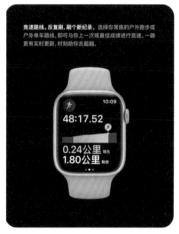

苹果手表8代的运动记录页面

这个设计给我们的启发是我们要如何去引导平台上的内容，平衡内容的质量、精良程度，以及用户的归属感。

3）提供积极能量

我们在前面提到了各种科技产品可能会带来的负能量。相应地，提供积极能量是对所有可能产生负面能量的行为提供一个正面的解读，从而为用户提供更积极的角度。这其实是一个适用面最宽，可以发挥余地的最大方法。幸福度是一个主观的概念，如果我们没有办法改变事实，就可以考虑通过改变认知让用户感到幸福。

这里提到的设计原则是提供成就感。例如，豆瓣将使用App的行为转化为成就，能够让用户觉得他花的时间都是有意义的。豆瓣的影音记录用一种可视化的方式记录和展示了你的各种成就以及你在这个App上的一些活动轨迹。

4. 如何在团队中实践为幸福度设计

平衡法是自带合作的属性的，因为它的核心是平衡，所以在实践中可以帮助协调团队中的不同意见，取长补短，最终达成一致。除了前面讲的在设计中的具体应用，还有以下方法能帮助推行。

（1）操纵矩阵法。来自*Hooked*一书，具体方法是问你的产品团队两个问题：①我自己会不会用这个产品；②这个产品会不会帮助用户显著提高他的生活质量。如果这两个答案都是肯定回答的话，那你的产品就是一个助力者，这也是我们最想达到的状态；如果这个产品我自己会用，但是它不会帮助用户显著提高其生活质量，它就是一个娱乐品，它会带来快乐，但带不来实际的好处和意义；而我们最应该避免的就是交易商这一类的，就是用户自己也不会用，他也不会提高用户的生活质量。

（2）What could go wrong工作坊。它是领英公司trust团队推出的一个工作坊，它适合帮助团队全面地考量产品和设计对用户各方面的影响，尤其是负面的影响。这个工作法包含一系列的活动，比如说如何定义用户的画像、如何来画这个用户的情感地图和用户的体验地图。

（3）主题周。每个季度或者说每半年安排一周，让整个公司或者部门优先和专心地做一件事，如A11y主题周、视觉统一主题周等。这个方法的好处就是可以落实很多平时在确定优先级的时候容易被排在后面的一些优化。

（4）产品成功指标的设计。这是为了保证幸福度能够进入产品的决策，想要幸福度真正地被重视，你必须要保证它和产品最关心的东西是直接相关的——产品的指标。一些可以有用的方法有：①不只监测短期影响，还要监控长期影响，因为幸福度通常都反映在长期的影响上；②不只看单个步骤，而是要看整体流程的完成度；③对指标进行分层，确定一个从用户角度出发的最终目标，辅以可实践的短期目标，配合一个叫作Guardrail的指标。也就是说，保证大方向是给用户带来价值的，然后通过Guardrail保证在实践的时候不会影响用户体验。例如，求职类产品的最终目标可以是找到了工作的用户数量，短期目标可以是职位申请量，Guardrail可以是用户/招聘公司申诉不超过的某个值。

（5）从小处开始。像设计伦理类的这些优化，很多人都会觉得太理想主义，是锦上添花的东西，所以为了推动，需要让它更接地气。比如说我们从最小和最实际的方面开始，如从设计法律相关的问题和产品形象相关的问题出发，然后再慢慢扩展到其他的方面。

参考资料

[1] Nir Eyal, Hooked – How to Build Habit-Forming Products, Penguin Canada, 2013.

[2] Mariek M P Vanden Abeele, Digital Wellbeing as a Dynamic Construct, Communication Theory, Volume 31, Issue 4, Pages 932 - 955, November 2021.

[3] Marta E. Cecchinato et al. Designing for Digital Wellbeing: A Research & Practice Agenda, CHI'19 Extended Abstracts, May 4-9, 2019, Glasgow, Scotland, UK.

 胡倩

LinkedIn资深产品设计师，具有多年美国硅谷产品设计从业经验，毕业于美国卡内基-梅隆大学、天津大学。曾参与翻译《搜索体验设计》《启示录》。相信设计和科技能让世界更美好。

郑雅馨

　　LinkedIn产品设计师，专注于LinkedIn Learning B端的产品设计。有着心理学和人机交互的多元背景，因为对科技的好奇心和对设计的热爱而走上了现在的道路，希望通过设计来探索世界的可能性。

数字产品设计与实践一体化

◎ 操顺鑫

"元宇宙"的概念和趋势带动了新的商业竞争环境，"数字经济"时代即将真正来临，处于行业前沿的互联网企业、科技型企业开始启动对"元宇宙"的数字产品探索。本文将以虚拟人口播产品设计为例，解读如何通过设计协同工具，仅三个月就实现从想法到产品上线；分享背后的产品团队如何在极短的时间内化解跨地区协作的困难，跟上"数字经济"步伐，最终交付完美的高保真产品设计方案，落地具体数字人服务的业务场景。

1. 数字产品设计的挑战

假设现在有一个团队，想在三个月内上线一个数字人产品，那么该从何入手？很多人会认为难以达成，事实上，这个问题并不仅仅是一个假设，万兴科技的一个团队就在试图用Pixso协同设计解决这样的问题。

万兴科技在过去几年中较为成功地开发了十几款视频剪辑产品，并培养了成功的视频剪辑团队，拥有大量成熟的视频素材以及技术沉淀。在看到元宇宙数字人的兴起及其巨大潜力后，万兴科技于2021年9月成立了一个技术部门，目的是探索数字人在视频剪辑领域的应用场景，打造一款商业化的数字人视频剪辑软件。在项目启动初期，整体规划非常顺利，但随着项目深度盘点以后，发现面临着商业化方向、团队协作及工作效率上的重重挑战。

2. 商业化方向上的挑战

在一个尚未被完全开发的领域里进行商业化探索，这无疑是非常具有挑战性的。虽然许多企业都看到了元宇宙数字人的巨大潜力，兴冲冲地踏入这个领域，但不少企业却铩羽而归。元宇宙的探索，其实对团队的工作方式有很高的要求，既要能协同全局，又要能够非常敏锐地抓住机会点，快速将优质的想法落地。

万兴项目团队首先面临的挑战是要在短时间内发掘出数字人产品的商业潜力。在线协同设计工具可以帮助团队合作并共同开发创意和解决方案，让团队在讨论中得出创意和新的商业机会。一旦商业机会被确定，团队成员就可以使用Pixso白板和Pixso设计执行完整的产品上市计划，包括创建详细的项目计划、设计规范、产品设计任务等。

1）用户调研，创造思维发散环境

为了找到正确的商业化方向，项目团队首先通过Pixso白板开展了用户调研工作，创造了一个思维发散的环境。在项目开始时，产品团队通过社群后台留言了解到许多用户对数字人的需求，并联系这些用户进行了访谈，逐渐收集到了一些用户故事，并汇总在Pixso白板里。

用户画像的整合让团队很快发现了问题：一些用户只需要一个静态头像来挡住自己的面部，而另一些用户则需要虚拟客服来解决客户问题，在了解这些新兴技术时，并不是所有的用户都有非常明确的需求。

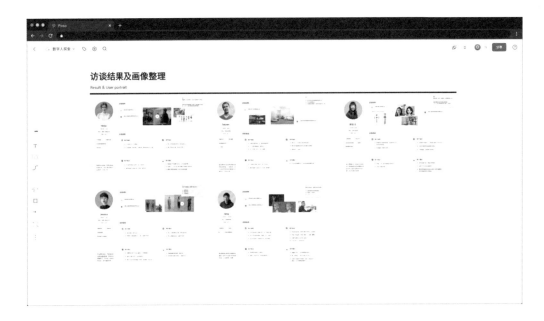

2）突破口，筛选和评估创意

通过反复筛选、评估、投票白板上的用户需求，在一个名叫Mucher的用户身上，大家看到了商机。这位名叫Mucher的用户是来自巴基斯坦的营销推广人员，他的工作遇到许多挑战。首先，他制作的视频因容貌和口音缘故，很难被西方文化所接受；其次，他要将视频推广到多个国家，每个国家都有不同的语言，却很难找到一位多语言的配音员；并且在众包平台请人来拍摄视频的成本也非常高昂。最后，视频制作流程非常烦琐，一个视频的制作时间往往需要一到两周，但在这个时间内，一个热点商品的周期已经结束了。

Mucher的用户旅程验证了数字人视频编辑的市场需求潜力。过去制作电子商务视频的流程非常烦琐，至少需要六个步骤，包括选题、脚本撰写、选择模特、视频拍摄、后期剪辑和视频发布。当然，这只是一个大领域，每个领域还包含许多微小的事情需要完成。因此，营销人员需要花费很长的时间参与其中，以确保视频的成功传播。

而通过数字人加视频模板加多语言TTS的生成，可以让用户省略中间脚本撰写、选择模特、视频拍摄、后期剪辑等多个环节的流程，让用户在短时间内快速创建一个多语言数字营销视频，表明了数字人加视频模板在跨境电商市场中有着巨大的潜力。

3）确定方向，推动项目成功

与此同时，市场团队也在同一个Pixso白板上进行着市场分析，团队成员很容易地在同一页面上协作，且确保每个人都在同一页面上，避免信息断层。

市场团队收集了很多行业报告后，发现其实在东南亚还有很多像Mucher一样的用户。国内的需求也是非常明显的，这表明电商行业蕴藏着巨大潜力。有一些公司已经进行了一些环节的初步探索，并且也取得了一些成效。因此，项目团队认为，数字人的概念，结合成熟的视频剪辑技术，以及丰富的视频模板，一定可以做到更好的效果。

3. 协作上的挑战

项目团队面临的第二个挑战是关于团队协作方面的。项目团队的成员分布在长沙、深圳、温哥华三地，这是一个典型的跨地域、跨时区的分布式团队，开会都需要提前对时差。此外，还要思考如何让不同地区的人团结一致，构建对产品一致的认知，激发他们个人的智慧，并且在基于大家不同的认知背景情况下，为产品提供更多的视角和更丰富的维度。

1）在线协同

Pixso可以实时共享，这意味着即使在不同的时间，团队成员也可以在白板上协作，相互讨论、解决问题和提出想法。团队成员可以在白板上共享图片、文本、视频和其他文件，以便进行更加可视化的沟通，使团队成员的意图得到充分表达，避免了因文化和语言差异而产生的误解。

这样一来，不仅能够打破时间距离桎梏，还可以将困扰人的时差问题转变为效率优势。

2）组织归纳

以往，跨时区、跨地区、跨文化和跨软件的情况下，信息庞大而复杂，会导致资产分散在各个角落，核心资料难以组织，无法得到有效整合。这次通过Pixso白板，项目团队将收集到的资料和信息进行了归纳、整合并分享至整个团队，以便大家对项目的理解达成一致。

因此，在明确了方向以后，通过工作坊的形式，项目团队快速确定了1.0版本需要做的内容。前期的方向确定只用了两周的时间，所有的探索都在一块板子上，这是信息密度极高的两周，从产品、运营、市场都在不断获取海量的信息，再汇总到这一块板子上，凝聚团队智慧，在思维的碰撞之间，迸发出灵感火花。

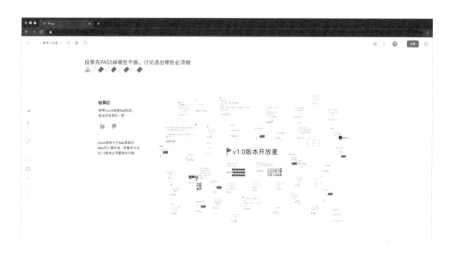

3）团队决策

整个过程的信息，包括PDF、Word、图片、网站资料，都在一个白板中组织，各团队之间信息透明，深度参与各个环节。大家无论是在哪个地区、时区，每时每刻看到的信息都是最新的。Pixso白板内置的常用脑图、便签流程图，还有各种典型的工作方法，如用户画像、竞品分析、用户体验地图等，可以让团队快速实现复杂的策略分析。

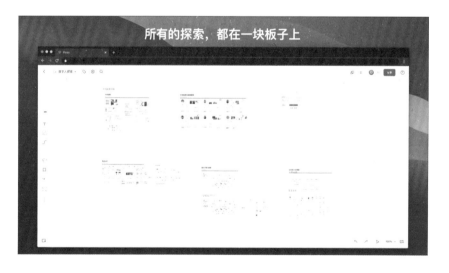

或许大家之前也遇到过类似的情况，在会议室里轰轰烈烈地讨论了几个小时，贴了满墙的便利贴，到后面才发现没有经过充分整理，很多好的点子都被埋没。而这次的项目过程中，所有放到白板上的材料都能够得到充分的记录和同步，通过圈画、标注，用路线图将其串联为汇报材料，无损地展示各种信息。

4. 效率上的挑战

　　项目团队面临的第三个挑战是时间和效率。Pixso设计团队曾梳理了一个产品从0到1的完整流程，如果团队的目标是在三个月内上线产品，按过往的项目经验，这通常需要5~6个月才能做到，其挑战之大可想而知。

1）规范先行

　　在完成产品前期的调研和规划后，接下来的任务给到设计和开发，将项目落地所需事项的时间排期同样放到Pixso白板上，设计团队能够看到时间已经非常紧张了。

　　按照以往的流程，可能是接到原型就开始设计，按部就班，但在这一次，因为项目紧急的原因，在产品和市场团队调研时，负责组件的设计师就已经通过Pixso开始了设计规范的搭建。之前企业内沉淀的视频业务组件，这一次得到了良好的复用，从颜色、图标、按钮等各方面都搭建起了成熟的规范。在线实时协同的优势，以及通过组件变体、自动布局等功能搭建起的灵活组件，让组件设计师和业务设计师能够更加紧密地配合，业务设计师也能够更加从容地完成设计。

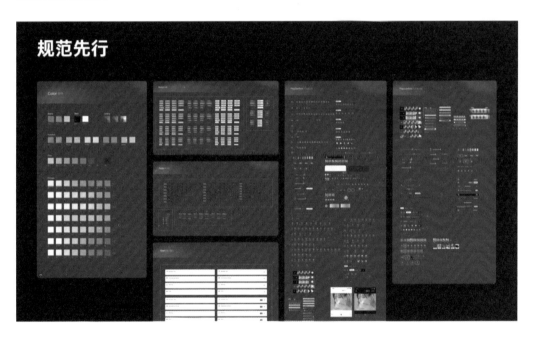

　　因为设计稿从一开始就保持了高度的一致性，所以在接到需求后实现了对业务的快速响应。不过由于前期信息不足，对于风格的定义比较含糊，以至于在设计进度过半的时候，突然发现风格需要调整，才能做出差异化的品牌调性，这在任何项目中这都无异于推翻重来。但是提前规划的样式让设计团队有了更强大的应对能力，通过颜色、样式之间的关联和对应，上午提出的需求，在下午已经完成了大部分设计稿的调整，这在使用传统设计工具的情况下几乎是不可能实现的。

2）一键交付

在整个设计过程中，设计师完成一批设计，不用再单独输出，而是将链接发送给开发团队，开发团队就能够实时看到完成的界面，并完成切图的导出，避免了烦琐的流程以及信息传递中的失真。在Pixso的帮助下，整个项目也得以如期完成，产品也能够快速上线。

这个项目从最初构思到最终落地，虽然时间紧凑，但从产品、设计、运营、研发，所有重要的事项都不容轻视，所幸通过Pixso这个工具，将所有项目信息进行汇聚和同步，让团队成员能够更紧密地协作，提供了从白板、原型、设计、交付企业管理一体化的解决方案，带来工作效率和工作体验的巨大提升，也完成了项目的成功交付。

Pixso在线协同设计平台提供了多端应用，方便设计师在任何时间、任何地点进行协作。同时，它提供了高速、稳定、安全的产品性能服务，使得在线协同设计可以轻松地实现。随着互联网和AI技术的推动，在线协同设计将会更加注重融合多种技术，为设计行业提供更加高效、智能、方便的设计协作环境。

操顺鑫

Pixso产品设计负责人。曾负责数个百亿市场级产品的体验设计，具有深厚的设计系统和用户体验度量体系的实践经验。2021年加入博思云创担任设计团队负责人，从0到1打造博思云创旗下产品Pixso的产品视觉、体验设计、体验度量体系，专注于"把产品设计得更美好"的企业愿景，不断探索行业最佳实践，并将其功能化，助力更多团队实现协作与工作模式的升级。

16 倾听用户声音，聚焦银行体验

◎ 高明

大家一定很好奇，工商银行是怎么做体验设计的？工行从2009年开始探索尝试，如今拥有一支专业的团队、全面的方法论设计体系及较完备的平台工具。在这些工具、方法、平台之上，在持续提升产品用户体验、打造极致产品的过程中，我们需要把倾听到的用户声音，转化为实实在在的生产力，将用户体验设计与工行产品研发、生产经营和客户服务深度融合，寻求用户体验与商业目标的平衡点，打造更加贴心、智慧的用户旅程。

1. 数字化转型下，金融行业用户体验能做什么？

近两年，金融行业的主旋律是数字化转型，工商银行也以数字化为依托，为客户提供了更多更优质的服务。但同时也需要适应新节奏、新环境。

1）金融行业用户体验提升的关键词

金融行业有着行业严谨性、产品专业性、场景复杂性等特性，同时面临客户需求多元化、专业化、国际化、个性化与理性化等挑战，如何提升用户体验，我们将关键词锁定为"用户"和"基层"。因此，用户体验提升的目标是让数亿购买和使用工行产品的人和数十万名工行员工的体验都更好。

2）工商银行的用户体验提升之路

工行数字化转型的目标是以客户为中心，高质量提升用户体验、业务效率和经营价值。"企业级""数字化""业务架构"是工行提升用户体验目标的主要路径。通过"企业级"和"数字化"来构建和推进用户体验的方法体系，促进全行产品的体验服务一致性。通过"业务架构"来完善产品研发体系，使用户体验适应这套体系并最大化实施落地。

2. 聚焦用户，用户体验如何发力？

工商银行的用户体验经过十余载的摸索与实践，发展程度按照用户体验成熟度模型，目前从"结构化"向"体验集成"阶段迈进。

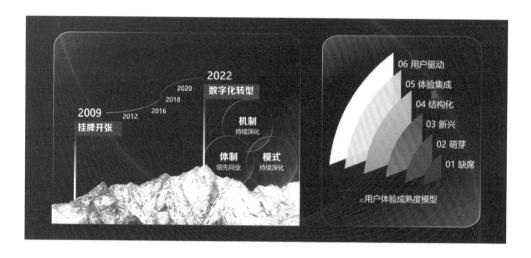

在工行，用户体验被纳入战略规划中，具备以人为本的设计过程，用户研究贯穿整个产品生命周期。我们需要通过用户体验赋能业务，让全行能够高效使用用户体验相关的工作方法，并且能够结合工行业务架构的发展来创新。为此，我们通过"企业级""数字化"和"业务架构"创建了"体验大脑"、"五位一体"体验设计体系、"灵犀"品牌等一系列工具、方法与平台，来推动用户体验的发展。

1）"企业级""数字化"构建用户体验体系

（1）"体验大脑"建设情况。

"体验大脑"是我们近期全新推出的PEMS全景式用户体验监测方案。希望通过集成运算规划，给业务决策提供更有价值的内容。这个大脑的基础是体验监测指标体系，内核是体验分析模型的集合，从数据清洗到数据分析再到智能诊断均为我行自主研发。大脑的输出宏观上是渠道体验监测，把握渠道体验概览；中观上是功能智能诊断，定位重点方向；微观上是重点功能体验的可落地行动建议。通过建立体验大脑，面向行内，助力业务重点领域渠道用户体验提升。面向用户，可以更精准、更全面、更快速地获得用户响应，深入挖掘改进，给用户提供更好的产品与服务。

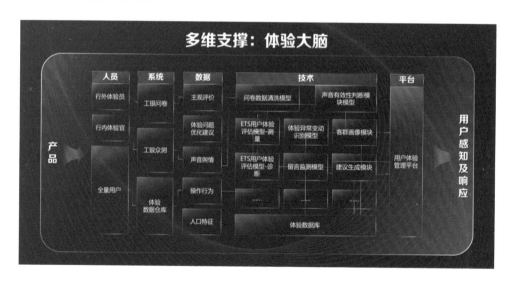

目前,体验大脑已在工银e生活App完成布局,按月更新体验监测数据,并持续运转半年以上,推动体验监测数据量提升数十倍,体验监测效率大幅度提升。体验大脑的监测见证了工银e生活用户满意度的持续上升和访问量的增长,同时也收集了数千条用户声音,转化沉淀为百余条优化建议,定位到优惠名额、服务售后、额度提升、还款状态、账单、年费等多个用户热点/痛点。体验大脑的整体体验水平监测、重点功能智能诊断和体验管理,推动工银e生活完成了从点状用户体验评估向全面长期监测的转型,让精准高效的用户感知和响应成为体验提升的强力引擎。

(2)"五位一体"体验设计体系建设情况。

设计方面,我们建设了"五位一体"的企业级数字化设计生态。"设计基建"包括"燕几"企业级前端组件管理平台,管理覆盖了行内外系统及GBC三端,覆盖移动端、小程序、PC端、自助终端等各类渠道的组件。"设计资产"包括UI设计原则规范、各渠道产品设计规范、可视化规范、B端设计语言,以及在建中的C端设计语言。"设计技术"包括设计走查工具、设计协作平台,近期也对标业界创新建设了设计商用模板库"丹青"智能图库。"设计人才"方面,也建设了专职设计师团队与"灵犀实验室"。从设计的角度为基于业务架构的业务研发持续赋能,通过打磨设计,打造令用户满意的金融产品。

(3)通过建设品牌凝聚用户体验的力量。

"灵犀"品牌是团队自创的用户体验品牌,取自"心有灵犀一点通",希望实现"感用户所感,超用户所期"。品牌建设的目标是凝聚用户与体验从业者的心,朝着提升用户体验的目标共同发力。

2）"业务机构"提升产品体验

（1）结合业务研发各环节，寻找体验设计发力点。

工行IT研发有着非常成熟、完备和先进的体系，里面融合了多部门、多角色协同。体验设计的发力点，对于用户体验从业人员来说，就是如何把用户体验融入全生命周期中去。用户体验能做的可以划分为三个部分："做正确的事""把事情做正确"和"市场检验"。

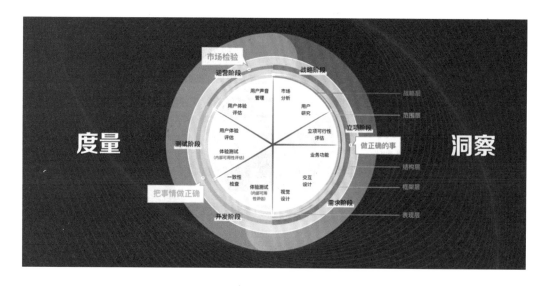

在"做正确的事"这个部分中，涉及各角色协作，包含业务架构顶层规划指引，业务、产品整合、评审需求，开发部门深度参与、评估可行性。用研找到用户痛点、市场机遇。设计在设计原则和规范的指导之下，使用设计工具和平台产出高质量的设计稿。

在"把事情做正确"这个部分中，一方面是对照设计稿进行开发还原一致性走查，另一方面是组织行内员工实施体验测试和解决体验问题，这个部分的核心就是大家一同持续找问题。

在"市场检验"这个部分中，需要找行外用户进行专项用户体验评估和满意度调查，同时建立信息收集反馈机制，持续收集用户的声音，并且使用平台来管理这些声音，梳理后反馈给相关角色。

"做正确的事"主要是"洞察"，"把事情做正确"和"市场检验"主要是"度量"。我们在实际的项目实施中，循环不断运用这套流程模式，通过"洞察"与"度量"，持续提升用户体验。

（2）通过"洞察"与"度量"来提升用户体验。

"工银兴农通"是我们通过"洞察"与"度量"提升用户体验的典型案例，它是工行为贯彻国家乡村发展战略创新研发的一个全新App，自2021年年底上线以来，通过全生命周期体验及"洞察"与"度量"，用户满意度持续提升。

"洞察"方面涉及战略、立项、需求。"听声音"，聚焦农村G、B、C三端人群，开展农村用户调研。"明需求"，面向农村用户老龄化、金融知识薄弱、重视安全等特点，分析需求。"摸趋势"，明确客户定位，加强产品适农特点，发挥基层"服务点"与"使者"的运营模式，确保上线的产品是真正符合农村市场需求客户需要的，保证产品符合甚至超出客户预期。

"度量"方面，"工银兴农通"运用"ETS精品指数"测量体验提升情况，这是工行自主创建的用户体验度量指标，主要目标是评价一个产品的精品程度。在产品上线前使用用户体验问题，产品上线后使用NPS和用户满意度评估产品功能流程设计、交互设计、视觉设计、信息设计、系统性能、安全感、智能化和运营服务。最终分别对应到好用、易用、可用、能用。"工银兴农通"在开发阶段与测试阶段，通过"ETS精品指数"找到不足之处并持续改进。投放到市场后，倾听用户声音，观测市场反馈，找到不足或者新的机会点，再重新进入"做正确的事"，在循环往复中促进体验提升。

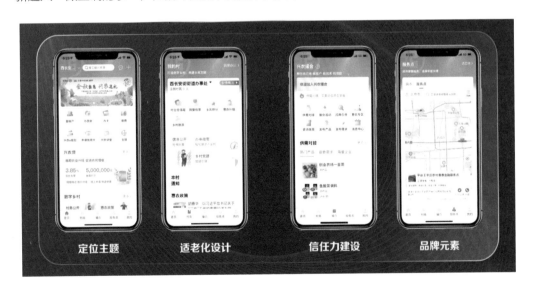

定位主题　　　适老化设计　　　信任力建设　　　品牌元素

3. 赋能基层，沟通效能如何提升？

工商银行有数十万员工，有着各个大企业都会面临的问题——提升全行员工间的沟通效能。我们的解决方案是做了一个直达基层员工的App"工银i服务"，建设之初是想解决分行和基层经常咨询产品和操作等问题，它逐渐发展成为一个连接总行、分行和基层的桥梁纽带，可以打破时间、空间限制，打破专业壁垒，让信息快速、高效地在全行员工范围内流动。

1）"企业级""数字化"构建服务基层平台

"工银i服务"平台有大量用户来自于基层网点。总分行信息可以通过平台快速直达基层，基层也可以把问题建议、思考想法快速反馈回来。目前平台采用互联网运营模式，众问众答。大家在上面可以搜索、提问、回答、畅聊，还有很多灵活好玩的方式，为全行员工提供了一个可以畅所欲言的舞台。

自建成以来，"工银i服务"已解答了海量的基层问题，平台已储备了一批"大V专家""大V资料"。每天有数万工行人在这个App上交流，每一秒钟都有用户在使用搜索服务。我们通过平台解答基层问题，收集他们的意见和建议，再反哺业务研发，有效赋能了全行间的沟通效能。

2）"业务架构"提升基层沟通效能

"工银i服务"品牌的目标是打造专业、集成、智能和联结的平台，"服务无界，共创未来"。为了提升基层沟通的效能，我们也在不断学习互联网模式，研发新的沟通模式。比如近期开通的圈子、直播等功能，助力全行员工更自由地沟通交流。我们希望建立一个行内微循环生态：一方面快速解答基层问题，直接助力分行业务营销，帮助基层给客户提供更好的服务；另一方面激发全员创新热情，发掘有价值的创新思路，收集行内员工对于工行产品和客户服务方面的意见和建议，让全员都能参与到产品研发中来。

4. 未来智慧金融体验

工商银行的用户体验始终保持初心。面向用户，用"灵犀"品牌传递智慧体系；面向基层，用微循环生态服务新模式。用户体验从业人员能做的就是不断探索，创新用户研究的方式、方法，更快速、更高效地传递给决策方；设计人员则要设计出更贴心、更智能、更极致的产品。

没有道路通往体验，体验本身就是道路。

高明

中国工商银行业务研发中心用户体验部总经理，从事金融产品研发工作15年，拥有丰富的项目研发和用户体验设计团队管理经验，面向用户与基层，致力于打造人本、灵动、极致的产品体验，赋能金融产品项目研发及全行体验提升。

带领的用户体验设计团队，聚焦"感用户所感、超用户所期"专业愿景，在体系建设、方法论应用及体验创新方面处于业界前列，不断助力数字化转型下银行产品体验提升。